化学工业出版社"十四五"普通高等教育规划教材

智慧能源工程与案例

Smart Energy Engineering and Cases

林晓青 主编

林小杰 周永智 副主编

化学工业出版社

·北 京·

内容简介

《智慧能源工程与案例》共分为 9 章，第 1 章主要介绍能源发展现状，第 2 章主要介绍智慧能源的基本内涵、主要功能及关键技术，第 3 章主要介绍综合能源系统，包括关键能量转换设备、常用数据方法、机理方法以及四个工程案例分析，第 4 章主要介绍智慧能源储能系统以及案例分析，第 5 章主要介绍智慧能源环保系统，包括低温等离子体脱除氮氧化物技术等，第 6 章主要介绍智慧电网，包括新能源技术基础知识、电网控制技术及案例分析，第 7 章主要介绍智慧能源的先进控制，包括能源管理技术、能源控制技术等关键技术及案例分析，第 8 章主要介绍智慧能源互联网系统及案例分析，第 9 章主要是关于智慧能源未来发展的展望。

本书主要作为能源动力类及相关专业的研究生、本科生专业课程教材，也可以作为从事能源行业的技术人员及对能源发展感兴趣人员的参考用书。

图书在版编目（CIP）数据

智慧能源工程与案例 / 林晓青主编；林小杰，周永智副主编. -- 北京：化学工业出版社，2025. 4.
（化学工业出版社"十四五"普通高等教育规划教材）.
ISBN 978-7-122-47413-1

Ⅰ. TK-39

中国国家版本馆 CIP 数据核字第 2025E1P097 号

责任编辑：袁海燕　　　　　　　　　文字编辑：陈立璞
责任校对：李　爽　　　　　　　　　装帧设计：史利平

出版发行：化学工业出版社
　　　　　（北京市东城区青年湖南街 13 号　邮政编码 100011）
印　　装：北京印刷集团有限责任公司
787mm×1092mm　1/16　印张 13½　字数 333 千字
2025 年 6 月北京第 1 版第 1 次印刷

购书咨询：010-64518888　　　　　　售后服务：010-64518899
网　　址：http://www.cip.com.cn
凡购买本书，如有缺损质量问题，本社销售中心负责调换。

定　　价：68.00 元　　　　　　　　版权所有　违者必究

前言

　　能源是经济社会发展的基础支撑，能源产业与数字技术融合发展是新时代推动我国能源产业基础高级化、产业链现代化的重要引擎，对提升能源产业核心竞争力、推动能源高质量发展具有重要意义。面向"碳达峰、碳中和"目标，我国能源生产和消费方式正在进行重大调整与变革。2021年，国家能源局印发的《"十四五"能源领域科技创新规划》明确提出要聚焦新一代信息技术和能源融合发展。《国民经济和社会发展第十四个五年规划和2035年远景目标纲要》同样明确了实现能源系统"源网荷储互动、多能协同互补、用能需求智能调控"的重要任务。

　　智慧能源无疑是能源未来发展的核心走向之一，它可凭借网络化、智能化的前沿技术手段，全力实现能源的高效、安全且环保的利用。从结构组成来看，其主要涵盖泛能网、微电网、智能电网以及能源互联网等重要部分，能够在就地、局域、地区及跨区等不同范围层级达成多能互补和能源资源的优化配置目标。随着技术的不断进步和创新，智慧能源将在能源领域发挥重要的作用。但是智慧能源是一种能源产业发展的新形式，相关技术、模式及业态均处于探索、发展阶段，实践案例基础还不够深厚。《智慧能源工程与案例》以智慧能源为对象，结合能源关键技术、控制方法，主要介绍了传统能源与新能源概念、智慧能源的智能控制、储能技术、智能环保，结合互联网、电网等构建综合能源系统。本书立足于智慧能源发展技术，着眼于"双碳"目标下能源的智慧化，旨在培养学生智慧创新思维和综合环保意识，提升学生的创新能力。本书增加了工程实践案例，可进一步提高教学效果，直接引导学生面对实际问题和挑战，激发学生的学习兴趣和思考，让学生了解行业前沿，拓宽视野，提高其综合应用能力。

　　参与本书编写的有浙江大学的林晓青、林小杰、周永智、刘少俊、赵均、周成伟、吴昂键。同时，本书也得到了浙江大学的同事及温朝军、唐宸越等研究生的帮助，在此衷心感谢所有为本书出版付出努力的老师与学生。尽管在本书编写时尽了最大努力，仍不能涵盖智慧能源领域的全貌，不足之处在所难免，敬请各位读者批评指正。

编者

2025年1月

目录

第 5 章

智慧能源环保系统　// 090

第 6 章

智慧电网　// 112

第7章

智慧能源的先进控制　　// 145

第8章

面向智慧能源的能源互联网　　// 189

第9章

智慧能源发展展望   // 204

第 1 章

能源发展现状

在 21 世纪的今天，全球正面临着能源领域的巨大挑战和机遇。随着人口增长、工业化进程加速以及环境问题的日益突出，对能源的需求越来越迫切，同时也对能源的可持续性和环境友好性提出了更高的要求。与之对应，智慧能源是传统能源的转型与创新，智慧能源将推动新能源广泛应用并促进能源效率的提升和能源系统的智能化管理。智慧能源与传统能源密不可分，因此本章将简要分析传统能源和新能源的特点、优势，并进一步介绍能源发展的未来趋势、可持续发展和节能与能源利用等方面的内容，全面阐述当前能源领域的现状和未来发展方向。

1.1 传统能源简介

1.1.1 传统能源的分类

传统能源是指那些长期以来被人类广泛采用的能源，主要包括化石能源（煤炭、石油、天然气）和核能。煤炭是最传统的能源之一，其广泛应用于发电、工业生产等领域。然而，煤炭的燃烧会产生大量的二氧化碳和其他有害气体，对环境造成严重污染。石油和天然气是主要的化石能源，广泛应用于交通运输、工业生产等方面。然而，石油和天然气的资源有限，其开采和利用过程中也存在安全隐患与环境风险。核能是一种高效而清洁的能源，但核能的安全性和核废料处理问题一直是人们关注的焦点[1]。2023 年我国主要传统能源的储量如表 1-1 所示。

表 1-1 2023 年我国主要传统能源的储量[2]

能源种类	储量/技术可采储量
煤炭	2070.1 亿吨
石油	38.5 亿吨
天然气	66834.7 亿立方米

（1）化石能源

化石能源在人类社会中具有广泛的应用场景。首先，煤炭作为最早被利用的化石能源之一，在能源领域有着重要地位。煤炭被广泛应用于发电、供热和工业生产等领域，特别是在发展中国家，煤炭仍然是主要的能源来源之一。然而，煤炭的燃烧会释放大量的二氧化碳和其他有害气体，对环境造成严重污染，因此许多国家正在逐渐减少对煤炭的依赖。

石油是目前世界主要的能源之一，具有广泛的应用场景。石油不仅被用于交通运输领域，作为汽车、船舶和飞机的燃料，为现代工业提供动力和原料，同时也被用于化工生产、塑料制品和医药等领域。然而，石油的开采和使用也会导致环境污染和温室气体排放等问题，因此人们正在寻求替代能源和节能技术。

天然气作为一种清洁能源，含有丰富的甲烷，燃烧时排放的二氧化碳较少。天然气逐渐成为替代煤炭和石油的重要能源之一，在发电、供热、工业生产以及民用领域得到了广泛应用。相比煤炭和石油，天然气的燃烧产生的污染物较少，因此被视为更为环保的选择。

尽管化石能源在人类社会发展中扮演了重要角色，但其使用也带来了严重的环境问题和气候变化挑战。因此，人们正在积极寻求替代能源和可持续发展的能源方案，以减少对化石能源的依赖，并推动全球能源结构朝着更加清洁、可持续的方向发展[1,3,4]。

（2）核能

核能是指核裂变或核聚变过程中释放的能量，主要包括核裂变能和核聚变能。核裂变能被广泛应用于核电站发电。核裂变能具有能量密度高和稳定性好等优点，能够为城市和工业提供可靠的电力供应，但核裂变产生的核废料处理和安全性问题仍然是需要应对的挑战。因此，目前全球针对加强核安全管理和废料处理技术开展了积极的研究与应用[5]。

核聚变是一种将轻核聚变成重核而释放出能量的过程，是太阳等恒星的能量来源。虽然核聚变具有巨量的燃料供应和零排放的优势，但技术上的挑战和高昂的成本限制了其商业应用。不过随着科学技术的不断进步，人们对核聚变能的研究和开发仍在持续进行，未来有望取得更多突破，推动核聚变能成为清洁能源的重要组成部分。

1.1.2　传统能源的特点

传统能源具有一系列优点，如易获取、成本低廉、能量密度高等。然而，它们也存在诸多问题，如资源有限、排放污染严重等。核能的特点是能量密度极高、利用过程无排放污染，但其安全性问题和核废料处理问题等亟待解决。

（1）能量密度高

能量密度高是传统能源的一个显著特点，尤其是在化石能源方面更为突出。化石能源（如煤炭、石油和天然气）的能量密度之所以高，主要源于其化学结构和储存形式的特性。煤炭是最早被利用的化石能源之一，其主要成分是碳。由于碳原子间的结合能非常大，因此煤炭燃烧时能够释放出极为可观的热能，其能量密度极高。然而，煤炭燃烧会产生大量的二氧化碳以及二氧化硫、氮氧化物等其他有害气体，给环境和气候带来了诸多负面影响。石油是由压缩有机物质组成的，其分子结构中含有大量的碳氢键，这些碳氢键的能量密度非常高。此外，石油具备良好的流动性，在运输和储存方面独具优势，从而进一步提升了其能量密度在实际应用中的利用效率，有力保障了能源的供应。天然气属于相对清洁的能源，尽管相较于煤炭和石油，其能量密度略低一筹，不过依然处于高能量密度能源之列。天然气的主要成分是甲烷，其碳氢键也具有较高的能量释放效率，并且气态的特质使其在储存和运输环节更为便利高效。总体而言，传统能源能量密度高，能够在相对较小的空间内存储大量能量，充分满足人类大规模的能量需求，在能源生产和供应中发挥着重要作用。然而，这一特性也引发了诸多问题，最为突出的便是对环境造成的严重污染以及大量温室气体的排放，给全球生态环境与气候带来了沉重的负担与严峻的挑战。各类燃料的能量密度如表 1-2 所示。

表 1-2　各类燃料的能量密度[6,7]

燃料类型	反应类型	能量密度/(MJ/kg)	典型用途
木材	化学反应	16	空间加热，烹饪
煤炭	化学反应	24	发电厂，发电
乙醇	化学反应	26.8	汽油混合物，酒精，化工产品
生物柴油	化学反应	38	汽车发动机
原油	化学反应	44	炼油厂，石油产品
柴油	化学反应	45	柴油发动机
汽油	化学反应	46	汽油发动机
天然气	化学反应	55	家庭供暖，发电
铀-235	核反应	3900000	核反应堆，发电

（2）便于开采、运输和储存

稳定可靠是传统能源的另一个显著特点，这主要体现在其供应的稳定性和可靠性方面。首先，煤炭、天然气等化石能源广泛分布于全球各地，资源储量相对充足，如图 1-1 所示。这意味着即使某个地区的能源供应出现问题，其他地区也能够弥补缺口，从而保障能源供应的稳定性。相比之下，可再生能源如风能和太阳能受到地理、气候等因素的影响，其供应可能会因季节性变化或天气条件而受限，导致供应不稳定。

其次，传统能源的开采和利用技术相对成熟，生产设施建设完善，运输和储存设施健全，因此能够提供稳定可靠的能源供应。此外，传统能源在能源转换和利用方面的设备与技术也相对成熟，能够满足各种能源需求，保障能源供应的可靠性。相比之下，可再生能源如风能和太阳能依赖先进的技术与设备进行能源转换和利用，其可靠性相对较低，存在技术不

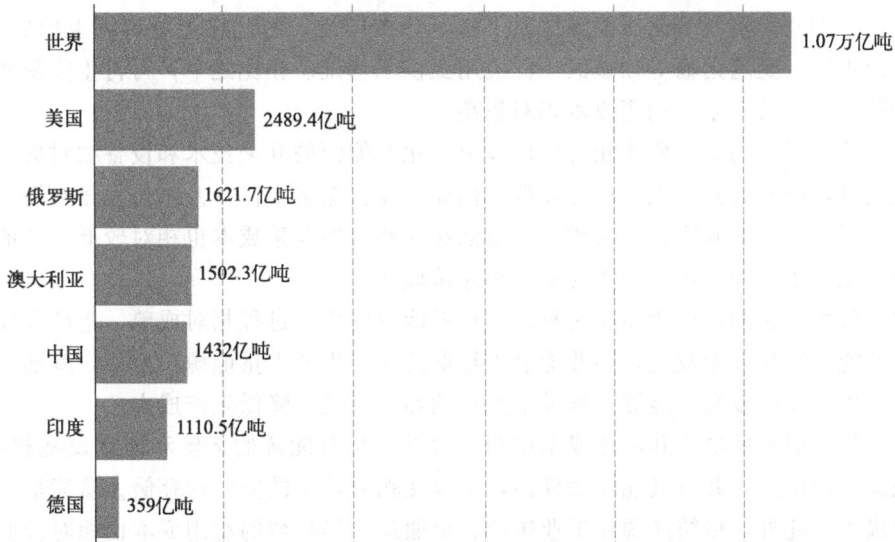

(a) 煤炭

图 1-1

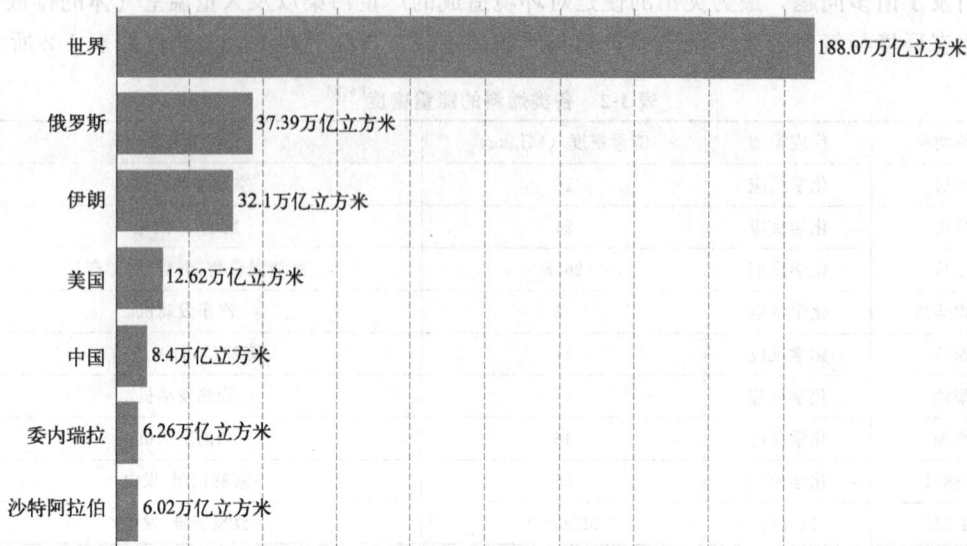

世界	188.07万亿立方米
俄罗斯	37.39万亿立方米
伊朗	32.1万亿立方米
美国	12.62万亿立方米
中国	8.4万亿立方米
委内瑞拉	6.26万亿立方米
沙特阿拉伯	6.02万亿立方米

(b) 天然气

图 1-1　全球煤炭与天然气的分布情况[8]

成熟、设备易故障等问题。

在能源安全方面，传统能源也具备一定优势。传统能源供应的稳定性和可靠性能够保障国家经济和社会的稳定运行，减少对进口能源的依赖，降低能源供应的风险。尤其是对于发展中国家来说，传统能源是主要的能源来源，其稳定可靠的供应对经济发展至关重要。但传统能源供应的稳定性和可靠性也存在一定局限，随着资源的开采和利用，其供应可能逐渐减少，而且化石能源的使用也会对环境产生严重影响，加剧气候变化和环境污染问题。因此，必须加快转向清洁、可再生能源，并加大对新能源技术的研发和应用，实现能源供应的可持续发展。

（3）储量丰富且成本较低

煤炭、石油和天然气等化石能源储量丰富，分布广泛，因此在能源市场上的成本较低，为其在工业生产、交通运输等领域的广泛应用提供了基础。相比之下，可再生能源的资源分布更为局限，导致其开采和利用成本相对较高。

首先，传统能源的开采成本相对较低。由于化石能源的开采技术和设备相对成熟，生产设施建设完善，因此其开采成本相对较低。例如，煤炭储量丰富，开采过程相对简单，资源分布较为广泛，可以有效降低开采成本。石油和天然气的开采成本也相对较低，其地质条件和开采技术相对于其他能源而言更为稳定和完善成熟。

其次，传统能源的生产成本相对较低。化石能源的生产过程相对成熟，生产设施建设完善，而且其能源转化效率较高，因此能够以较低的成本生产大量能源。例如，炼油厂和天然气加工厂的生产效率较高，能够大规模生产石油和天然气，降低生产成本。

最后，传统能源的供应和利用成本也相对较低。化石能源的运输和储存设施相对完善，能够实现大规模供应，并且其能源密度高，可以在相对较小的空间内存储大量能量，因此降低了供应成本。此外，传统能源在工业生产、交通运输等领域的利用成本也相对较低，其相关设备和技术已经相对成熟，运行成本较低。

1.2　新能源简介

1.2.1　新能源的类型

随着科技的不断进步和人们环境保护意识的增强，新能源作为未来能源发展的重要方向，逐渐受到关注和重视。新能源主要包括太阳能、风能、水能、生物质能、地热能等可再生能源以及核聚变能等未来能源。图 1-2 展示了中国 1990～2021 年的可再生能源发电量变化。可见水力、风能与太阳能光伏发电量增长迅速，而地热能与潮汐能发电量没有显著提升（可能是受到相关技术的成本及利用条件的影响）。水力发电、风能利用与太阳能光伏迅速增长，一方面是因为我国技术水平成熟，另一方面是因为我国幅员辽阔，西北高原有丰富的太阳能利用基础，长江、黄河等主要水系具备水力发电发展的基础条件。

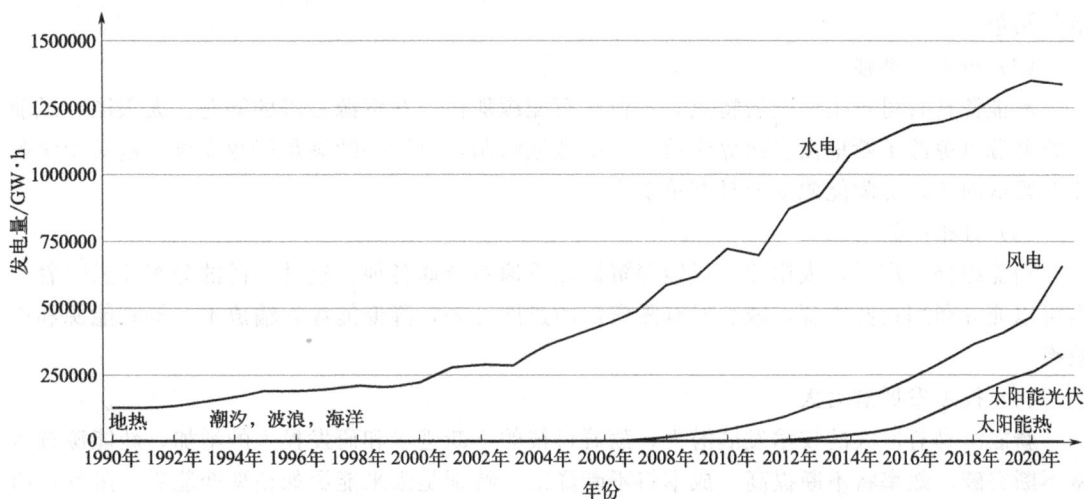

图 1-2　1990～2021 年我国主要可再生能源的发电情况[9]

（1）太阳能

太阳能是目前最具潜力的新能源之一，其能源来自太阳的辐射能。太阳能的利用方式主要包括光伏发电和太阳能热利用技术。光伏发电是利用光伏电池将太阳的辐射能直接转化为电能，而太阳能热利用技术则是利用太阳能的热量进行加热、蒸发等工艺。太阳能具有广泛的应用前景，是清洁能源的主要来源之一。

（2）风能

风能是另一种重要的新能源，利用风力发电已经成为一种成熟的技术。风力发电是通过风力驱动风力涡轮机转动发电机，将机械能转化为电能。风能发电具有无污染、资源丰富、可再生性强等优点，是清洁能源的重要组成部分。

（3）水能

水能虽然在一定程度上属于传统能源，但也被归类为新能源的范畴（因其具有可再生性）。水能的利用主要包括水力发电和潮汐能发电等。水力发电是利用水的动能驱动水轮机发电，是目前最主要的清洁能源之一。而潮汐能发电则是利用潮汐运动所带来的动能进行发电。

（4）未来能源

未来能源是指那些目前尚处于研究和实验阶段，但具有巨大潜力的新型能源形式。其中，核聚变能是最具代表性的未来能源之一。核聚变能够释放出大量的能量，其燃料来源丰富、反应产物无放射性污染，因此核聚变能是理想的清洁能源之一。然而，目前核聚变技术仍处于实验阶段，面临诸多技术挑战和难题。

1.2.2　新能源的优势

新能源相比传统能源具有诸多优势，这些优势使得其在能源转型和可持续发展中发挥着重要作用。

（1）清洁环保

新能源的最大优势之一是其清洁环保特性。太阳能、风能等可再生能源的利用过程几乎不产生污染物，不会对大气、水源和土壤造成污染，有利于保护环境和生态系统的健康。相比之下，传统能源的燃烧过程会释放大量的二氧化碳及硫化物等有害气体，导致温室效应和空气污染。

（2）可再生性强

新能源具有可再生性强的特点，不像化石能源那样存在资源枯竭的问题。太阳能、风能等新能源可源源不断地由自然界供给，不受地域限制，可以持续满足能源需求。这对于缓解能源紧缺问题，保障能源安全具有重要意义。

（3）分布广泛

新能源分布广泛，太阳能、风能等资源几乎遍布全球各地。这种广泛的分布性意味着人类可以充分利用这些资源，减少对有限资源的过度开采，降低能源运输成本，提高能源利用效率。

（4）技术发展潜力大

新能源具有巨大的技术发展潜力，随着科技的不断进步和研发投入的增加，新能源技术将不断突破，效率将不断提高，成本将不断降低。特别是未来能源如核聚变能等，虽然目前仍处于研究阶段，但其潜在的能量巨大，一旦实现商业化应用，将对人类的能源问题产生深远影响。

1.3　能源发展利用方向

1.3.1　未来能源发展趋势

随着全球能源格局的变化和技术的不断进步，未来能源的发展趋势备受关注。未来能源的发展受到多种因素的影响，包括技术进步、能源政策、环境意识等。

（1）可再生能源成为主流

随着人们环境保护意识的提高和可再生能源技术的不断进步，太阳能、风能等可再生能源将逐渐取代传统能源，成为能源结构的主要组成部分。这种趋势将带动能源结构的转型，减少对化石能源的依赖，降低温室气体的排放，推动全球向低碳经济转型。

（2）能源技术持续创新

未来能源技术将会不断创新，以提高能源利用效率、降低成本、减少环境影响。太阳能光伏发电技术、风能发电技术、储能技术等将得到进一步发展和应用，同时还有新型能源技术的涌现，如人工光合作用、太空太阳能等，这些技术的应用将为能源可持续发展提供更多的选择。

（3）加大对新能源的支持和投入

未来能源政策更加偏向于环保和可持续发展，将加大对新能源的支持和投入。各国政府将出台更多的政策和措施，鼓励新能源的发展和利用，推动技术进步和产业升级。同时，国际合作也将加强，共同应对全球能源安全和气候变化等挑战。

（4）能源供需格局多元化

未来能源供需格局更加多元化，分布式能源系统、能源互联网等新型能源模式出现。分布式能源系统将成为一种主要趋势，通过在本地生产、分发和使用能源，实现能源供应的灵活性和可靠性，减少能源运输和损耗，提高能源利用效率。

1.3.2　持续可持续能源发展

持续可持续能源发展是实现能源可持续利用的关键，主要包括提高能源利用效率、发展清洁能源、加强能源管理和监管等方面。提高能源利用效率是实现能源可持续发展的重要途径。广泛应用节能技术以及有效施行管理措施，可以优化能源利用结构，降低能源消耗，提高整体能源利用效率。例如，在工业领域通过技术升级改造传统生产线可以降低能源在生产过程中的损耗，在建筑领域推广绿色建筑设计理念与节能材料可以减少建筑运行中的能耗，在交通领域大力发展公共交通以及新能源汽车可以优化运输体系，从而提升能源使用效能。这是未来清洁能源发展的主要方向之一。发展清洁能源是能源可持续利用的根本保障与必然选择。太阳能、风能等资源可再生且环境友好，其开发利用规模必将持续拓展。核能作为清洁高效能源，在安全保障的前提下，其应用也会进一步深入。这些清洁能源的广泛应用能够有效减少对化石能源的依赖，随着化石能源使用量的逐步降低，温室气体排放也会随之减少，进而推动能源可持续发展目标达成，为全球生态环境的保护与人类社会的长远稳定发展奠定坚实的能源基础。而加强能源管理和监管是确保能源可持续发展的重要保障。通过建立健全的能源管理体系和政策法规，可以加强对能源消耗的监测和评估，推动能源利用的合理化和规范化，防止出现低效、污染等问题，确保能源发展与环境保护相协调[10]。

1.3.3　节能与能源利用

节能与能源利用是实现能源可持续发展的关键手段。首先需要采用节能设备、节能工艺、节能管理等手段，降低能源消耗，实现能源节约。例如，采用高效照明设备、智能家居系统、节能建筑等技术，可以有效减少能源消耗，降低能源成本。其次需要合理规划能源利用结构，提升能源利用效率，实现能源的合理配置和利用。例如，发展清洁能源、推广电动车、提倡绿色出行等，可以减少对传统能源的依赖，降低能源消耗和环境污染。最终需要建立健全能源管理体系，加强对能源消耗的监测和评估，利用先进的能源监控技术和信息化手段，实现对能源使用情况的实时监测和调控，提高能源利用效率。

综上所述，未来能源的发展方向包括可再生能源的推广应用、能源技术的持续创新、能源政策的环保导向、能源供需格局的多元化等。持续可持续能源发展需要通过提高能源利用效率、发展清洁能源、加强能源管理和监管等措施来实现。同时，节能与能源利用是实现能源可持续发展的重要途径之一，需要采取综合措施，优化能源利用结构，实现能源的高效、清洁、可持续利用。

参 考 文 献

[1] 方圆，张万益，曹佳文，等．我国能源资源现状与发展趋势［J］．矿产保护与利用，2018（4）：34-42，47.

[2] 中华人民共和国自然资源部．2023 年中国自然资源公报［A/OL］．（2024-02-29）［2024-08-29］．https：//gi. mnr. gov. cn/202402/t20240229_2838490. html.

[3] 张运洲，代红才，吴潇雨，等．中国综合能源服务发展趋势与关键问题［J］．中国电力，2021，54（2）：1-10.

[4] 邹才能，赵群，张国生，等．能源革命：从化石能源到新能源［J］．天然气工业，2016，36（1）：1-10.

[5] 马忠法，郑长旗．日本决定核污水入海事件的国际法应对［J］．广西财经学院学报，2022，35（1）：124-139.

[6] Layton E B. A comparison of energy densities of prevalent energy sources in units of Joules per cubic meter ［J］. International Journal of Green Energy, 2008, 5 (6)：438-455.

[7] Hore-Lacy I. Future energy demand and supply ［M］ //Bennett L L, Zaleski CP. Nuclear energy in the 21st century. 2nd ed. London：WNUP, 2011：9. https：//energyeducation. ca/encyclopedia/Energy _ density # cite _ note-9.

[8] Ritchie H, Rosado P. Fossil fuels ［EB/OL］. https：//ourworldindata. org/fossil-fuels.

[9] 国际能源署．Energy statistics data browser ［A/OL］.（2023-12-21）［2024-08-29］. https：//www. iea. org/data-and-statistics/data-tools/energy-statistics-data-rowser? country ＝ CHINAREG&-fuel ＝ Energy％20supply&-indicator ＝ RenewGen-BySource.

[10] 周志强．中国能源现状、发展趋势及对策［J］．能源与环境，2008（6）：9，10.

第**2**章

智慧能源概述

智慧能源是一种新兴的能源利用形式，能够加快推进能源供给侧清洁低碳转型，以数字赋能实现智慧化和低碳化发展，并将服务前移，可以更好地贴近用户、服务用户，从而构建和谐共生的生态能源体系，是推动能源转型升级、创新发展模式的重要方向。

2.1 智慧能源的基本内涵

目前，国内外学者对智慧能源的含义提出了多种描述。2016年，国家发展和改革委员会、国家能源局、工业和信息化部联合发布的《关于推进"互联网＋"智慧能源发展的指导意见》中提出，"互联网＋"智慧能源是一种互联网与能源生产、传输、存储、消费以及能源市场深度融合的能源产业发展新形态，具有设备智能、多能协同、信息对称、供需分散、系统扁平和交易开放等主要特征。

智慧能源的含义是充分应用最新的多目标优化、计算机、大数据和人工智能等技术对各类能源的开采、生产、调度、输配、储存、销售与使用等业务数据、性能数据和运维数据进行实时检测、分析和计算，在此基础上进行实时预测、多参数寻优处理和闭环控制，促进能源和信息深度融合，满足能源供给侧、能源需求侧和能源管理者的广泛参与，使能源系统达到最佳状态[1,2]。

2.1.1 全球促进能源创新发展的新共识

以创新理念引领并推动国家各领域发展已成为世界各国的共同选择。2018～2023年全球各地清洁能源的投资如图2-1所示。在能源领域，各国基于能源安全、独立与转型、应对气候变化等需要，以能源科技创新为核心，在能源发展战略与思路、核心理念、生产与消费利用方式、商业运营模式、政策管理机制与体制、国际合作策略等方面进行了完善、升级甚至革新。如欧洲早在2010年便开启了智慧欧洲计划，英国于2016年开启了重点在可再生能源、智慧能源系统、低碳工业、核能、能源企业家五方面的五年能源创新计划；2017年，全球能源互联网纳入联合国工作框架，并且"2030议程"启动，加快实施"两个替代"（即清洁替代、电能替代）、"一个回归"（即化石能源回归其基本属性，主要作为工业原材料使用)、"一个提高"(即提高电气化水平),如图 2-2 所示;2018 年,非洲能源互联网可持续发展联盟成立;2020 年,"全球智慧能源高峰论坛"与"中国-东盟智慧能源合作发展论坛"召开,探讨了互联网助力智慧能源、能源数字化转型等。国际能源署(IEA)认为,数字化使得能源系统互联、高效、弹性、可持续[3]。从上述国家与国际组织的能源创新战略、计划和互动合作中可见,实现能源领域的"互联网+"、数字化和智慧化这一理念被广泛认可,各国际主体也争相在智慧能源领域加快进行战略布局,"互联网+"智慧能源已成为区域和全球能源创新发展的新方向与新共识,其影响力之广、推动力之强,必将进一步促进全球能源走向新发展阶段。

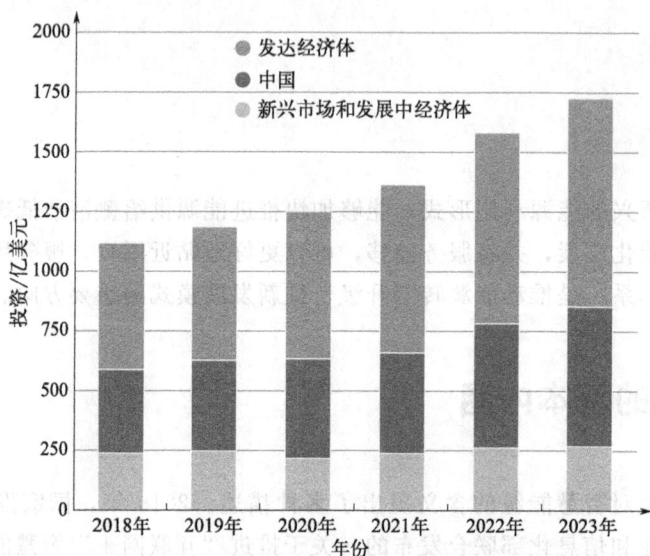

扫码看彩图

图 2-1 2018~2023 年全球各地清洁能源的投资[4]

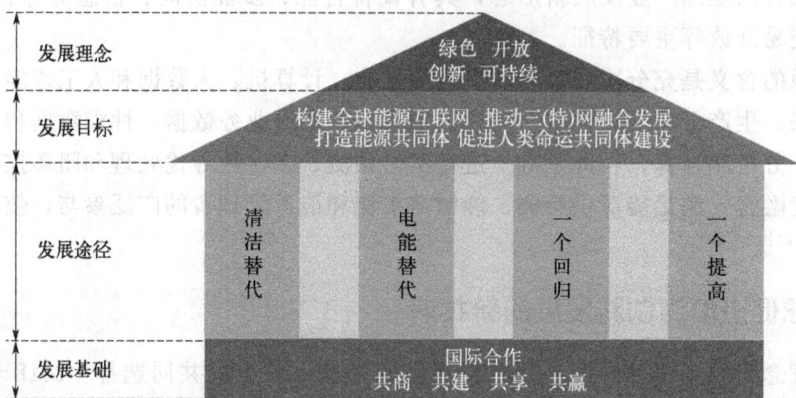

图 2-2 全球能源互联网战略体系

2.1.2 持续推进能源科技创新的新目标

能源技术创新作为国家创新的重点领域,其内涵不断丰富完善,成为支持能源绿色转型、形成现代能源体系、保障能源安全、引领经济高质量发展的核心基础支撑。如图 2-3 所示,智慧能源生态涉及能源生产、储运、管理与消费,与政府、企业、科研机构、居民等息息相关。世界主要国家积极开展能源科技战略布局与科研活动，在行业、学科、主体、目标、方式、结构等方面均呈现系统性、集成性、互补耦合、绿色低碳、电气化、智慧等特点，在能源生产、消费与利用端以数字化智能技术为依托，传统能源开发、新能源应用、规模储能等前沿技术不断取得突破，特别是油气深层和非常规领域数字化、精细勘采与高效利用等技术竞争激烈。我国也于 2016 年发布了《能源技术革命创新行动计划（2016—2030年）》，在十五个关键能源技术领域开展行动。习近平总书记曾强调，满足人民对美好生活的向往与惠民、利民、富民、改善民生是科技创新的落脚点和重要方向。因此，持续推进能源科技创新既是顺应全球科技与产业革命大趋势的必要选择，也是新时代新特点下支持能源高质量发展，满足人民多样化、个性化能源需求的有力支撑。

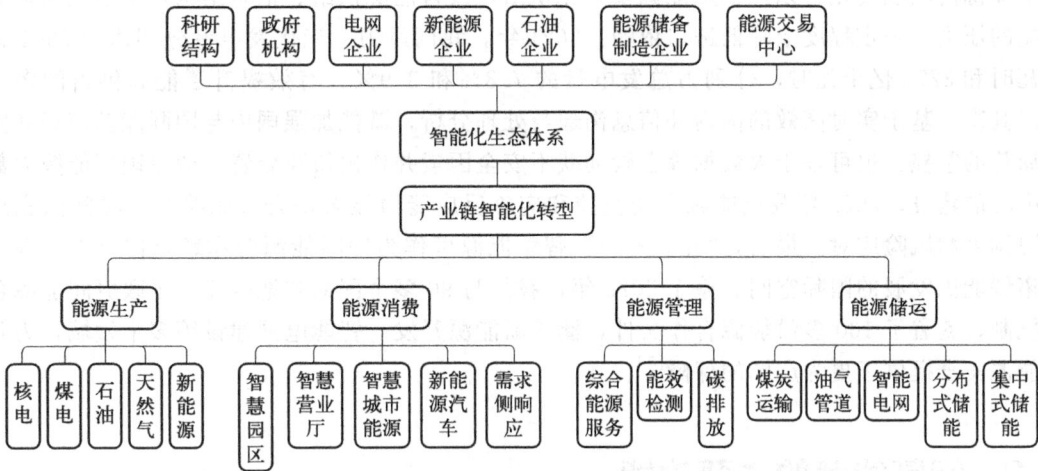

图 2-3　智慧能源生态体系[5]

2.1.3　实现我国能源综合转型的新方式

从本质来看，转型是转型主体根据现有条件状态和客观环境主动选择转变方向、目标、内容和方式以寻求改变和创新的过程。能源转型同经济转型一样，已成为世界各国面对地缘政治、经济危机、技术变革、生态与气候问题的共同选择，而低碳、清洁、安全、高效和智慧则是全球能源转型的主要趋势。"互联网＋"智慧能源不仅是我国能源转型的方向和趋势之一，也可作为实现能源转型的新方式。一方面，在"互联网＋"智慧能源建设的推动下，化石能源的清洁、高效和智慧开发利用技术、设备水平将得以提高，低碳、清洁非化石能源的开发利用和替代步伐将加快。国家能源局数据显示，2013～2023 年，我国煤炭消费比重从 67.4% 下降到了 55.3%，累计下降 12.1 个百分点，风电、太阳能发电、水电、核电及生物质能等非化石能源消费比重从 10.2% 提高到了 17.9%，累计提高 7.7 个百分点，经济发展"含绿量"显著提升。另一方面，在能源和技术等新型数字化和智慧化的基础设施建设推动下，不仅能通过网络化协同和精益化管理、优化能源生产体系与产业链分工，提升能源产业整体水平，还能通过大数据、工业互联网实现多源协调、供需互动，形成崭新的能源体系。据估算，2023 年我国智能电网投资总额已超过 4000 亿元，覆盖面不断扩大，实现了城市和农村电网的全面升级。智慧能源管理系统的普及使得电网的故障响应时间缩短了 80%以上[6]，能源利用效率大大提升。可以说，智慧能源不仅仅是单纯提高可再生或非化石能源的比重，更是对能源产业的重塑。

2.1.4　深入保障国内能源安全的新路径

　　基于能源对世界经济和国际政治的巨大影响，世界各国——无论是能源生产国、消费国还是过境国均十分重视能源安全问题。在新国际能源格局形成、能源地缘政治竞争、油价剧烈波动等因素影响下，各国能源安全局势更受威胁。就我国而言，受制于能源禀赋、人口、生产与消费的不平衡，能源生产供给、消费利用、结构、进口依赖、运输、环境、技术、价格、战略储备等系列安全问题愈发突出，而"互联网＋"智慧能源是深入保障国内能源安全的新路径。首先，"互联网＋"智慧能源将极大促进多源能源的协调发展和应用，特别是可再生能源向电能转化，以此增加能源多元化供给，改善能源供给、消费结构，缓解主要能源种类的压力，一定程度上降低进口依赖。2021年，我国风力、光伏发电量分别达到6561亿千瓦时和3271亿千瓦时，分别占总发电量的7.8%和3.9%，有效提升了能源供给的多元化。其次，基于实时高效的国内外信息沟通与处理分析，既能加强国内与国际能源市场和安全局势的掌控，也可基于大数据等手段捕获不安全因素并作出快速处置。通过国家能源大数据中心的建设，2023年我国能源市场监控和应急反应能力显著提升，能够在短时间内完成能源调度和风险应对。最后，"互联网＋"智慧能源可作为国际能源合作新合作重点，进一步拓展能源发展的国际空间。截至2023年，我国与90多个国家和地区建立了政府间能源合作机制，签署了100多份能源合作文件，涵盖新能源开发、智能电网建设等多个领域，为我国能源安全提供了更为广阔的保障[7]。

2.2　智慧能源的主要功能

　　智慧能源体系具有安全可靠、清洁低碳、智能高效的特点。智慧能源体系通过优化能源系统结构、推动能源技术进步、提高能源本地开发利用水平，可有效控制和化解能源系统安全风险，保障能源安全供应。同时，智慧能源体系将推动可再生能源从规模效应向质量取胜转变，实现化石能源的清洁利用和核能的安全发展，推动清洁能源和低碳能源成为能源消费增长的主体，实现节能减排目标。另外，智慧能源体系能够大幅提高能源生产、输送和利用等各环节的智能化水平，催生行业应用新业态，不断提高能源系统整体效率，进一步控制和降低综合用能成本。通过构建智慧能源体系，能够有力推动我国能源转型，有效化解当前能源发展面临的系列风险和挑战[8]。

2.2.1　智慧能源是推动能源革命的重要推手

　　如表2-1与表2-2所示，经过长期发展，我国已经成为世界上最大的能源生产国和消费国，人均能源消费量亦接近欧洲平均水平。但面对复杂的国际能源供需新变化和新趋势，我国仍面临着巨大的能源需求压力、能源供给制约较多、能源生产和消费对生态环境危害严重、能源技术水平总体落后等问题，以往高耗能、低效率的能源生产与消费方式难以为继，需要从根本上改变传统的能源生产与消费方式，重塑能源生产、运输、消费、存储的链条，实现产消结合，即生产者和消费者的有机整合。因此以能源互联互通、信息化智能化为特点的"互联网＋"智慧能源成为能源生产与消费革命最重要的支撑和推动力。

表 2-1　2022 年全球主要国家/地区一次能源消费情况[9]

国家/地区	一次能源消费占比/%	人均能源消费量/(GJ/人)
中国	26.5	111.8
美国	15.9	283.5
欧洲	13.2	118
中东	6.5	140.4
印度	6	25.7
非洲	3.4	14.2

表 2-2　世界能源消费量[10]

项目	年份	石油/EJ	天然气/EJ	煤炭/EJ	核能/EJ	水电/EJ	可再生能源/EJ	合计/EJ
中国	2012 年	20.63	5.43	80.71	0.91	8.00	1.36	117.05
	2021 年	29.52	13.69	87.54	3.68	12.25	11.27	157.94
	2022 年	**28.16**	**13.53**	**88.41**	**3.76**	**12.23**	**13.30**	**159.36**
美国	2012 年	42.78	24.77	17.42	7.51	2.54	3.27	89.62
	2021 年	35.51	30.09	10.57	7.42	2.35	7.47	93.40
	2022 年	**36.15**	**31.72**	**9.87**	**7.31**	**2.43**	**8.43**	**95.91**
欧盟	2012 年	23.05	13.76	10.97	7.53	3.07	4.25	62.36
	2021 年	21.32	14.28	6.74	6.62	3.24	7.92	60.11
	2022 年	**22.13**	**12.36**	**6.98**	**5.48**	**2.60**	**8.63**	**58.18**
日本	2012 年	9.37	4.44	5.07	0.17	0.71	0.33	19.89
	2021 年	6.61	3.73	4.80	0.55	0.73	1.32	17.74
	2022 年	**6.61**	**3.62**	**4.92**	**0.47**	**0.70**	**1.53**	**17.84**
世界	2012 年	176.64	119.54	159.08	22.91	33.84	12.60	524.61
	2021 年	184.21	145.35	160.10	25.31	40.26	39.91	595.15
	2022 年	**190.69**	**141.89**	**161.47**	**24.13**	**40.68**	**45.18**	**604.04**

2.2.2　智慧能源将促进可再生能源的规模化发展

在气候变化承诺和国内大气污染治理的双重压力下，我国正在积极推动能源结构的转型升级，加大可再生能源在整个能源结构中的比例。但是，尽管政府已经制定了一系列政策，目前我国可再生能源的发展仍面临诸多问题。其中发电上网和消纳困难、补贴延迟是目前最大的难题。

一方面，"互联网＋"智慧能源可以在生产端实现可再生能源智能化生产，根据需求侧管理实时指导生产端。例如，2023 年我国智能风电场达到 120 个以上，通过数据驱动的精准调度，提高了可再生能源的利用效率和消纳能力。另一方面，"互联网＋"智慧能源可以在消费端不断完善可再生能源参与能源市场化交易的计量、结算等接入设施和支持系统，疏通下游需求渠道，有效推动可再生能源的市场化运营和消费端的灵活调度。此外，"互联网＋"智慧能源还可以建立基于互联网平台的可再生能源实时补贴结算机制，解决补贴延迟的难题，从根本上消除可再生能源发展障碍，促进其规模化发展。

2.2.3　智慧能源将促进能源利用效率的提升

　　能源利用粗放、综合能源利用效率低下仍是目前我国能源消费的主要问题，只有通过能源系统与互联网的有机整合、推动和实现用户侧的智能化用能，才能深度挖掘能效提升的潜力。从节能增效的角度看，必须在生产、传输、消费的各个环节推动能源互联网的发展。通过互联网的云平台、硬件通信方案和软件服务平台的无缝对接，可以实现能源数据和设备信息的存储、展示、计算、分析，实现远程能效与资产设备的综合管理，大大提升能源综合利用效率。例如，国家电网湖北省电力有限公司的数据表明，通过建设智慧能源管理平台，某工业园区的清洁能源利用率提升了 8%[11]。该平台通过实时监控和数据分析，优化了能源的调度和使用，显著减少了浪费。在生产环节，智慧能源系统可以实时监测生产设备的能耗和状态，进行精准调度和故障预测。在消费环节，智能家居和智慧楼宇系统可以根据用户的实际需求，自动调节用能设备的运行状态，提高能效。

2.2.4　智慧能源将推动能源市场开放

　　智慧能源将改造传统的能源行业，给予能源消费者更多的选择权。能源服务商或能源托管商的出现，将给用户带来多样化的能源利用方案，实现传统能源行业的转型升级，从而带动能源消费端革命。

　　① 用户选择权的提升：智慧能源使消费者可以选择不同的能源服务商和能源利用方案。

　　② 多样化的能源利用方案：能源服务商可以根据用户的需求，提供灵活多样的能源组合方案。例如，一些公司已开始提供包括太阳能、风能、储能电池等在内的混合能源解决方案。这不仅降低了用户的能源成本，还减少了对单一能源形式的依赖。

　　③ 推动能源市场的开放共享：需求端的变化必将传导到生产端，多元化、组合型的能源供给方案将进一步推动能源市场的开放共享。

　　④ 电力市场化的需求：电力市场化不仅要依托灵活可靠的电力输配网络，更需要电力市场中供需信息的实时交互流动。智慧能源所具备的先进的电力电子技术、自动控制技术、输电技术以及能量管理系统，能够满足电力市场交易的要求。

　　⑤ 新的交易方式和商业模式：电力行业新的交易方式的构建、新的商业模式的建立都将使整个能源市场更加开放、更加规范和透明。例如，区块链技术在能源交易中的应用使得交易过程更加透明和可信，降低了交易成本和风险。

　　综上所述，智慧能源不仅改造了传统能源行业，还推动了能源市场的开放和多样化发展，给予了能源消费者更多的选择权，促进了能源消费端的革命和整体市场的升级[12,13]。

2.2.5　智慧能源将支持国家能源安全

　　传统的石油煤炭能源日益枯竭，难以跟上社会发展的需求和时代的脚步，只依靠能源进口难以保证我国经济稳步有效增长[12,13]。而通过"互联网＋"智慧能源则能将能源密度不高的可再生能源就近配置，达到自给自产，不过分依赖外国进口能源。2023 年，中国光伏发电新增装机容量达到了 216.88GW，这一数字约为此前四年总和的 2 倍，显示出我国光伏发电装机容量的快速增长趋势。

　　智慧能源能够在一个较大的范围内对能源资源进行调控与整合，提高能源资源供给的灵活性。例如，通过智慧电网技术，实现了跨区域的电力调配，有效缓解了部分地区的电力紧张局面。智慧能源系统能够根据实时需求调整能源生产和供应，减少浪费，提高效率。例如，通过智能调度系统，2023 年我国风电和光伏发电的利用率分别提升至 98% 和 97.3%，大幅降低了弃风弃光现象。

2.3 智慧能源的关键技术

自"智慧能源"诞生之日起，国内许多地区就致力于将"互联网＋"智慧能源投入社会实际生产活动中，在提升社会生产效率的同时提升居民的生活质量，从而推动能源的转型升级。在"互联网＋"智慧能源推动能源转型升级的过程中，需以能源基础设备为支撑，逐步推进。

一方面，在智能材料与智能传感的基础上打造升级能源。为了提高能源设备的质量与性能，从基础材料的角度出发对设备研制进行了分析。除此之外，通过设备的多次融合，在设备中应用微型传感器的方式提高能源设备信息物理方面的集成程度，最终实现能源设备的高品质、高精度，以更好地支持智慧能源技术发展。另一方面，凭借物联网技术，整合多种标准协议接口，构建智能化能源网络，让分布式能源的接入具备更强的灵活性。这一点不仅是实现能源批量化接入、微型发电技术发展的根本所在，更是促进能源清洁化的核心要点。

同时在信息透明、泛化的互联能源网络基础上，使用边缘计算技术、能源分布自治理念可以打造智慧能源终端，最终实现能源系统边缘化管理与应用。"互联网＋"智慧能源能够推动消费终端的智慧化升级，实现能源的高效消纳，提升能源系统整合效率，进而创建智慧微能源电网。

最终云计算技术可以进一步为智慧能源系统实现分布式感知、集中决策创造条件，以此来推动能源系统进一步实现智慧化，并且在区块链技术完善的基础上进一步完善能源市场的交易体系，构建透明化、智慧化能源系统。

当然智慧能源并非一蹴而就，从其演化路径来看，智慧能源体系经历了信息化赋能的初级阶段和互联网思维赋能的高级阶段。在初级阶段，数字信息在能源生产、传输、消费等各环节双向流通，并与智能化技术相互融合，由此构建了具有高度自适应能力的智慧能源调控体系。该体系在不同形式的能源网络中应用，形成了微电网、泛能网、智能电网等多种形式的智慧能源范式。在高级阶段，电能发输配用的同时性限制被打破，电能供给与一次能源供给在时间和空间维度上实现解耦，进而确保了终端能源能够实现即时调用与自由调配供应。

（1）分布式能源技术/微电网

分布式能源是一种布置在用户侧，集能源生产、消费于一体的能源供应方式，可为用户提供冷、热、电等多种能源供应，具有就地利用、清洁低碳、多元互动、灵活高效等特征，是智慧能源系统不可或缺的重要组成部分。分布式能源正在改变世界的能源供应方式。分布式能源如图 2-4 所示。其中，分布式发电技术经过近 10 年的飞速发展，在运行可靠性、技术经济性等方面均取得了长足进步，实现了从单机并网向即插即用、灵活组网的过渡，并以智能化技术为基础构建成为微电网。通过精准功率预测、并网优化控制和智能调度技术，微电网可整合、协调分布式电源与配电网的关系，利用本地能源资源实现电力电量自平衡与运行优化。微电网的构建，一方面可提升综合能源利用效率，实现定制化电力供应服务；另一方面可降低大电网负担，改善供电可靠性和安全性，减轻能源系统对环境的影响，实现能源供应系统的清洁、低碳改造。在"互联网＋"智慧能源背景下，分布式能源需要不断创新，实现建设周期更短且投资更少，安全性、可靠性都更具有保障，同时满足网络全覆盖、经济统筹协调发展、资源环境生态保护的需求[13]。

图 2-4　分布式能源

（2）多能互补技术/泛能网

多能互补技术是在分布式能源基础上的拓展，是一体化整合理念在能源系统工程领域的具象化，可使得分布式能源的应用由点扩展到面，由局部走向系统。多能互补分布式能源系统是指可包容多种能源资源输入，并具有多种产出功能和输运形式的"区域能源互联网"系统。它不是多种能源的简单叠加，而是在系统高度上按照不同能源品位的高低进行综合互补利用，并统筹安排好各种能量之间的配合关系与转换使用，以取得最合理的能源利用效果与效益。多能互补技术的核心在于融合，包括能源供给侧互补、用户需求侧融合和能源输配网络（电/气/热网）融合等，即在能源系统层面进行整体协调和互补，通过生产、输配、消费、存储等各环节的时空耦合和互补替代，实现多能协同利用。多能互补技术的利用实施，一方面可大幅提高能源利用效率，缓解能源供需矛盾，实现生态环境的良性循环；另一方面可充分释放多能融合、多设施协同的潜在价值，创新能源共享经济的商业逻辑。分布式清洁能源多能互补能源系统如图 2-5 所示。

（3）智能管网/电网

智能管网是一个庞大的应用工程系统。它利用传感、嵌入处理、数字化通信及其他IT技术，整合众多独立的管道信息形成了海量数据库，并在此基础上实现了数据的共享、分析，能够为管道建设和运行提供技术信息，为管理提供可视化展示，为决策提供大数据支持。智能电网是其中之一。在系统调度运行方面，智能电网利用数字技术和现代控制技术实现了"源-网-荷"间的信息高度感知、双向流动和灵活互动；在电力传输方面，

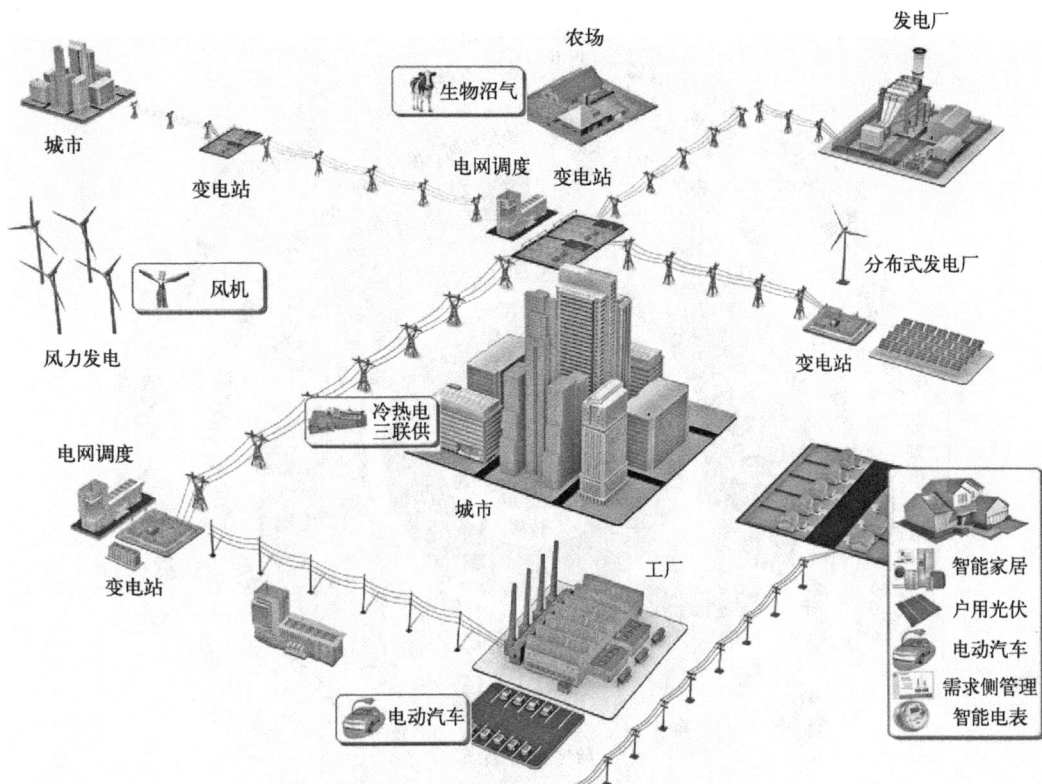

图 2-5　分布式清洁能源多能互补能源系统[14]

智能电网利用特高压技术实现了电力的大容量、远距离、高可靠传输。智能电网的构建，不但能有效促进可再生能源安全消纳，增强能源大范围优化配置能力，还能提高电力系统的安全水平。

（4）融入储能技术与信息技术的能源互联网

在能量管理方面，利用先进储能技术可提高供电的持续性和可靠性，实现能源的跨时空分配调节，如图 2-6 所示。在信息服务方面，利用云计算和大数据分析技术可实现能源网络的数据采集、管理、分析及互动服务，支持多能转换、需求侧响应、跨品类能源交易等多种新型业务。其中储能的广泛应用使得能源供需平衡更为灵活便捷，可按需选择能量传输的来源、路径和目的地，实现能量的点对点传输，能源系统的生产-消费界限被打破，能源的获取变得更加开放和自由，能量管理和分配模式得以实现从传统的按资源要素为主向按定制化、个性化需求转变，按照互联网思维管理能源成为可能。

能源互联网综合应用服务平台的建立主要依靠技术支撑、顶层设计、行动计划等。能源互联网的发展需要国家政策的支持，建立能源交易平台；能源互联网的应用需要建立需求响应管理平台，以平衡能源互联网中的供需区域为目标，将能源管理系统中的能源进行合理分配。另外，能源互联网的综合应用还需要建立用户服务系统、营销系统等配套系统。

总体看来，智慧能源是由微电网、泛能网、智能电网及能源互联网构成的新一代能源体系，是新能源技术、信息及互联网技术、储能技术等能源开发利用技术的最新成果和最新应用，能够在不同类型、不同规模的能源及需求之间平滑、快速地实现实时平衡、灵活调度、优化配置、高效及安全运行[16-19]。

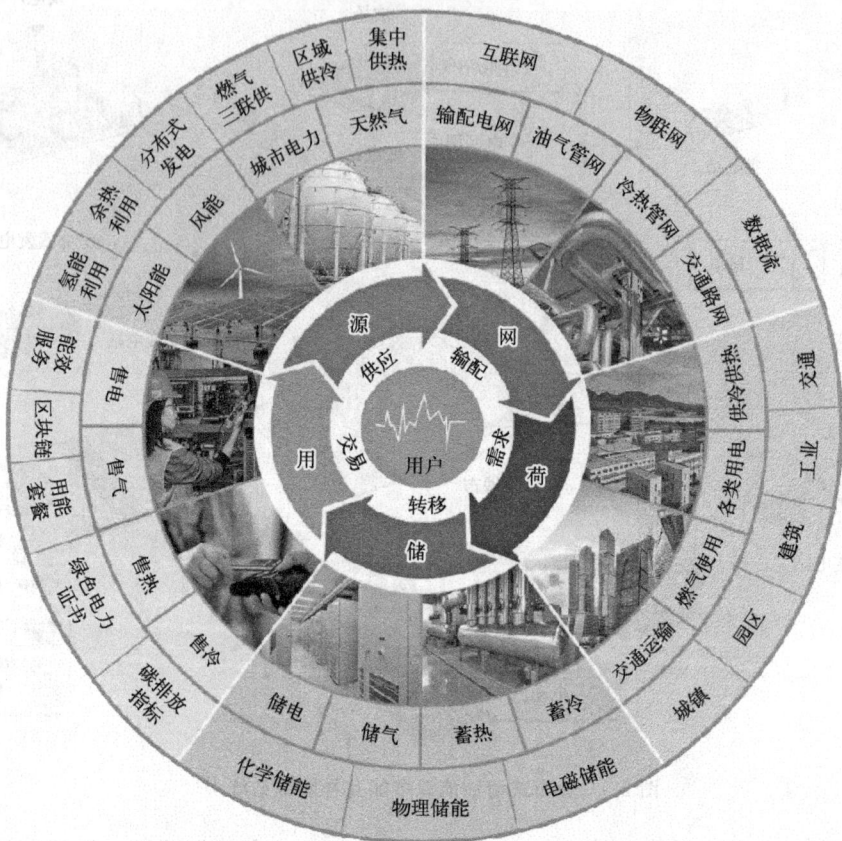

图 2-6 能源互联网的源-网-荷-储-用 5 个环节[15]

思考题

1. 智慧能源有哪些特征及重要作用?

2. 智慧能源的众多关键技术中,哪些技术与你的专业相关?如何将专业技术运用到智慧能源中?

参考文献

[1] 陆王琳,陆启亮,张志洪.碳中和背景下综合智慧能源发展趋势 [J].动力工程学报,2022,42 (1):10-18.

[2] 韩小伟.基于智慧能源建设的智慧城市发展的研究 [D].北京:华北电力大学,2016.

[3] International Energy Agency. Digitalization and energy [EB/OL]. https://iea. blob. core. windows. net/assets/b1e6600c-4e40-4d9c-809d-1d1724c763d5/DigitalizationandEnergy3. pdf.

[4] 国际能源署. Clean energy investment by region, 2018—2023 [EB/OL]. (2024-01-31) [2024-08-29]. https://www. iea. org/data-and-statistics/charts/clean-energy-investment-by-region-2018-2023.

[5] 陈晓红.智慧能源理论与应用 [M].北京:清华大学出版社,2024.

[6] 龚奕宇,苏学能,孙佳丽.电网线路故障排查时间缩减至分钟级 [N/OL].国家电网报,2023-04-25 [2024-08-29]. https://news. bjx. com. cn/html/20230425/1303110. shtml.

[7] 中能传媒能源安全新战略研究院."一带一路"能源国际合作报告 (2023) [R/OL]. (2023-09-13) [2024-08-29]. https://www.cpnn. com. cn/news/baogao2023/202309/t20230922 _ 1637305. html.

[8] 童光毅.基于双碳目标的智慧能源体系构建 [J].智慧电力,2021,49 (5):1-6.

[9] 周小苑,吴月辉.中国成为第一大能源生产国 [N].人民日报海外版,2009-09-26 (2).

[10]　能源研究院 . 世界能源统计年鉴［EB/OL］. https：//assets. kpmg. com/content/dam/kpmg/cn/pdf/zh/2023/10/statistical-review-of-world-energy-2023. pdf.

[11]　吴笑民，郭雨，郑景文，等 . 多能互补智慧园区能源系统优化运行方法［J］. 高电压技术，2022，48（7）：2545-2553.

[12]　张耀军，张军保，邵阳 . "互联网＋智慧能源" 的技术特征与发展路径解析［J］. 中国管理信息化，2022，25（6）：161-163.

[13]　吕凛杰，孙晓梅，韩绫，等 . "互联网＋" 智慧能源发展现状及挑战［C］//2016 电力行业信息化年会论文集 . 北京：人民邮电出版社，2016：197-199.

[14]　江苏卓易环保科技有限公司 . 分布式能源优先解决供热、制冷能源供应［EB/OL］.（2018-06-07）［2024-08-29］. www. eeet. com. cn/news-center/events/cchp _ heat _ cooling. html.

[15]　北京太和人居能源科技有限公司 . 能源互联网［EB/OL］.（2014-06-13）［2024-08-29］. http：//www. taihor. cn/EnergyInternet. aspx.

[16]　张素娟 . 智慧能源关键技术及应用［J］. 工程技术研究，2021，6（15），51-52.

[17]　陈以明，李治 . 智慧能源发展方向及趋势分析［J］. 动力工程学报，2020，40（10）：852-858，864.

[18]　王宏，闫园，文福拴，等 . 国内外综合能源系统标准现状与展望［J］. 电力科学与技术学报，2019，34（3）：3-12.

[19]　曾鸣，许彦斌，潘婷 . 智慧能源与能源革命［J］. 中国电力企业管理，2020（28）：49-51.

第 3 章
综合能源系统

3.1 综合能源系统概述

3.1.1 综合能源系统的定义

综合能源系统（integrated energy system，IES）是一种创新的能源管理和优化框架，旨在整合多种能源资源和技术，以提高能源利用效率、减少环境影响，并确保能源供应的可靠性和持续性，是新型能源体系在各种具体能源场景中的主要展现形式。2018 年 4 月，华北电力大学的曾鸣教授在《人民日报》理论版发表长文《构建综合能源系统》，提出"构建综合能源系统是提高能源利用效率、优化能源资源配置、提供智能能源服务、推动能源消费的绿色低碳化发展的重要方式"[1]。另外，曾鸣教授还提出了综合能源系统的完整定义[2]："综合能源系统是指一定区域内的能源系统利用先进的技术和管理模式，整合区域内石油、煤炭、天然气和电力等多种能源资源，实现多异质能源子系统之间的协调规划、优化运行、协同管理、交互响应和互补互济，在满足多元化用能需求的同时有效提升能源利用效率，进而促进能源可持续发展的新型一体化能源系统。"

综合能源系统通过在规划、设计、建设和运行等各个阶段对能源的生产、传输与分配（能源供应网络）、转换、存储和消费等环节进行有机协调与优化，形成了一个社会综合能源产供消一体化系统。建设综合能源系统有利于提高社会能源的综合利用效率，实现社会能源的可持续供应，同时提高社会能源供用系统的灵活性、安全性、经济性和自愈能力[3]。其核心理念在于"多能互补"与"协调优化"。多能互补是指石油、煤炭、天然气和电力等多种能源子系统之间互补协调，突出强调各类能源之间的平等性、可替代性和互补性，以提高能源利用效率，减少对单一能源的依赖，同时减少对环境的影响；协调优化是指实现多种能源子系统在能源生产、运输、转化、存储和综合利用等环节的相互协调，从而满足多元化需求，提高用能效率，降低能耗和减少污染排放等。

综合能源系统的实践研究和多种能源的协同利用早已在世界范围引起关注。从 1998 年开始，欧盟的 FP5～FP7（FP 是 Frame Project 缩写）均提及了多能源协同运行项目研究，例如 ENERGIE、Microgrids and More Microgrids（FP6）、Trans-European Network

（FP7）、Intelligent Energy（FP7）等。2001 年，美国能源部推出了综合能源系统发展计划，加强分布式能源与热电联供技术应用，提高能源系统的可靠性。随后，日本的 Tokyo Gas 公司提出构建区域综合能源系统，绘制了未来从能源供给到能源终端的整个能源系统蓝图。其中包括天然气、热力、电力、氢能、光伏、生物质等多种能源子系统。2008 年，德国联邦经济和技术部启动了"E-Energy"计划，其中的 RegModHarz 项目建立了能源管理系统，对多种能源协调控制，实现全清洁能源供能[4]。2009 年，加拿大内阁能源委员会提出"构建覆盖全国的社区综合能源系统是政府应对能源危机和减排的重要举措"。

自 2015 年以来，我国颁布了多项促进综合能源系统发展的政策，探索研究综合能源系统的创新发展模式。2015 年，国家发展改革委、国家能源局发布了《关于促进智能电网发展的指导意见》，明确提出"加强能源互联，促进多种能源优化互补"发展任务，要统筹发展电热冷气结合的综合能源服务及分布式能源服务，为综合能源系统的发展提供了政策支持。2016 年，国家发展改革委、国家能源局、工信部印发了《关于推进"互联网＋"智慧能源发展的指导意见》，指出要建设以智能电网为基础，与热力管网、天然气管网、交通网络等多种类型网络互联互通，多种能源形态协同转化、集中式与分布式能源协调运行的综合能源网络，为综合能源网络的发展路径提供了指导。2021 年，国家发展改革委、国家能源局印发了《关于推进电力源网荷储一体化和多能互补发展的指导意见》，要求通过优化整合本地电源侧、电网侧、负荷侧资源，以先进技术突破和体制机制创新为支撑，构建源网荷储高度融合的新型电力系统，进一步明确了源网荷储一体化发展实施路径。历年政策对传统能源行业的转型升级路径和综合能源系统的发展方向提供了明确指导，综合能源系统已经成为我国能源转型、大幅提高能源利用效率和建设绿色低碳社会的核心路径。

3.1.2　综合能源系统的组成和典型的综合能源系统

当前，国内外已有研究中提出的能源互联网、能源集线器、泛能网等均是综合能源系统的不同表现形态。典型的综合能源系统包含电力、天然气、热力（供热、制冷）等多个子模块，其结构框架如图 3-1 所示。该系统详细阐释了天然气、热力、电力等不同能源形式之间的转换与互补关系，涵盖消纳、输送和生产等。

天然气子模块中，天然气经过输气管道被送往不同的终端。热力子模块展现了从热电联产到最终用户的热能转换与分配。电力子模块是其中最复杂的部分，包含了多种发电方式，除火电外，还包括风电和太阳能光伏发电等新能源发电技术。三种子模块的燃气负荷、热力负荷和电力负荷之间互补利用，多种能源管网优化协同管理，从而促进区域内各类资源的整合统一，实现多种设备综合管理、统一调控，打破传统能源系统间的互动壁垒，满足区域用户对多种异质能流的需求，提升整个系统的利用效率。

综合能源系统的规划设计有别于单一能源子系统的规划设计，需要综合考虑区域内的各种资源禀赋和能源需求，通过集成优化对电、热、冷、天然气、分布式能源等多能源形式的生产、输配、转换、存储、消费、回收等环节进行有机融合，实现多种能源的协调互补和多品位能源的梯级利用，从而提升可再生能源的消纳率，减少能源消费对化石能源的依赖，有力支撑电、热、冷、气、水等多种能源形态的高效转化、灵活输配、协同互补。

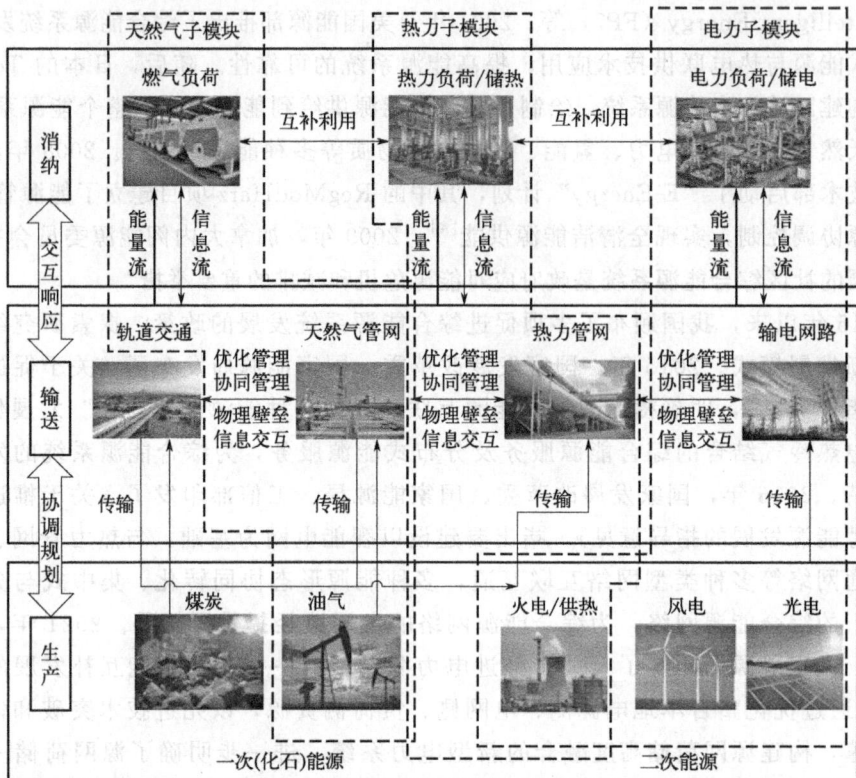

图 3-1 综合能源系统的结构框架

3.2 综合能源系统中的关键能量转换设备

在综合能源系统中，关键设备和转换环节的作用与重要性不可忽视。这些设备和环节不仅对实现能源系统的高效运行至关重要，而且在促进能源供给侧的清洁低碳转型方面发挥着重要作用。本小节选取了综合能源系统中的关键能量转换设备，对其基本特性与能量转换机理进行了描述。

3.2.1 热泵

热泵技术是一种基于热力学原理的能量转移机制，其主要功能是从低温热源吸收热量并传递至高温热源。此过程涉及制冷剂在封闭系统内的循环，通过蒸发、压缩、冷凝和膨胀等，实现热能的有效转移。热泵可广泛应用于民用和商用建筑的供暖和制冷系统、工业过程的热回收以及农业和水产业的温度调节等。

根据热源和冷源的类型，热泵可分为多个类别，包括空气源热泵、水源热泵和地源热泵。空气源热泵主要利用空气作为热交换介质，而水源和地源热泵分别以水体和地下的稳定温度特性来提高热交换效率。特殊类型的热泵，如溴化锂吸收式热泵，则通过化学反应而非常规的冷媒循环来实现热量的转移，通常应用于特定的工业和商业场合。

（1）地源热泵

地源热泵是由少量高品位能源（如电能）驱动，实现热能从浅层地能（土壤热能、地下水或地表水低温热能）向高温热源转移的热泵系统，是综合能源系统中重要的可再生能源利用技术，可满足制热、供热、供生活热水等多种能源需求。地源热泵单元设备的一般结构如图 3-2 所示。

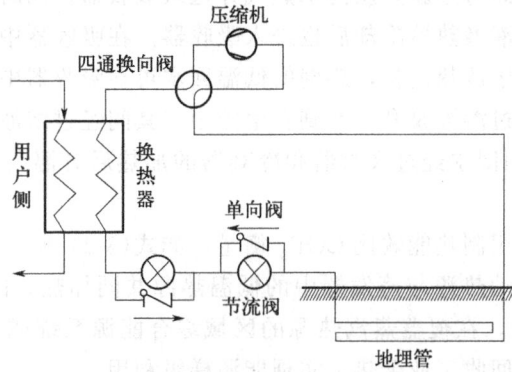

图 3-2　地源热泵单元设备的一般结构

在冬季，该系统从地下吸收稳定而低温的热量，并通过一个循环过程将这些热量提升到足以供暖的温度。具体来说，系统内的水或冷媒先在地下管路中循环，吸收地热；然后，这部分热量传递给制冷剂，使其蒸发；接着，压缩机将蒸发后的制冷剂压缩，提高其温度和压力；随后，这些高温高压的制冷剂在冷凝器中冷却，释放热量为室内空间供暖；最后，经过冷凝器的制冷剂通过膨胀阀降低压力和温度，循环重新开始。

夏季时，地源热泵的工作模式逆转，该系统先从室内空间吸收热量，再通过类似的循环过程将这些热量排放到地下。这一过程中，首先，室内的热量被转移给制冷剂，使之蒸发；然后，制冷剂被压缩机压缩，其温度和压力升高；最后，高温高压的制冷剂在冷凝器中释放热量到地下（通过地下的低温来冷却制冷剂，并将热量有效地传递给周围的土壤或水体），其压力和温度降低，循环重新开始。为了更加清楚地理解地源热泵系统在夏季的工作过程，我们可以关注系统提供的热量或从空间中移除的热量以及系统运行的功率。下面是地源热泵系统的效益参数：

$$COP = \frac{Q}{W} \tag{3-1}$$

式中，Q 是地源热泵系统提供的热量或从空间中移除的热量，kW；W 是系统运行功率，kW。

由于地热温度全年相对稳定，一般为 10～25℃，因此地源热泵的供热、制冷能效比可以达到 3.5～4.4。但在综合能源系统的规划设计中，地源热泵并不能作为唯一供能形式满足区域供热、制冷的全部需求。一方面是因为，地源热泵全年供热、制冷的取、放热量难以完全平衡，会引起土壤温度场的失衡，既影响地埋换热管的换热效率，又破坏浅层地能生态；另一方面是因为，较高的负荷需求对应地源热泵较大的占地面积，在有限的土地资源条件下难以实现。

（2）溴化锂吸收式热泵

溴化锂吸收式热泵是一种由高温或低温热源驱动，将热能从低温热源移至高温热源的设备，也是综合能源系统中实现热能梯级利用的重要手段。其中，第一类溴化锂吸收式热泵采用溴化锂溶液作为吸收剂，将水作为制冷剂，以高温热源（蒸汽、燃气等）为驱动热源，实现低温热源热能的回收利用。

首先机组以高温蒸汽作为驱动热源将发生器中的溴化锂稀溶液加热至沸腾，然后稀溶液中的制冷剂水蒸发并进入到冷凝器中与热网供水换热，凝结放热后成为液态水进入蒸发器，接着吸收来自低温热源的热量重新蒸发为水蒸气并进入吸收器。同时，发生器中蒸发走水蒸气的溴化锂溶液浓缩经溶液换热器冷却后也进入吸收器。在吸收器中，水蒸气被溴化锂浓溶液吸收。由于吸收过程属于放热过程，热网的低温回水可在吸收器中得到初步加热。最后吸收器中的溴化锂稀释液经过溶液泵升压回到发生器中（其间经过溶液换热器得到高温溴化锂浓溶液的预加热），而热网回水经过吸收器和冷凝器的加热后升温重新作为供水，如此实现了机组的连续循环运行。

吸收式热泵的效率可用制热能效比 COP_h 衡量，如式(3-2)所示。由于第一类溴化锂吸收式热泵由发生器中的驱动热源与蒸发器中的低温热源共同加热，因此其 COP_h 恒大于1，一般约为 $1.6\sim1.8$。所以，在覆盖蒸汽热源的区域综合能源系统或工业园区，利用蒸汽驱动的吸收式热泵可以高效回收工业余热，实现能源梯级利用。

$$COP_h = \frac{Q_a + Q_e}{Q_g} \tag{3-2}$$

式中，Q_a 为吸收式热泵吸收器的放热量，kW；Q_e 为吸收式热泵蒸发器的吸热量，kW；Q_g 为吸收式热泵发生器的驱动热源加热量，kW。

吸收式热泵机组的热平衡可由式(3-3)表示。

$$Q_a + Q_c = Q_g + Q_e \tag{3-3}$$

式中，Q_c 为吸收式热泵冷凝器的放热量，kW。

目前，第一类溴化锂吸收式热泵与供热结合主要包括两种应用形式：一种是在热源侧利用吸收式热泵改造供热系统，以汽轮机抽汽为热泵机组驱动热源，回收低品位循环冷却水余热并用于供热；另一种是以分布式能源高效转化为目标，梯级利用热网中部存在的高品位热需求用户余热，为热网补充供热。

（3）空气源热泵

空气源热泵通过少量电能驱动压缩机运行，实现热量的提取和转移。具体过程如下：首先，压缩机将蒸发器内的高压液态工质转变为气态，以吸收空气中的热能；然后，气态工质被压缩机压缩，转变为高温、高压的液态。在这一过程中，冷凝器释放出大量的热能并被循环池水吸收，从而实现了池水的加热和升温。通过这一循环过程，储热介质能够保持恒温。

空气源热泵系统主要由蒸发器、压缩机、冷凝器、储液罐、膨胀阀组成，其原理如图 3-3 所示。系统运行过程分为四个阶段：1 阶段为在蒸发器中进行的等压吸热汽化过程，低温低压的饱和气液混合态制冷剂流进蒸发器吸收空气中的热量，汽化为低温低压的过热气态制冷剂流出；2 阶段为在压缩机中进行的等熵压缩过程，从蒸发器流出的低温低压过热气态制冷剂流入压缩机，压缩机通过做功将其压缩为高温高压的过热气态制冷剂后排出；3 阶段为在冷凝器中进行的等压放热液化过程，压缩机排出的高温高压过热气态制冷剂流进冷凝器中被水吸收热量，使得水温升高，从而转变为低温高压的过冷液态制冷剂流出；4 阶段为在膨胀阀中进行的等焓降压过程，被冷却的低温高压过冷液态制冷剂被膨胀阀降压后转变为状态 4 再次进入蒸发器，开始进行下一次循环。

空气源热泵系统的性能可用能效比（COP）来衡量，即系统制热量（Q_K）与系统耗功（W_{th}）之比：

$$COP = \frac{Q_K}{W_{th}} \tag{3-4}$$

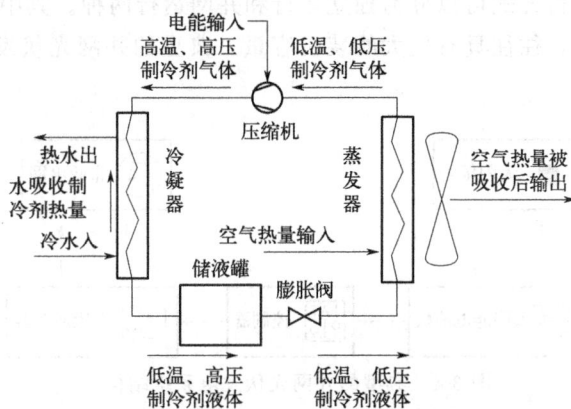

图 3-3　空气源热泵系统的原理

空气源热泵在暖通空调中的应用已经十分广泛。我国秦岭山脉以南地区的冬季平均温度相对于以北地区偏高，在－3～5℃，特别适合空气源热泵使用。外界温度对空气源热泵系统的性能有显著的影响。在低温环境下，蒸发器的蒸发温度降低，导致压缩机吸气比体积增大，容积效率降低，从而减少制冷剂的质量流量，造成制热量衰减。同时，蒸发器结霜会进一步降低热泵的制热量和COP。这些因素共同作用，导致系统COP随外界温度的降低而非线性地下降，影响系统的运行经济性。当外界温度降低到－20℃时，系统COP从3.7降低到了1.8，当外界温度降低为－30℃时，系统COP只有1.6。另外，随环境温度降低，压缩机的压缩比不断增大，还会造成压缩机的排气温度迅速升高。当压缩机的排气温度超过压缩机允许的工作范围时，压缩机会因防止过热而自动停机保护。同时压缩机的排气温度过高导致润滑油的黏度急剧下降，影响压缩机的润滑，会出现压缩机频繁启停，无法正常工作等问题。

（4）水源热泵

水源热泵是利用地球表面浅层的水源，如地下水、河流和湖泊中吸收的太阳能和地热能而形成的低品位热能资源，采用热泵原理，通过少量的高位电能输入，实现低位热能向高位热能转移的一种技术。水源热泵系统具有节能降耗、无污染、可再生、运行稳定等优点。

一般水源热泵机组采用单级蒸气压缩式系统。其主要由压缩机、冷凝器、节流阀、蒸发器四大部件组成，通过管道连成一个封闭系统。

水源热泵机组拥有较高的性能系数，即消耗少量的电能就可提供大量的热能或冷量。冬季供暖时，其COP一般在4以上，消耗1kW的电能，可以产出4kW的热能；夏季制冷时，其COP一般在4.5以上，消耗1kW的电能，可以产出4.5kW的冷量。

3.2.2　光伏发电系统

太阳能是一种清洁、可再生的能源，其应用主要包括光伏发电和光热发电，两者具有不同的技术特点和应用场景。光热发电系统适合大规模的电站应用，特别是在太阳辐射强烈的地区；而光伏发电系统则因灵活性和可扩展性，适用于多种尺度和地理环境的能源需求。其中，光伏发电系统是利用半导体材料制成的太阳能电池将太阳光直接转换为电能。这种系统的显著特点是转换过程简洁、环境友好，且适用于多种规模，是综合能源系统实现清洁能源高效利用、促进系统节能降耗的重要模块。

光伏发电系统的运行方式可以分为独立运行和并网运行两种。其中，并网光伏发电系统可借助电网提升灵活性，往往具有更大的装机容量。典型的并网光伏发电系统结构如图3-4所示。

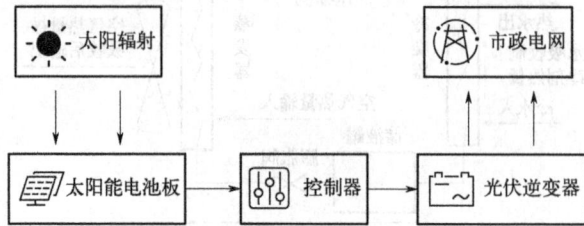

图3-4　典型的并网光伏发电系统结构

光伏发电系统主要由光伏模块、逆变器、蓄电池组、太阳能跟踪控制系统及监控与控制单元组成，各设备的作用如下。

① 光伏模块：光伏模块是光伏发电系统的能量转换核心，它可通过光电效应直接将太阳辐射能转换为电能。光伏模块通常由多个光伏电池组成，这些电池以硅等半导体材料为基础，根据晶体结构不同，可以分为单晶硅光伏电池、多晶硅光伏电池及薄膜光伏电池等。光伏模块的设计需要考虑光电转换效率、耐久性以及在不同环境条件下的性能稳定性。

② 逆变器：逆变器在光伏发电系统中扮演着将直流电转换为交流电的角色。这一过程不仅涉及能量的形式转换，还包括对电能质量的调节和优化。现代逆变器设备通常配备有高级的数字控制策略，能够实时监控光伏模块的输出，并进行动态调整，以确保电能输出的最大化以及系统运行的稳定性。

③ 蓄电池组：蓄电池组是光伏发电系统中的能量储存单元。它通过储存过剩的电能，提供了一种在无光照条件下维持电能供应的解决方案。蓄电池的类型多样，包括铅酸电池、锂离子电池等，其选择需考虑能量密度、循环寿命、安全性及环境适应性等多个因素。

④ 太阳能跟踪控制系统：太阳能跟踪控制系统可通过调整光伏板的角度，确保始终面向太阳，从而最大化光照的接收。太阳能跟踪控制系统分为单轴跟踪和双轴跟踪。其中双轴跟踪系统能提供更精确的角度调整，以适应日照在一天中不同时间的变化。尽管太阳能跟踪控制系统能显著提高发电效率，但增加了光伏发电系统的复杂性和成本。

⑤ 监控与控制单元：监控与控制单元是光伏发电系统的信息处理中心。它负责收集系统各部分的运行数据，并通过数据分析对系统进行智能调控，优化系统性能的同时，确保运行的安全性和可靠性。高级的监控与控制单元还可以提供远程故障诊断和维护支持，大大提高了系统管理的效率。

光伏发电的输出公式可以表示为

$$P_{pv} = GA\eta_{pv}\eta_{inv} \tag{3-5}$$

式中，P_{pv} 是光伏模块的输出功率，W；G 是入射太阳辐照度，W/m^2；A 是光伏模块的面积，m^2；η_{pv} 是光伏模块的转换效率；η_{inv} 是逆变器的效率。

光伏电池的转换效率会受温度的影响，通常随温度的升高而降低，具体如下：

$$\eta_{pv,temp} = \eta_{pv} - \beta(T - T_{ref}) \tag{3-6}$$

式中，$\eta_{pv,temp}$ 是考虑温度影响后光伏模块的转换效率；β 是温度系数，%/℃；T 是光伏模块的实际温度，℃；T_{ref} 是参考温度，通常为 25℃。

3.2.3　风力发电系统

风力发电技术是将风能转换为电能的技术。风力发电技术主要依赖风力涡轮机的设计和布置，其核心组件包括风轮、发电机、支撑结构、变速器、控制系统以及电气系统。

① 风轮：风力涡轮机的关键部分，负责捕捉风能并将其转换为机械能。风轮通常由 2～3 片叶片组成，设计要求能够最大化捕捉风能，并且在各种风速下都保持高效率。

② 发电机：将风轮的机械能转换为电能的装置。根据设计和应用的不同，其可以是异步发电机或同步发电机。发电机的性能和类型选择直接影响风力发电系统的整体效率和稳定性。

③ 支撑结构：包括塔架和基础，主要为风力涡轮机提供稳固的支撑。塔架的高度对于捕捉风能至关重要，因为风速随高度提升而增大。

④ 变速器：连接风轮和发电机的关键机械部件。其主要功能是将风轮的低速旋转转换为发电机所需的高速旋转。

⑤ 控制系统：控制系统负责监测和调整风力涡轮机的运行状态［即叶片角度（俯仰控制）和涡轮机对风的方向（偏航控制）］，确保其在不同风速下都能安全、高效地运行。

⑥ 电气系统：包括变压器、逆变器、电缆以及保护设备等，负责将发电机产生的电能传输给电网，并确保电能的质量符合电网标准。下面是输出功率的计算公式：

$$P = \frac{1}{2}\rho A C_p V^3 \tag{3-7}$$

式中，P 是风力涡轮机的输出功率，W；ρ 是空气的密度，其值取决于海拔和温度，kg/m³；A 是风轮扫过的面积，其计算公式为 $A = \pi r^2$（r 是风轮半径），m²；C_p 是功率系数，表示风力涡轮机将风能转换为电能的效率，理论上，根据贝茨极限，C_p 的最大值是 0.59，但实际上，C_p 通常在 0.35～0.45 之间；V 是风速，通常在涡轮机叶片轮毂的高度处测量，m/s。

3.2.4　储能系统

综合能源系统由多个不同时间尺度的子系统构成，具有"多能流耦合"的特征。储能技术已经成为综合能源系统实施的关键技术之一，能够充分利用综合能源多能互补、多源互补的特征，灵活满足多元化用能需求和有效提高能源利用效率。储能设备能够承担能源的中转、匹配及优化作用[4]，使能源在时间和空间上具有可平移性，成为多种能源灵活转换和综合利用的基础。储能在综合能源系统中的作用和价值主要体现在：

（1）支撑高比例可再生能源发电电网的运行

针对大规模可再生能源发电的接入，一方面通过储能技术与可再生能源发电的联合，能够有效降低可再生能源随机性的影响并增加综合能源系统的可调性；另一方面通过电网级的储能应用，能够增强电网对可再生能源发电的适应性。对于后者，储能作为电网的可调度资源，具有更大的应用价值和应用空间。在电网级的应用中，对储能的需求大体可以分为功率服务和能量服务两类。功率服务中，储能用于应对电网的暂态稳定和短时功率平衡需求，作用时间为数秒至数分钟，可从根本上改变光伏、风电这类可再生能源的功率输出特征。基于可再生能源输出功率的频谱分析，针对需要储能补偿的特定频段，考虑储能效率、荷电状态等约束，可以确定所需储能的最小容量。能量服务中，储能用于长时间尺度的功率调节，作用时间可从数小时延伸至季节时间尺度，用于应对系统峰谷调节以及输配电线路的阻塞问题。

对于高比例新能源发电电网，储氢、储热等单向的大规模储能技术为冗余的新能源发电提供了向其他能源形式转移的途径。

（2）参与系统负荷调峰，降低装机容量

利用综合能源系统中的储能设备可以在低谷负荷时蓄能、在高峰负荷时放能，实现削峰填谷，减少用能网络的峰谷差，充分利用设备的供能能力，实现供需平衡，从而提升设备利用率，降低初始投资规模及成本。分布式储能系统（DESS）实现削峰填谷的原理如图 3-5所示。

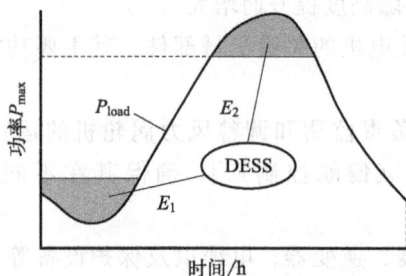

图 3-5　储能设备实现削峰填谷

以储电设备为例，其在综合能源系统中对削峰填谷的应用价值体现在：①缓解电网功率阻塞，避免阻塞导致线路过载和在电力市场条件下引发电价大幅升高。②延缓配电网升级改造。在变电站出口处或馈线中接入分布式电能存储设备，能够实现负荷转移，减缓甚至避免配电网的升级，同时可以有效提升配电线路和变压器的负载水平，提高现有设备的利用率。考虑到负荷发展的不确定性，相比配电网的升级改造，采用成本相对较低的分布式电能存储设备能够降低投资的风险。③降低网络能量损耗。研究表明，负荷高峰时放电所减少的网损明显大于负荷低谷时充电增加的网损，通过分布式电能存储设备进行负荷转移可有效降低配电网损耗。考虑到负荷高峰时的电价较高，该时段单位网损的成本也更高，降低网损更具经济性。例如，南方电网建立的宝清兆瓦级锂电池储能电站于 2011 年 1 月投运，现场运行数据表明该储能示范电站能有效降低主变峰谷差约 10%，带来了多方面的收益。

（3）提高多元能源系统的灵活性和可靠性

综合能源系统中存在多种能量流的相互耦合和影响。例如，存在热电联产机组、电锅炉两种能源转换设备的社区级热电联供系统，若系统中不存在储能，热电联产机组（CHP）中的燃气轮机将按照以热定电、以电定热或混合运行 3 种模式工作。考虑储能因素后，CHP 可更加灵活地制定生产计划。具体而言，系统可利用储能实现电力和热力供应的解耦，避免一种能源供应充足时另一种能源"过供"或"欠供"；当 CHP 检修或故障时，系统仍能维持一定输出，有效提高了系统的可靠性。

在支撑多能源系统的灵活性和可靠性方面，需要储能弱化多种能源间的强相关和紧密耦合关系，储能的技术类型和作用时间尺度要与系统的能源供应需求和转化元件的技术特性相匹配。

（4）为多元能源系统能量管理和路径优化提供支撑

对于局域多元能源系统，管理者可根据价格信息合理安排各能源的生产、转换、存储及消费，使得系统运行成本最低，并保证系统可靠和高效运行。储能和释能管理是系统运行决策的重要对象。系统可依据储能状态的动态变化，确定储能的功率方向和大小，维持系统内供需平衡。同时，系统中各转换元件的功率分配，即系统潮流的分布将影响系统运行经济性和效率。储能的功率流向和大小是系统潮流优化的重要控制变量，可使系统获得最优的能量流路径。另外，根据能量在储能单元的滞留，还可判断系统中能量流的拥塞情况，及时调整运行计划。储能设备的安装位置、容量大小和储能释能过程的优化对综合能源系统的经济高效运行起到重要作用。

下面以电采暖系统为例进行介绍。北京某项目配置由蓄热设备与电锅炉构成的供热系统。该项目由三栋六层高的非节能建筑组成，总建筑面积达 $24000m^2$，主要用于办公。在采暖季的 120 天时间里，室外设计温度低至 $-9℃$。原本，这些建筑以小型燃煤锅炉作为热源，并通过暖气片进行采暖。然而，为了满足北京市节能减排的政策要求，决定进行热源改造。该项目执行商业电价，具体如表 3-1 所示。

表 3-1　项目所在地区分时电价

用电峰谷	时段	电价/[元/(kW·h)]
低谷	23:00—7:00	0.3658
平电	7:00—10:00	0.8595
	15:00—18:00	
	21:00—23:00	
高峰	10:00—15:00	1.3782
	18:00—21:00	

该项目采用直热式热水锅炉，设计热负荷指标取 $50W/m^2$，设计总热负荷为 1200kW，选型 2 台额定功率 700kW 的常压热水锅炉，额定出水温度 90℃。电采暖系统每日在8:00—19:00 期间采用供暖模式运行，在 19:00—8:00 期间采用防冻模式运行。锅炉电费曲线见图 3-6。

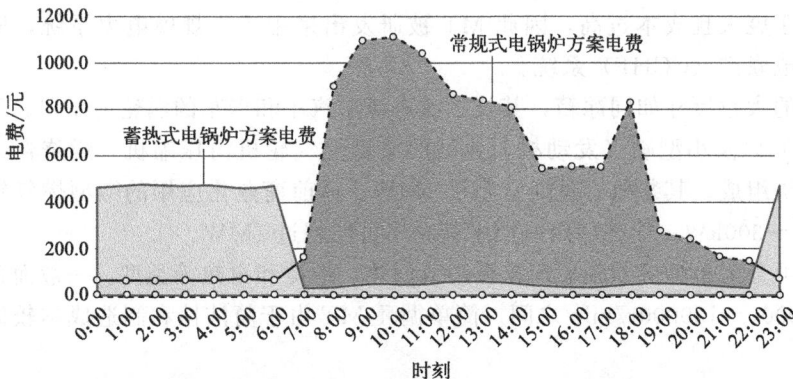

图 3-6　常规式、蓄热式采暖方案典型日电费曲线对比

这里举例不同方案下的设备选择。先计算电价平段和高峰时段内的热负荷，将其作为有效蓄热量进行蓄热装置选型，本例中设计蓄热量取 11MW·h，以保证将全天的供热负荷转移到低谷电价时段；然后统计全天的电锅炉耗电量，将其除以低谷时段时长作为有效功率进行电锅炉选型，本例中选择 2 台额定功率 800kW 的常压热水锅炉。

运行时，在低谷电价时段，电锅炉高负荷运行，制得热量的小部分向建筑物提供防冻负荷，其余大部分进入蓄热装置蓄热；其余时段，电锅炉停止运行，由蓄热装置向建筑物供暖。具体优势如下：

① 大幅度降低电采暖的运行费用。储热技术充分利用峰谷电价政策，将高峰时段和平段的用电量全部转移到低谷时段，避免在高电价时段用电，在保证供暖效果相同的前提下实现了采暖费用的大幅度下降。以上述项目为例，选择蓄热方案后，平均日采暖电费由 10594 元下降到 4375 元，运行电费降低了 58.7%。

② 削减电网高峰用电负荷，转移高峰电量，缓解电网峰谷差。以上述项目为例，选择蓄热方案后，日均可以削减高峰用电负荷 756kW，转移高峰电量 4649kW·h。具体数据见图 3-7。

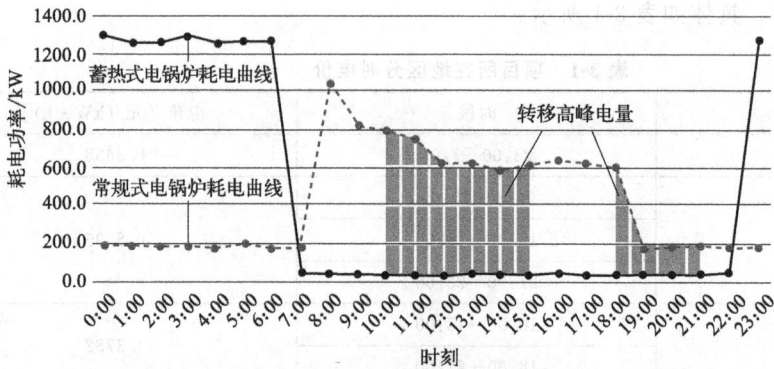

图 3-7 蓄热式电采暖转移高峰负荷

3.2.5 微型燃气轮机

微型燃气轮机（microturbine，MT）采用与重型燃气轮机相似的循环和组件，但由于较小的直径导致轴转速较快，因此其功率重量比优于重型燃气轮机。重型燃气轮机对于分布式电力应用来说过于庞大且成本过高，因此 MT 被研发出来用于小规模电力系统，例如独立发电系统或冷热电联产（CCHP）系统。

微型燃气轮机的大致尺寸如同冰箱，其技术演进源于汽车和卡车的涡轮增压器、飞机辅助动力装置（APU）以及小型喷气发动机。典型的微型燃气轮机由压缩机、燃烧器、涡轮机、换热器和发电机组成，其装机容量通常小于 1MW。目前商业化应用的微型燃气轮机的功率范围主要为 25～300kW，而在特定应用中其功率可能超过 1MW。

微型燃气轮机可分为单轴或双轴、简单循环或回热、中冷和再热等类型。一般而言，单轴 MT 的转速在 90000～120000r/min 之间。简单循环 MT 由于简洁性和制造成本较低，因而相对普遍。

简单循环微型燃气轮机是将压缩空气与燃料混合后在恒压条件下进行燃烧，产生的热气通过涡轮膨胀以产生功率，其原理如图 3-8 所示。尽管简单循环 MT 的效率较低（约为

15%），但与回热式机组相比，它具有更低的资本成本、更高的可靠性以及更适合热电联产应用的热能利用。技术研究表明，微型燃气轮机可以采用高级发电方法，如燃料电池和联合发电，效率可达65%以上，并且排放更低。

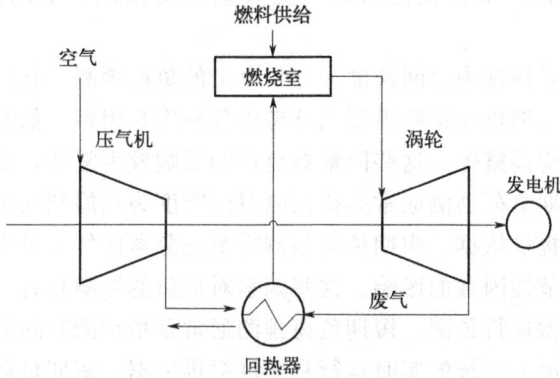

图 3-8　微型燃气轮机的原理

微型燃气轮机的优点如下：

① 燃料适应性强，环境友好：可采用多种燃料，包括气体和液体燃料，NO_x 排放低至 9×10^{-6} 以下，噪声控制在 70 分贝以内，有利于环境保护；

② 可靠性高、寿命长：采用特殊的空气轴承技术，无需内部润滑，几乎不需要维护，可保证系统长期稳定运行；

③ 效率高，余热利用充分：发电效率可达 30%，并能够高效利用烟气中的余热，适用于热电联产和冷热电联供，综合能源利用率超过 80%；

④ 运行灵活：可并网运行或独立运行，且能够自由切换运行模式，适应不同的运行需求；

⑤ 系统配置自由度高：可根据实际需求灵活配置数量，支持多单元成组控制，即使某台燃机检修，也不影响整个系统的运行；

⑥ 安全可靠：符合严格的 UL2000 标准，同时满足 IEEE519、NFPA 等规范，保障了与电网互联的安全性；

⑦ 使用方便：体积小、重量轻，便于搬运和安装，可扩展性强，结合物联网技术可实现远程监控和无人值守操作。

3.3　综合能源系统中的常用数据方法介绍

3.3.1　综合能源系统负荷建模的数据方法

3.3.1.1　综合能源系统的负荷预测

负荷预测是能源管理和运行的基础工作，对综合能源系统的优化运行和管理具有重要意义。负荷预测不仅可以为能源系统的运行提供参考依据，帮助能源管理者了解未来的负荷需求，进而合理配置资源，提高系统的经济性和可靠性，还可以帮助能源企业制定科学的运营策略，包括能源采购、调度和设备维护等。此外，负荷预测也是电力市场运营和电力交易的基础。负荷预测的准确性直接影响能源系统的运行效率，对电力系统的安全、稳定和经济运行具有关键意义。

3.3.1.1.1 负荷预测的分类

根据预测时间的不同，负荷预测可以分为长期负荷预测、中期负荷预测和短期负荷预测。

长期负荷预测通常是指预测时间跨度为一年以上的负荷预测，其目的是为能源规划和电力系统建设提供依据。长期负荷预测需要充分考虑各种宏观因素，如经济发展水平、人口变化、政策导向、产业结构调整等。这些因素对负荷的影响较为复杂，需要采用专业的预测方法和模型进行预测。中期负荷预测通常是指预测时间跨度为几周到几个月的负荷预测，其目的是为能源调度和采购提供依据。中期负荷预测需要充分考虑气象条件，如气温、湿度、风速等，以及节假日和季节性因素的影响。这些因素对负荷的影响具有一定的规律性，需要采用合适的预测方法和模型进行预测。短期负荷预测通常是指预测时间跨度为几小时到一周的负荷预测，其目的是为电力系统的实时运行和调度提供依据。短期负荷预测需要充分利用历史负荷数据，并结合气象条件和特殊事件进行分析。由于短期负荷预测的时间跨度较短，预测结果对电力系统的实时运行和调度具有重要意义。

3.3.1.1.2 负荷预测的数据方法

（1）传统方法

① 时间序列法：时间序列法是一种通过分析历史负荷数据的时间序列特征来进行负荷预测的方法。常见的时间序列模型有自回归模型（AR）、移动平均模型（MA）、自回归移动平均模型（ARMA）和自回归积分移动平均模型（ARIMA）等。这些模型主要利用历史负荷数据中的自相关性和滑动平均特性来预测未来的负荷。

② 回归分析法：回归分析法是一种通过建立负荷与相关影响因素之间的回归模型来进行负荷预测的方法。常见的回归模型有多元线性回归模型、广义线性回归模型、逻辑回归模型等。这些模型主要利用历史负荷数据和相关影响因素（如气象条件、节假日、政策等）之间的统计关系来预测未来的负荷。

③ 灰色关联分析法：灰色关联分析法是一种通过分析负荷数据与相关影响因素之间的关联程度来进行负荷预测的方法。该方法主要利用灰色关联分析理论计算负荷数据与相关影响因素之间的关联度，从而预测未来的负荷。

（2）现代方法

1）机器学习法

机器学习法是一种基于大量数据进行模型训练和预测的方法。常见的机器学习法包括支持向量机（SVM）、神经网络（NN）、决策树（DT）、随机森林（RF）、梯度提升树（GBT）等。这些方法可以处理复杂的负荷数据，具有较强的非线性拟合能力和自学习能力，从而提高了负荷预测的准确性。在机器学习法中，通常需要专家人工提取特征，以获取对负荷预测有用的信息。下面以支持向量机（SVM）为例进行介绍。它是一种基于统计学习理论的分类和回归方法。通过在高维空间中寻找最优分类超平面或回归函数，SVM可以在负荷预测领域取得较好的预测性能。具体应用时，首先需要对历史负荷数据进行特征选择和降维处理，然后即可利用SVM模型进行训练和预测。通过调整模型参数，可以提高负荷预测的准确性。

2) 深度学习法

深度学习法是一种基于神经网络模型的机器学习法，具有较强的自学习能力和非线性拟合能力。常见的深度学习模型有卷积神经网络（CNN）、循环神经网络（RNN）、长短期记忆网络（LSTM）等。与机器学习法不同，深度学习法通常采用端到端的学习方式，即输入原始数据（如图像、音频等），通过多层神经网络自动提取特征并进行预测。因此深度学习法在处理复杂问题时具有优势。下面以长短期记忆网络（LSTM）为例进行介绍。它是一种循环神经网络模型，具有较强的记忆能力和长序列处理能力。在负荷预测领域，可以将历史负荷数据作为输入序列，利用 LSTM 模型对负荷进行预测。通过调整模型参数，可以提高负荷预测的准确性和稳定性。

3) 非时序预测问题建模法

非时序预测问题的典型特点为样本中不包含时间信息，即使原始数据中包含时间信息，在建模过程中也不会对时间信息进行转化和利用。非时序预测问题建模可概括为

$$\hat{y} = f(x_1, x_2, \cdots, x_n) \tag{3-8}$$

式中，$\hat{y}$ 代表模型预测结果；$x_i (i=1,2,\cdots,n)$ 代表不同的特征；$f(\cdot)$ 代表不同的模型或算法。一般的机器学习法，如线性回归、支持向量机、随机森林等，均能用于非时序预测问题建模。

非时序预测问题的数据样本形式一般为 $(\boldsymbol{x}_k, \boldsymbol{y}_k)$，即每个样本中包含输入特征向量 $\boldsymbol{x}_k$ 以及对应的输出标记 $\boldsymbol{y}_k$。对于包含 N 个样本的非时序预测问题建模，首先需要将数据集分割为训练集和测试集。切分的方式同样有多种，常用的方式是按比例随机切分，比如随机抽取 80% 的样本作为训练数据，剩余 20% 的样本作为测试数据。然后将训练数据代入选取的模型进行训练，将训练后的模型直接用于测试集进行预测，并基于评价指标对测试集上的真实数据和预测数据进行对比分析，计算模型的预测误差从而衡量模型的预测性能。

4) 时序预测问题建模法

时序预测问题是供热系统建模中的常见问题。与非时序预测问题相比，时序预测问题在建模流程中更复杂。这是因为时序预测问题需要考虑不同的历史时间信息，以及对未来不同的时刻进行预测。时序预测问题建模可概括为

$$\hat{y}_t, \cdots, \hat{y}_{t+N} = f(y_{t-1}, \cdots, y_{t-M}, x_i, \cdots, x_{t+N}) \tag{3-9}$$

式中，预测模型的输出是从 t 时刻到 $t+N$ 时刻的时间序列。预测模型的输入包括：①从 $t-1$ 时刻到 $t-M$ 时刻的历史目标序列；②未来 t 时刻到 $t+N$ 时刻的外部特征时间序列。和一般的非时序预测问题建模直接通过外部特征预测输出［比如 $f(x)=y$］不同，大部分时序预测问题建模中是通过和预测目标相关的历史序列以及未来的部分外部特征信息来预测未来的目标特征。

时序预测问题中获取的数据一般为包含多个特征的时间序列，在数据集分割时一般按照时间先后顺序分割（因为要保留完整的时间信息）。在应用不同的模型对时序预测问题进行建模时，需要进行不同的数据转换及特征构造。若用经典时间序列模型，如 ARIMA 模型，由于该模型只能对单个序列进行建模预测，因此将目标特征的历史序列直接输入模型便可对未来时刻的目标进行预测。对于一般的机器学习模型，如支持向量机、决策树等，首先需要通过特征构造的方式将原始数据转换为可以用于监督学习的 $(\boldsymbol{x}_k, \boldsymbol{y}_k)$ 样本形式。将时间序列数据转换为监督学习的样本形式后，时序预测问题就转换成了一般的非时序预测问题。而对于循环神经网络这类针对时间序列建模的深度学习算法，同样需要通过特定的特征构造将

原始数据转换为深度神经网络对应的样本形式。以 LSTM 为例，其输入的数据结构为 $(n_{\text{samples}}, n_{\text{inputs}}, n_{\text{features}})$。其中 n_{samples} 代表样本个数，n_{inputs} 代表每个样本包含的历史时间步长信息，n_{features} 代表特征数量。

根据不同模型构造好相应的数据结构后，即可将训练数据代入模型进行训练。在模型测试环节，时序预测问题一般会对未来一步到多步进行预测，且时序预测模型在每次预测时都需要最新的历史数据。因此，在测试时序模型时，我们实施向前滚动预测（图 3-9）。以多时间步长预测为例，具体步骤如下：

① 每次预测后，将新的真实数据加入训练集，以便在下一次预测中使用更新的数据集。

② 用训练集训练好模型后进行预测，预测结果为 $\hat{\boldsymbol{Y}}_1$。需要注意的是，由于模型是进行多步预测，因此每次预测输出的结果是一个包含多步预测值的向量，即 $\hat{\boldsymbol{Y}}_1 = [y_{t+1}, y_{t+2}, \cdots, y_{t+n_{\text{outputs}}}]$。其中，$n_{\text{outputs}}$ 代表模型单次预测的步数。

③ 完成对未来 n_{outputs} 步数的一次预测后，将真实值 Y_1 添加到训练集中组成新的历史数据，并再次调用模型预测 $\hat{\boldsymbol{Y}}_2$。

④ 以此方式向前滚动完成所有测试序列上的预测，并获取预测序列 $\{\hat{\boldsymbol{Y}}_1, \hat{\boldsymbol{Y}}_2, \cdots, \hat{\boldsymbol{Y}}_N\}$ 与对应的测试序列 $\{Y_1, Y_2, \cdots, Y_N\}$。

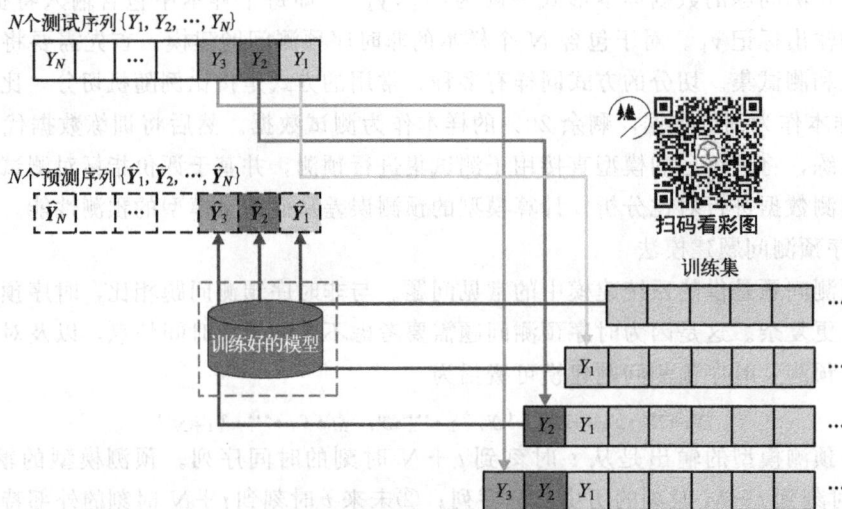

图 3-9 模型向前滚动预测

基于模型评价指标计算预测误差，时序预测问题建模的预测误差可以分为两类：①所有测试集和预测值的误差，作为模型的总体平均预测误差；②在不同预测步长下预测值和测试值的误差，作为模型在各步预测的平均误差。

最后将通过测试的模型应用于供热系统对应问题中进行预测。

3.3.1.2 常用负荷预测方法及评价方法

（1）极限梯度提升树

XGBoost 的中文名称为极限梯度提升树，是基于陈天奇提出的梯度提升树算法的高效实现方式，在工程中的应用比较广泛。其最大的特点在于对损失函数泰勒展开到二阶导数，使得梯度提升树模型更加逼近真实损失。XGBoost 算法属于集成学习模型中的 Boosting 方法一类。所谓集成学习就是先构建多个基学习器对数据集进行预测，然后使用某种策略将多个分类器预测的结果集成作为最终的预测结果。Boosting 方法的工作原理是将多个基学习器串联起来进行训练。首先从初始训练集训练得到基学习器，再依据基学习器的预测表现调整训练样本，使得基学习器此前预测错误的样本在后续基学习器中得到更多权重，随后基于调整后的样本来训练下一个基学习器，重复这个过程，直到基学习器的数目达到指定数目；最后将所有基学习器的预测结果进行加权求和，作为最终的预测结果。作为 Boosting 方法中的模型，XGBoost 模型的预测值可以表示为

$$\hat{y}_i = \sum_{k=1}^{K} f_k(x_i) \tag{3-10}$$

式中，K 为基函数的数量；f_k 为第 k 个基函数。

对于第 t 步迭代过程得到的预测结果，可以表示为前 $t-1$ 个基函数预测结果与第 t 个基函数预测结果之和，即

$$\hat{y}_i^t = \hat{y}_i^{t-1} + f_t(x_i) \tag{3-11}$$

XGBoost 模型的损失函数由经验损失项和正则化损失项构成，则第 t 步时的损失函数为

$$L^t = \sum_{i=1}^{n} l(y_i, \hat{y}_i^t) + \sum_{i=1}^{t} \Omega(f_i) \tag{3-12}$$

$$\hat{y}_i^t = \hat{y}_i^{t-1} + \eta f_t(x_i) \tag{3-13}$$

式中，l 表示经验损失函数，一般使用平方损失函数；Ω 表示正则化损失函数，作为模型复杂度的度量，在 XGBoost 模型中一般取为叶子节点数和叶子权重值；η 表示迭代决策树时的步长，也叫学习率。对于第 t 步迭代，由于前 $t-1$ 个模型已经确定，因此 $\hat{y}_i^{t-1}$ 对于式(3-13) 来说是一个常量，同时正则化项中前 $t-1$ 个模型的正则化损失也是一个常量，所以式(3-12) 可以改写为

$$L^t = \sum_{i=1}^{n} l(y_i, \hat{y}_i^{t-1} + f_t(x_i)) + \Omega(f_t) + C \tag{3-14}$$

然后针对式(3-14) 中等号右侧的第一项（经验损失函数）在 $\hat{y}_i^{t-1}$ 处进行泰勒二阶展开，得到其近似结果

$$L^t \approx \sum_{i=1}^{n} \left[l(y_i, \hat{y}_i^{t-1}) + g_i f_t(x_i) + \frac{1}{2} h_i f_t^2(x_i) \right] + \Omega(f_t) + C \tag{3-15}$$

可知式中 $l(y_i, \hat{y}_i^{t-1})$ 项对于第 t 步迭代过程也是一个常量。将损失函数中的常数量都去除后，可以简化得到

$$L^t \approx \sum_{i=1}^{n} \left[g_i f_t(x_i) + \frac{1}{2} h_i f_t^2(x_i) \right] + \Omega(f_t) \tag{3-16}$$

式中，g_i 与 h_i 分别表示损失函数的一阶和二阶导数，对于平方损失函数而言：

$$g_i = \frac{\partial(\hat{y}^{t-1} - y_i)^2}{\partial \hat{y}^{t-1}} = 2(\hat{y}^{t-1} - y_i) \tag{3-17}$$

$$h_i = \frac{\partial^2(\hat{y}^{t-1} - y_i)^2}{\partial(\hat{y}^{t-1})^2} = 2 \tag{3-18}$$

由于基学习器为决策树，由叶子节点的权重 w 和样本实例到叶子节点的映射关系 q 构成，因此，基学习器可以表示为

$$f_t(x_i) = w_{q(x_i)} \tag{3-19}$$

所以对于式(3-16)中的正则化损失项（模型复杂度），可以用决策树的叶子节点数 T 和叶子权重 w 确定，具体如下：

$$\Omega(f_t) = \gamma T + \frac{1}{2}\lambda \sum_{j=1}^{T} w_j^2 \tag{3-20}$$

式中，γ 和 λ 用于约束叶子节点数及叶子权重值。

结合式(3-19)以及式(3-20)对正则化损失项的定义，式(3-16)可以改写为

$$L^t \approx \sum_{i=1}^{n}\left[g_i w_{q(x_i)} + \frac{1}{2}h_i w_{q(x_i)}^2\right] + \gamma T + \frac{1}{2}\lambda \sum_{j=1}^{T} w_j^2 \tag{3-21}$$

对上式依据叶子节点重新对样本进行归类，将属于第 j 个叶子节点的所有样本 x_i 划入一个叶子节点的样本集合中，即 $I_j = \{i\,|\,q(x_i)=j\}$，则式(3-21)可以改写为

$$L^t = \sum_{j=1}^{T}\left[\left(\sum_{i \in I_j} g_i\right)w_j + \frac{1}{2}\left(\sum_{i \in I_j} h_i + \lambda\right)w_j^2\right] + \gamma T \tag{3-22}$$

作如下定义：

$$G_j = \sum_{i \in I_j} g_i,\quad H_j = \sum_{i \in I_j} h_i \tag{3-23}$$

对于第 t 个基学习器来说，G_j 和 H_j 是已知量，因此式(3-22)中等号右侧第一项为 w_j 的一元二次函数，在叶子节点数量不变的情况下，可以求出式(3-22)的最优值为

$$L^t = -\frac{1}{2}\sum_{j=1}^{T}\frac{G_j^2}{H_j + \lambda} + \gamma T \tag{3-24}$$

假设基学习器在某个叶子节点进行特征分裂，分裂前的损失函数为

$$L_{\text{before}} = -\frac{1}{2}\left[\frac{(G_L + G_R)^2}{H_L + H_R + \lambda}\right] + \lambda \tag{3-25}$$

分裂后产生了左右两个子树，损失函数为

$$L_{\text{after}} = -\frac{1}{2}\left[\frac{G_L^2}{H_L + \lambda} + \frac{G_R^2}{H_R + \lambda}\right] + 2\lambda \tag{3-26}$$

则分裂后相对于分裂前的信息增益为

$$\text{Gain} = \frac{1}{2}\left[\frac{G_L^2}{H_L + \lambda} + \frac{G_R^2}{H_R + \lambda} - \frac{(G_L + G_R)^2}{H_L + H_R + \lambda}\right] - \lambda \tag{3-27}$$

如果 $\text{Gain} > 0$，表明损失函数下降了，则考虑基于该特征的分裂。在实际计算过程中，需要遍历所有的特征来寻找最优分裂特征。当基学习器的数量达到设定值或者遍历所有特征后损失不再减少，则模型训练完成，将所有的学习器相加即可得到最终的模型。

（2）多层感知器模型

MLP 是多层感知器模型，也叫人工神经网络，由输入层、隐藏层和输出层组成，其构成基础是感知机。感知机的结构如图 3-10 所示。

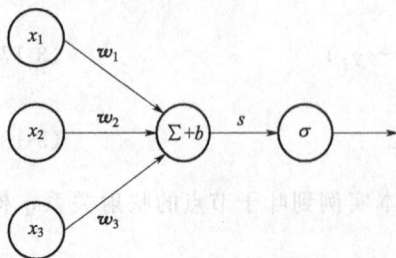

图 3-10　感知机的结构

感知机前向计算的过程如下：首先接收 x_1、x_2、x_3 三个输入，然后将输入与对应的权重系数向量 w_1、w_2、w_3 进行加权求和并加入偏置项 b 得到中间结果 s，最后利用激活函数（sigmoid 函数、tanh 函数等）进行激活，将激活结果 y 作为输出。在得到输出结果后，需要对比实际值计算损失函数值，并计算损失函数对于当前权重和偏置的梯度，然后根据梯度下降法

更新权重和偏置，经过不断地迭代调整权重和偏置使得损失最小。这就是单层感知机的训练过程，同时也是多层感知机模型训练过程的基础。由于单层感知机仅包含两层神经元，即输入神经元层和输出神经元层，无法处理线性不可分的情形，因此需要增加中间的隐藏层使网络结构复杂化，以处理更加复杂的问题。拥有一层及以上隐藏层的感知机便可以称为多层感知机，其结构类似于图 3-11。

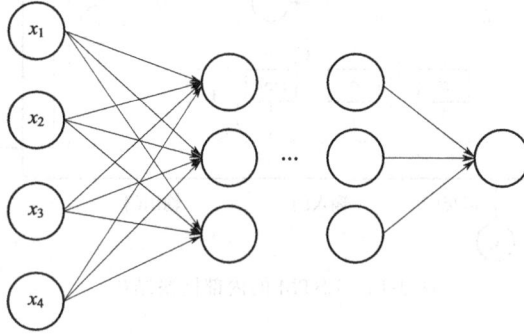

图 3-11　MLP 模型的结构

在 MLP 模型训练的过程中，由于有多层参数需要进行训练，其训练思路分为前向计算和误差反向传播，主要流程如图 3-12 所示。其中反向传播是基于梯度下降策略的，主要思想是从目标参数的负梯度方向来更新参数，在损失函数对各层参数的梯度计算方面，使用求导的链式法则进行。总结来说便是前向计算得到模型输出，反向传播通过梯度下降来优化调整各层参数。

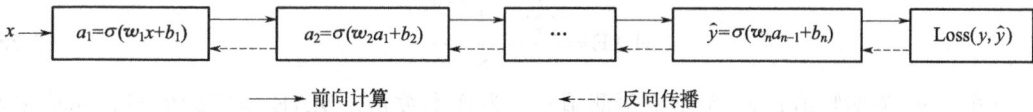

$$x \longrightarrow \boxed{a_1 = \sigma(w_1 x + b_1)} \longrightarrow \boxed{a_2 = \sigma(w_2 a_1 + b_2)} \longrightarrow \boxed{\cdots} \longrightarrow \boxed{\hat{y} = \sigma(w_n a_{n-1} + b_n)} \longrightarrow \boxed{\text{Loss}(y, \hat{y})}$$

——→ 前向计算　　　◄---- 反向传播

图 3-12　前向计算与反向传播

在实际应用中，可以根据负荷预测的特点和需求，选择合适的负荷预测方法，并进行相应的参数优化，以提高负荷预测的准确性。同时，可以将多种负荷预测方法进行组合，以充分利用各种方法的优点，提高负荷预测的整体性能。

（3）长短期神经网络模型

长短期记忆网络（long short-term memory network，LSTM）是一种用于时间序列建模的算法，它是循环神经网络衍生而来的，属于循环神经网络中特殊的一种。循环神经网络在处理输入数据时会保留之前节点的历史信息，因此循环神经网络在处理长期依赖时会涉及矩阵的多次相乘，进而造成梯度消失或梯度爆炸等问题。LSTM 就是为了解决该问题而形成的一种特殊的循环神经网络。

与循环神经网络相同的是，LSTM 也是多个重复神经网络模块通过链式形式组合在一起，不同的是每个模块内的结构。图 3-13 为 LSTM 的内部网络结构。

LSTM 还有很多的变体以及不同的输入输出结构形式，如 sequence-to-sequence，vector-to-sequence，sequence-to-vector 等。LSTM 因在时序预测问题上的出色表现被大量用于负荷预测、自然语言处理、机器翻译等。另外，与一般的神经网络相同，LSTM 也可以同时进行多步预测。

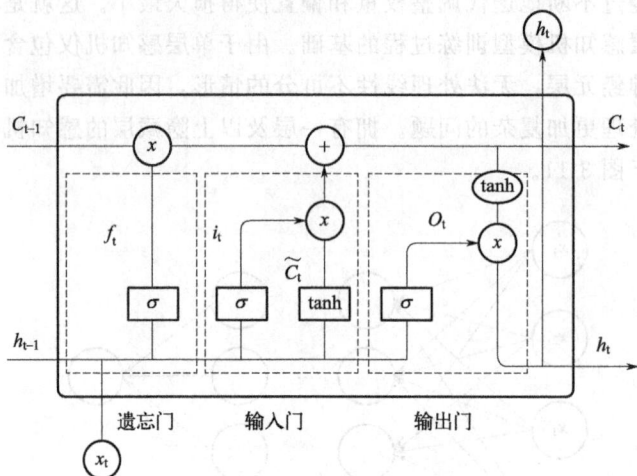

图 3-13　LSTM 的内部网络结构

在对预测模型的评价中，需要选择评价指标对模型预测结果的误差进行度量，以判断和比较模型的表现。由于本书的预测模型属于时序预测模型，预测变量为连续性变量，常用的误差评价指标主要有平均绝对误差（mean absolute error，MAE）、均方误差（mean squared error，MSE）、均方根误差（root mean squared error，RMSE）、平均绝对百分比误差（mean absolute percentage error，MAPE）、均方根百分比误差（root mean squared percentage error，RMSPE）以及拟合优度 R^2 等。上述提及的误差评价函数的定义如下：

$$\text{MAE} = \frac{\sum_{i=1}^{n} |y_i - \hat{y}_i|}{n} \tag{3-28}$$

式中，y_i 为实际值；$\hat{y}_i$ 为模型预测值；n 为样本数量。MAE 为实际值与预测值之间误差的绝对值求平均，由于没有进行平方操作，MAE 的量纲与预测变量一致。

$$\text{MSE} = \frac{\sum_{i=1}^{n} (y_i - \hat{y}_i)^2}{n} \tag{3-29}$$

可以看到，MSE 为实际值与预测值之间误差的平方求平均，因此误差永远为正，避免了正负误差的抵消。但是该操作也导致误差的量纲与预测变量的量纲不一致，因此 MSE 在比较分析时意义不直观。

$$\text{RMSE} = \sqrt{\frac{\sum_{i=1}^{n} (y_i - \hat{y}_i)^2}{n}} \tag{3-30}$$

RMSE 是在 MSE 的基础上进行求平方根操作，可以将量纲与预测变量保持一致，该指标应用较广泛。

$$\text{MAPE} = \frac{1}{n} \sum_{i=1}^{n} \frac{|y_i - \hat{y}_i|}{y_i} \tag{3-31}$$

MAPE 是在 MAE 的基础上除以真实值，使得结果反映了误差相对于真实值的百分比，在统计分析时意义更加直观，但在真实值存在为 0 时不宜采用该评价指标。

$$\text{RMSPE} = \sqrt{\frac{1}{n}\sum_{i=1}^{n}\left(\frac{y_i - \hat{y}_i}{y_i}\right)^2} \tag{3-32}$$

RMSPE 是在 RMSE 的基础上将误差转化为相对于真实值的百分比，使得误差更加直观。与 MAPE 相同，该指标也不宜用在真实值存在为 0 的情况。

$$R^2 = 1 - \frac{\sum_{i=1}^{n}(y_i - \hat{y}_i)^2}{\sum_{i=1}^{n}(y_i - \overline{y})^2} \tag{3-33}$$

拟合优度 R^2 在统计学中用于度量因变量的变异中可由自变量解释部分所占的比例，以此来判断预测模型的解释力。R^2 值越大，说明模型预测结果与真实值越接近。综合考虑下，本书采用 RMSE 和 MAPE 来度量模型的有量纲误差以及无量纲相对误差值。

3.3.2 综合能源系统场景构造的数据方法

综合能源系统规划是一个多维、多变量、复杂的建模和求解过程，同时也是综合能源系统的核心问题之一[5]。协同"源-网-荷-储"和多种供能主体的规划方式虽然能使综合能源系统在能源效率和可靠性方面具有优势，但也提高了规划的难度。两阶段优化模型等的首要步骤就是进行典型日的选取，同时开展场景削减。对于综合能源系统规划中的典型日选取问题，本小节在介绍现有场景削减和典型日选取方法的基础上，进一步介绍了一种基于小波变换降维的典型日选取方法，旨在对典型日特征进行降维，在最大限度保留典型日特征的基础上减少典型日选取的计算时间。

3.3.2.1 综合能源系统的典型日选取方法

典型日的选取是开展综合能源系统规划的数据基础，使用合理的典型日选取方法不仅可以降低规划问题的计算复杂度，还可以保留尽可能多的有效信息，减少以典型日代表所有自然日而带来的计算误差。在当前的典型日选取方法中，聚类法通过对数据进行分类并计算类质心，可以得到具有一定代表性的典型日集合，而且可以保留数据的时序信息。因此，聚类法在典型日选取方面有成熟的应用，且其有效性也得到了大量的验证。

典型日聚类通常采用电负荷、热负荷、冷负荷、太阳辐射强度和风速等系统边界数据作为输入构成每个自然日的特征向量，一般情况下每类数据的采样间隔时间为 1h。若以原始序列的数值或标幺值直接构造特征向量，每个特征向量的维度为 $n \times 24$ 维，其中 n 为数据类型的数量。当计算量较大时，高维度的特征向量会严重影响计算速度，因此需要对原始数据进行降维处理，在保留数据信号特征的同时减小数据的维度。常用的方法主要有主成分分析法、小波变换等。本小节采用了离散小波变换对原始数据序列进行降维处理，通过 Haar 小波对特征向量进行特征提取和降维重构，以尺度分量和细节分量对原始序列的贡献值组合来表示自然日的特征。其中尺度分量可以描述序列的整体信息，而细节分量则能有效表征细节信息。

3.3.2.2 基于小波变换的典型日选取方法

在进行小波变换之前，需要对每类数据的原始序列 z_r 进行一次上采样，获得 $2^n(n \in \mathbf{N}^*)$ 个采样点的序列 z_u，然后对 z_u 进行 n 层的小波分解即可得到各个子空间上的尺度分量和细节分量，如式(3-34)所示。

$$z_u \rightarrow z_d = (c_0, d_0, d_1, \cdots, d_i, \cdots, d_{n-1}) \qquad (3\text{-}34)$$

式中，z_d 为分解后的特征向量；c_0 为原始序列分解后获得的尺度分量值；d_i 原始序列为分解后获得的第 i 层细节分量向量。

通过尺度分量和细节分量，原始序列在各个子空间和时间粒度上的函数属性得以有效保留，并能通过逆小波变换还原。各层子空间上的小波系数描述了原始序列在不同尺度上的能量值大小，而各个尺度上的能量值加和则可近似表示为原始序列的能量值大小，如式(3-35)所示。

$$\xi_{z_u} \approx \|z_d\|^2 = c_0^2 + \sum_{j=0}^{J-1} \|d_j\|^2 \qquad (3\text{-}35)$$

式中，ξ_{z_u} 为原始序列的能量值，取约等于是因为在第 J 层的尺度空间里小波变换依然无法保留这部分细节信息。

通过上述分析可知，在母小波和父小波既定的情况下，可以通过计算尺度分量和细节分量对原始序列能量的绝对贡献值，构成每类数据的自然日特征向量，如式(3-36) 和式(3-37) 所示。

$$f = (c_0^2, f_0, f_1, \cdots, f_i, \cdots, f_{n-1}) \qquad (3\text{-}36)$$

$$f_i = \|d_i\|^2 \qquad (3\text{-}37)$$

式中，f 为不同数据类型的自然日特征向量。通过上述特征提取及处理后，原始序列的维度至少可以从 $2^{n-1}+1$ 维降低至 $n+1$ 维。

在进行数据降维后，特征数量大幅度减少，为后续的典型日聚类提供了快速计算的基础。聚类在能源系统典型日选取中具有广泛应用，其核心思想是把 n 个自然日划分为 K 个簇，使簇内尽量紧凑，而簇间尽量分散，并以簇的质心作为典型日代表所有簇内的自然日，一般采用均方误差作为目标函数[6]，如式(3-38) 所示。

$$obj_{K\_means} = \min\left(\sum_{k=1}^{K} \sum_{p \in \mu_k} \|p - m_k\|^2\right) \qquad (3\text{-}38)$$

式中，K 为簇的数量；p 为自然日对象空间中的一点；m_k 为簇 μ_k 的质心。簇的数量 K 是需要指定的参数，可以采用肘部法[7]或 Gap Statistic 方法[8]确定。其中，肘部法主要通过观察聚类目标函数值得到极大改善的聚类簇数来选定 K 值，适合小规模场景的聚类分析；而 Gap Statistic 方法引入了可量化的参考测度指标，适用于批量化作业。Gap Statistic 方法是通过最大 gap 值对应的聚类簇数估计肘部出现的位置，在这种估计方法下，K 值一般出现在 gap 值的局部最大或全局最大处。对 gap 值的定义如式(3-39) 所示。

$$gap_n(k) = E_n^* \ln W_k - \ln W_k \qquad (3\text{-}39)$$

式中，$E_n^* \ln W_k$ 为 $\ln W_k$ 的期望，一般使用蒙特卡罗模拟均匀地生成和原始样本数量一样多的随机样本来计算期望值；n 为样本的数量；k 为进行 gap 值评估的聚类簇数；W_k 为聚类效果的离散测度，如式(3-40) 所示。

$$W_k = \sum_{r=1}^{k} \frac{1}{2n_r} D_r \qquad (3\text{-}40)$$

式中，n_r 为聚类簇内的对象数量；D_r 为聚类簇中对象两两之间的欧氏距离之和。

选择最佳聚类数量的方法是评估每个聚类数量下的 gap 值并找到满足式(3-41) 所示条件的聚类簇数量的最小值，该最小值即为最佳聚类簇数量。

$$gap(k) \geqslant gap(k+1) - SE(k+1) \qquad (3\text{-}41)$$

式中，$SE(k+1)$ 为聚类簇数为 $k+1$ 的情况下聚类结果的标准误差。

3.3.2.3 典型日选取效果评估指标

为了比较典型日选取效果的好坏，可采用总量偏差[式(3-42)]和分布偏差[式(3-43)]两个指标进行评估。这两个偏差指标越小，说明典型日选取效果越好。

$$\Delta tot = \frac{\left| \sum_{d \in D} \omega_d S_d - S_a \right|}{S_a} \times 100\% \tag{3-42}$$

$$\Delta dis = \frac{1}{24} \sum_{t=1}^{24} \frac{\left| \sum_{d \in D} \omega_d S_{d,t}^{typ} - \sum_{d \in D_0} S_{d,t}^{ori} \right|}{\sum_{d \in D_0} S_{d,t}^{ori}} \times 100\% \tag{3-43}$$

式中，Δtot 为典型日集合的总量偏差，%；D 为典型日集合；ω_d 和 S_d 分别为典型日 d 代表的天数和该典型日的全天聚类数据（电负荷、热负荷、冷负荷、太阳辐射强度或风速）的加和总量；S_a 为全年聚类数据的加和总量；Δdis 为典型日集合的分布偏差，%；D_0 为所有自然日的集合；$S_{d,t}^{typ}$ 为典型日 d 在 t 时刻的聚类数据值；$S_{d,t}^{ori}$ 为自然日 d 在 t 时刻的聚类数据值。

3.4 综合能源系统的机理方法介绍

3.4.1 综合能源系统机理建模方法概述

能源集线器概念模型由苏黎世联邦理工学院动力系统与高电压实验室的 Geidl 团队提出。该模型由转换单元、储存单元和传输单元构成，能够利用多种能源载体满足多样化能源消费。能源集线器将能源生产端与消费端连接在一起，实现多种能源载体互补替代的耦合建模。经过多年的发展与验证，能源集线器已成为解决综合能源系统等多输入/多输出建模问题的主要方法。本小节将遵循能源集线器的建模思路，将综合能源系统模型分为能源转换单元、能源储存单元和能源传输单元三部分进行介绍。

3.4.1.1 能源转换单元

在能源集线器中，电、气等方便远距离传输的能量载体可以不通过能源转换单元直接从输入端供给到输出端，而热、冷等区域性较强的能源供给形式则需要通过其他能量载体进行转换。能源转换单元是能源集线器满足区域内不同形式能源负荷的核心部分，同时通过能源转换单元引入的多能流互补机制，也可以提高综合能源系统的能源效率与可靠性。常用的能源转换单元包括热电联产机组、制冷机组、热泵机组、光伏发电机组、风力发电机组等。

（1）燃气式热电联产机组

热电联产机组是综合能源系统中最为常用的能源转换单元。它通过消耗化石燃料生产电能和热能，在外部电网供电不足的情况下可以补充电负荷，同时电能生产过程中排放的燃烧废热可以用于区域供热，是一种高效的综合能源技术。与燃煤式热电联产机组相比，燃气式热电联产机组使用天然气作为输入燃料，在环保性方面具有优势。一般而言，燃气式热电联产机组是将燃气轮机产生的排气通过换热器加热供热管网中的工质，从而实现区域供热。因此可以将其视为背压机组进行建模，如式(3-44)~式(3-49)所示。

$$H_{\mathrm{F}}(t)=\alpha_0(t)Y_{\mathrm{chp}}(t)+\alpha_1(t)P_{\mathrm{el}}(t) \tag{3-44}$$

$$H_{\mathrm{F}}(t)=\alpha_0(t)Y_{\mathrm{chp}}(t)+\alpha_1(t)(P_{\mathrm{el}}(t)+\beta Q(t)) \tag{3-45}$$

$$H_{\mathrm{F}}(t)\leqslant Y_{\mathrm{chp}}(t)\frac{P_{\mathrm{el,max}}(t)}{\eta_{\mathrm{el,max}}(t)} \tag{3-46}$$

$$H_{\mathrm{F}}(t)\geqslant Y_{\mathrm{chp}}(t)\frac{P_{\mathrm{el,min}}(t)}{\eta_{\mathrm{el,min}}(t)} \tag{3-47}$$

$$H_{\mathrm{L,FG}}(t)=H_{\mathrm{F}}(t)H_{\mathrm{L,FG,share}}(t) \tag{3-48}$$

$$H_{\mathrm{F}}(t)=P_{\mathrm{el}}(t)+Q(t)+H_{\mathrm{L,FG}}(t) \tag{3-49}$$

式中，H_{F} 为燃料输入功率，kW；Y_{chp} 为布尔变量，取值为 0 表示燃气式热电联产机组处于停机状态，取值为 1 表示燃气式热电联产机组处于运行状态；P_{el} 和 Q 分别为燃气式热电联产机组输出的电功率和热功率，kW；β 为能量损失系数，%；$P_{\mathrm{el,max}}$ 和 $P_{\mathrm{el,min}}$ 分别为燃气式热电联产机组输出电功率的最大值和最小值，kW；$\eta_{\mathrm{el,max}}$ 和 $\eta_{\mathrm{el,min}}$ 分别为燃气式热电联产机组输出电功率达到最大值和最小值时的电效率，%；$H_{\mathrm{L,FG}}$ 为燃料输入损失功率，kW；$H_{\mathrm{L,FG,share}}$ 为损失功率占燃料输入功率的份额，%；α_0 和 α_1 均为燃气式热电联产机组的效率系数，可以通过式(3-50) 和式(3-51) 计算得出。

$$\eta_{\mathrm{el,max}}(t)=\frac{P_{\mathrm{el,max}}(t)}{\alpha_0(t)Y_{\mathrm{chp}}(t)+\alpha_1(t)P_{\mathrm{el,max}}(t)} \tag{3-50}$$

$$\eta_{\mathrm{el,min}}(t)=\frac{P_{\mathrm{el,min}}(t)}{\alpha_0(t)Y_{\mathrm{chp}}(t)+\alpha_1(t)P_{\mathrm{el,min}}(t)} \tag{3-51}$$

（2）吸收式制冷机组

吸收式制冷机组可消耗电能和热能，满足终端用户的冷负荷需求，与燃气式热电联产机组配合使用可以构成冷热电三联供机组，是综合能源系统中较为常用的设备。吸收式制冷机组的数学模型如式(3-52) 和式(3-53) 所示。

$$C_{\mathrm{ac}}(t)=(H_{\mathrm{ac}}(t)+P_{\mathrm{ac}}(t))\mathrm{COP}_{\mathrm{ac}}(t) \tag{3-52}$$

$$C_{\mathrm{ac,min}}\leqslant C_{\mathrm{ac}}(t)\leqslant C_{\mathrm{ac,max}} \tag{3-53}$$

式中，C_{ac} 为吸收式制冷机组的制冷量，kW；H_{ac} 和 P_{ac} 分别为吸收式制冷机组运行时所需的热功率和电功率，kW；$\mathrm{COP}_{\mathrm{ac}}$ 为吸收式制冷机组的能效系数；$C_{\mathrm{ac,min}}$ 和 $C_{\mathrm{ac,max}}$ 分别为吸收式制冷机组制冷量的下限和上限，kW。

（3）电制冷机组

在以三联供为供能主体的综合能源系统中，电制冷机组一般扮演备用机组的角色，在三联供出力不足以满足区域冷负荷或电价低谷时用于调峰。其配置和安装比较方便，适用于分布式场景。电制冷机组的数学模型如式(3-54) 和式(3-55) 所示。

$$C_{\mathrm{ec}}(t)=P_{\mathrm{ec}}(t)\mathrm{COP}_{\mathrm{ec}}(t) \tag{3-54}$$

$$C_{\mathrm{ec,min}}\leqslant C_{\mathrm{ec}}(t)\leqslant C_{\mathrm{ec,max}} \tag{3-55}$$

式中，C_{ec} 为电制冷机组的制冷量，kW；P_{ec} 为电制冷机组输入的电功率，kW；$\mathrm{COP}_{\mathrm{ec}}$ 为电制冷机组的能效系数；$C_{\mathrm{ec,min}}$ 和 $C_{\mathrm{ec,max}}$ 分别为电制冷机组制冷量的下限和上限，kW。

（4）电热泵机组

电热泵机组与电制冷机组类似，通常分布式地安装在综合能源系统中作为热负荷备用机组。其运作原理是将跨区域传输便捷的电能转换为使用区域限制性相对较强的热能，以此来满足区域内的热负荷需求。电热泵机组的数学模型如式(3-56) 和式(3-57) 所示。

$$H_{hp}(t) = P_{hp}(t)COP_{hp}(t) \tag{3-56}$$

$$H_{hp,min} \leqslant H_{hp}(t) \leqslant H_{hp,max} \tag{3-57}$$

式中，H_{hp} 为电热泵机组的制热量，kW；P_{hp} 为电热泵机组输入的电功率，kW；COP_{hp} 为电热泵机组的能效系数；$H_{hp,min}$ 和 $H_{hp,max}$ 分别为电热泵机组制热量的下限和上限，kW。

（5）光伏发电机组

光伏发电机组的输出功率由机组的额定功率决定，同时受到太阳辐射强度和温度的影响，是典型的非线性模型。由于其不可调度性，一般会作为固定时间序列值输入到能源集线器中。该模型如式(3-58) 所示。

$$P_{pv}(t) = Pe_{pv}\eta_{pv}(t)\frac{G(t)}{G_{ref}}[1 + K_T(T(t) - T_{ref})] \tag{3-58}$$

式中，P_{pv} 和 Pe_{pv} 分别为光伏发电机组的实时发电功率和额定功率，kW；η_{pv} 为光伏发电机组的性能系数；G 为太阳辐射强度小时均值，W/m^2；G_{ref} 为标准条件下的太阳辐射强度，通常取 $1000W/m^2$；K_T 为光伏发电机组的功率温度系数，通常取 $-0.35\%/℃$；T 为光伏面板的工作温度，℃；T_{ref} 为标准工况下的参考温度，通常取 25℃。

（6）风力发电机组

与光伏发电机组类似，风力发电机组的输出功率由机组的额定功率决定，同时受到风速的影响，通常使用分段三阶多项式进行描述。该机组的数学模型如式(3-59) 所示。

$$P_{wt}(t) = \begin{cases} 0 & V(t) < V_{cut\text{-}in}, V(t) \geqslant V_{cut\text{-}out} \\ \dfrac{V_t^3 - V_{cut\text{-}in}^3}{V_r^3 - V_{cut\text{-}in}^3}Pe_{wt} & V_{cut\text{-}in} \leqslant V(t) < V_r \\ Pe_{wt} & V_r \leqslant V(t) < V_{cut\text{-}out} \end{cases} \tag{3-59}$$

式中，P_{wt} 和 Pe_{wt} 分别为风电机组的实时发电功率和额定功率，kW；V_r、$V_{cut\text{-}in}$、$V_{cut\text{-}out}$ 分别为风电机组的额定风速、切入风速和切出风速，m/s；V 为风速小时均值，m/s。

3.4.1.2 能源储存单元

随着"双碳"目标的提出，可再生能源在未来综合能源系统中的份额将越来越大。但可再生能源的间歇性和随机性出力特点，导致其在运行阶段存在与用户负荷不匹配的问题。因此，综合能源系统需要引入储能单元，在一定程度上平抑系统出力波动，达到削峰填谷的效果，促进可再生能源与综合能源系统的集成。能源集线器考虑到能源储存在未来综合能源系统中的重要性，发展出了一系列储能单元，包括电储能机组、热储能机组和冷储能机组等。

（1）电储能机组

电储能机组主要用于改善综合能源系统中电力子系统的电源质量和稳定性。其响应速度较快，但成本较高。对于电储能机组，充电和放电功率需要限制在一定范围内，如式(3-60)所示。

$$0 \leqslant P_{es}^{ch}(t), P_{es}^{dis}(t) \leqslant Pe_{es} \tag{3-60}$$

式中，P_{es}^{ch} 和 P_{es}^{dis} 分别为电储能机组的充电功率和放电功率，kW；Pe_{es} 为电储能机组的额定功率，kW。

电储能机组的荷电状态决定机组是否具备吸纳或提供电能的能力。在任意时刻，电储能机组的荷电状态均可由上一个时刻的荷电状态以及充放电量确定，而且荷电状态值需要限制在一定范围内，如式(3-61)～式(3-63) 所示。

$$\mathrm{SOC}_{es}(t)=\mathrm{SOC}_{es}(t-1)(1-\sigma_{es})+\left(P_{es}^{ch}(t)\eta_{es}^{ch}(t)-\frac{P_{es}^{dis}(t)}{\eta_{es}^{dis}(t)}\right)\frac{\Delta t}{W_{es}} \tag{3-61}$$

$$\mathrm{SOC}_{es}^{L}\leqslant\mathrm{SOC}_{es}(t)\leqslant\mathrm{SOC}_{es}^{U} \tag{3-62}$$

$$W_{es}=\rho_{es}Pe_{es} \tag{3-63}$$

式中，SOC_{es} 为电储能机组的荷电状态，%；σ_{es} 为自放电系数，%；Δt 为单位时间步长，h；W_{es} 为电储能机组的额定储能容量，kW·h；η_{es}^{ch} 和 η_{es}^{dis} 分别为电储能机组的充电效率和放电效率，%；SOC_{es}^{L} 和 SOC_{es}^{U} 分别为电储能机组荷电状态的下限和上限，%；ρ_{es} 为电储能机组的功率容量转换系数，表示每配置 1kW 额定充放电功率的电储能机组对应的额定储能容量（当该数值较大时，表明该机组设计用于长期调度，数值较小时则说明用于短期调度），kW/(kW·h)。

(2) 热/冷储能机组

热/冷储能机组一般使用蓄热/冷罐作为基本设备，实现对多余热/冷能的存储，有效提高了废热的利用率和系统的可靠性。相比电储能机组，热/冷储能机组的成本较低，但响应速度较慢。热/冷储能机组的数学模型可以描述为式(3-64)～式(3-71)。

$$0\leqslant H_{hs}^{ch}(t),H_{hs}^{dis}(t)\leqslant He_{hs} \tag{3-64}$$

$$\mathrm{SOC}_{hs}(t)=\mathrm{SOC}_{hs}(t-1)(1-\sigma_{hs})+\left(H_{hs}^{ch}(t)\eta_{hs}^{ch}(t)-\frac{H_{hs}^{dis}(t)}{\eta_{hs}^{dis}(t)}\right)\frac{\Delta t}{W_{hs}} \tag{3-65}$$

$$\mathrm{SOC}_{hs}^{L}\leqslant\mathrm{SOC}_{hs}(t)\leqslant\mathrm{SOC}_{hs}^{U} \tag{3-66}$$

$$W_{hs}=\rho_{hs}He_{hs} \tag{3-67}$$

$$0\leqslant C_{cs}^{ch}(t),C_{cs}^{dis}(t)\leqslant Ce_{cs} \tag{3-68}$$

$$\mathrm{SOC}_{cs}(t)=\mathrm{SOC}_{cs}(t-1)(1-\sigma_{cs})+\left(C_{cs}^{ch}(t)\eta_{cs}^{ch}(t)-\frac{C_{cs}^{dis}(t)}{\eta_{cs}^{dis}(t)}\right)\frac{\Delta t}{W_{cs}} \tag{3-69}$$

$$\mathrm{SOC}_{cs}^{L}\leqslant\mathrm{SOC}_{cs}(t)\leqslant\mathrm{SOC}_{cs}^{U} \tag{3-70}$$

$$W_{cs}=\rho_{cs}Ce_{cs} \tag{3-71}$$

式中，H_{hs}^{ch} 和 H_{hs}^{dis} 分别为热储能机组的储热功率和放热功率，kW；C_{cs}^{ch} 和 C_{cs}^{dis} 分别为冷储能机组的储冷功率和放冷功率，kW；He_{hs} 和 Ce_{cs} 分别为热储能机组和冷储能机组的额定功率，kW；SOC_{hs} 和 SOC_{cs} 分别为热储能机组和冷储能机组的蓄能状态，%；σ_{hs} 和 σ_{cs} 分别为热储能机组和冷储能机组的自放电系数，%；Δt 为单位时间步长，h；W_{hs} 和 W_{cs} 分别为热储能机组和冷储能机组的额定储能容量，kW·h；η_{hs}^{ch} 和 η_{hs}^{dis} 分别为热储能机组的储热效率和放热效率，%；η_{cs}^{ch} 和 η_{cs}^{dis} 分别为冷储能机组的储冷效率和放冷效率，%；SOC_{hs}^{L} 和 SOC_{hs}^{U} 分别为热储能机组储能状态的下限和上限，%；SOC_{cs}^{L} 和 SOC_{cs}^{U} 分别为冷储能机组储能状态的下限和上限，%；ρ_{hs} 和 ρ_{cs} 分别为热储能机组和冷储能机组的功率容量转换系数，kW/(kW·h)。

在某些情况下，热储能机组和冷储能机组会共用一套设备，例如，在区域供热和供冷明显分布在不同时间段时就会通过共用设备的方式降低系统投资成本。此时，需要在热/冷储能机组模型中引入供能模式的约束 [式(3-72) 和式(3-73)]，以使其在同一时间只能以供热或供冷模式运行。

$$\mathrm{SOC_{hs}}(t) \leqslant W_{hs} Y_{tm}(t) \tag{3-72}$$

$$\mathrm{SOC_{cs}}(t) \leqslant W_{cs}(1 - Y_{tm}(t)) \tag{3-73}$$

式中，Y_{tm} 为布尔变量，取值为 0 时表示机组处于供冷状态，取值为 1 时表示机组处于供热状态。

3.4.1.3 能源传输单元

能源传输单元主要用于连接生产端和消费端以及各类设备。能源集线器中的能源传输单元一般采用母线表示，流入和流出母线的总能量时刻保持平衡，即可以看作一个没有损耗的传输网络。不同种类能量载体对应不同的母线，电、热、冷、气母线的数学模型如式(3-74)～式(3-77) 所示。

$$\sum_{i}^{M} P_{i,in} = \sum_{j}^{N} P_{j,out} \tag{3-74}$$

$$\sum_{i}^{M} H_{i,in} = \sum_{j}^{N} H_{j,out} \tag{3-75}$$

$$\sum_{i}^{M} C_{i,in} = \sum_{j}^{N} C_{j,out} \tag{3-76}$$

$$\sum_{i}^{M} G_{i,in} = \sum_{j}^{N} G_{j,out} \tag{3-77}$$

式中，$P_{i,in}$ 和 $P_{j,out}$ 分别为流入和流出电母线的能流的功率值，kW；$H_{i,in}$ 和 $H_{j,out}$ 分别为流入和流出热母线的能流的功率值，kW；$C_{i,in}$ 和 $C_{j,out}$ 分别为流入和流出冷母线的能流的功率值，kW；$G_{i,in}$ 和 $G_{j,out}$ 分别为流入和流出气母线的能流的功率值，kW。

3.4.2 综合能源系统设计优化与运行优化技术概述

3.4.2.1 综合能源系统设计优化

综合能源系统设计通常进行两阶段优化规划研究。本书基于互补结构配置动态选取典型日的设计通过上层模型给出的容量配置方案，充分考虑系统互补结构配置对典型日不同维度的数据精度要求，对典型日选取的特征数据进行动态加权，给对既定多能互补系统运行过程中影响更大的特征赋予更大的权重，降低下层调度优化阶段的误差，从而提高上层规划设计的准确性。

为充分考虑运行调度环节对综合能源系统设备容量配置规划的影响，本小节构建了以最小化年化成本为目标的综合能源系统两阶段优化规划模型。其中，上层容量规划模型针对各类能源生产机组的额定功率和容量进行最小化年化成本的优化配置，并将配置参数传递给下层模型作为其决策变量；下层运行调度模型以能源集线器模型作为基础，考虑典型日内综合能源系统的小时级运行调度问题，以最小化运行成本为目标构建运行优化模型，并将优化结果返回上层模型构成其目标函数中的运行成本项。通过上层容量规划模型和下层运行优化模型的迭代优化，可以得出综合能源系统生命周期内经济性最优的规划方案。

在两阶段优化规划模型中，上层容量规划模型采用综合成本法[9]反映综合能源系统设备容量配置的经济性，该模型的目标函数如式(3-78) 所示。

$$obj_{upper} = \min(IC + OC + MC) \tag{3-78}$$

式中，obj_{upper} 为上层容量规划模型的目标函数值，元/年；IC、OC、MC 分别为综合能源系统的年化投资成本、年运行成本和年维护成本，元/年。其中，年化投资成本包括各类设备的初始投资成本等年值，如式(3-79)所示。

$$IC = \sum_{i \in Eq} Co_i Pe_i \frac{IR(1+IR)^{l_i}}{(1+IR)^{l_i}-1} \tag{3-79}$$

式中，Co_i 为机组 i 的初始投资单价，元/kW；Pe_i 为机组 i 的额定功率，kW；IR 为折现率，%；l_i 为机组 i 的使用寿命，年；Eq 为各类机组的符号集合。

机组的维护成本可按照一定的比例折算为初始投资成本，因此年维护成本可表示为

$$MC = \sum_{i \in E} \zeta_i Co_i Pe_i \frac{IR(1+IR)^{l_i}}{(1+IR)^{l_i}-1} \tag{3-80}$$

式中，ζ_i 为机组 i 的维护系数。

年运行成本由下层运行调度模型给出经过运行优化后的具体数值，由外购能源成本和向外售出能源收益两部分组成。同时，上层模型在进行规划时应满足给定的额定功率上、下限约束条件，如式(3-81)所示。

$$Pe_i^L \leqslant Pe_i \leqslant Pe_i^U \tag{3-81}$$

式中，Pe_i^L 和 Pe_i^U 分别为机组 i 的额定功率下限和上限，kW。

下层运行调度模型以能源集线器模型为约束条件，开展综合能源系统的小时级运行优化，考察系统在选取的典型日内的经济性表现，其目标函数包括向外部能源网络购买能源的成本和向外部能源网络出售能源的收益，如式(3-82)所示。

$$obj_{lower} = \min\left[\sum_{t=1}^{T}\sum_{i \in En} Co_i^{buy}(t)P_i^{buy}(t)\Delta t - \sum_{t=1}^{T}\sum_{i \in En} Co_i^{sell}(t)P_i^{sell}(t)\Delta t\right] \tag{3-82}$$

式中，obj_{lower} 为下层运行调度模型的目标函数值，经过优化得出的目标函数值将返回上层模型作为其年运行成本项；Co_i^{buy} 为向外部能源网络购买能源类型 i 的价格，元/(kW·h)；P_i^{buy} 为向外部能源网络购买能源类型 i 的功率，kW；Co_i^{sell} 为向外部能源网络出售能源类型 i 的价格，元/(kW·h)；P_i^{sell} 为向外部能源网络出售能源类型 i 的功率，kW；En 为不同类型能源载体的符号集合；Δt 为运行调度的时间步长。

相较于传统独立分散的供能子系统，综合能源系统通过整合区域资源实现了异质能流子系统间的协调优化、协同管理，打通了技术壁垒、体制壁垒和市场壁垒，促进了多种能源互补互济，从而提升了系统运行经济性和能源利用效率。

综合能源系统的规划设计决定系统的生产结构以及能流之间协同调度的方式，因此，系统在运行阶段所实现的多能互补程度的上限取决于规划阶段。综合能源系统的优化设计问题主要求解各类候选设备的最优容量配置，考虑综合能源系统的长期经济效益与系统结构的互补效应，可以基于经济性指标和互补性指标进行综合能源系统多目标优化，从而提高综合能源系统的互补效应，同时保证规划方案的可行性。互补性指标可以表述为

$$\text{CONL} = \sum_{i \in En} \text{std}(NL_i) = \sum_{i \in En} \sqrt{\frac{\sum_{t=1}^{T}(NL_i(t)-\overline{NL_i})^2}{T-1}} \tag{3-83}$$

$$NL_i = (NL_i(1), NL_i(2), \cdots, NL_i(t), \cdots, NL_i(T)) \tag{3-84}$$

$$NL_i(t) = D_i(t) - \sum_{j \in Eq} P_j(t) \tag{3-85}$$

式中，CONL 为综合能源系统的互补系数，kW；NL_i 为能源类型 i（如电、热、冷等）的净负荷时间序列；$NL_i(t)$ 和 $\overline{NL_i}$ 分别为时刻 t 的净负荷值和净负荷时间序列的平均值，kW；D_i 为能源类型 i 的区域负荷值，kW；P_j 为能源设备 j 的出力值，kW。

本小节开展的基于互补结构配置动态选取典型日的两阶段优化规划流程框架如图 3-14 所示。其基本步骤为：

① 通过小波变换对自然日特征数据进行分解，提取时频特征并构建自然日初始特征矩阵；

② 设置上层容量规划模型参数，并初始化种群；

③ 根据种群个体的容量配置信息对步骤①得到的自然日初始特征矩阵进行加权，执行聚类得到针对个体的典型日集合；

④ 在种群个体容量配置信息和典型日集合的基础上开展下层运行调度优化，得到最优运行方案下的年运行成本值；

⑤ 根据种群个体的容量配置方案计算年化投资成本和年维护成本，结合下层模型得出的年运行成本值，计算上层模型种群个体的适应度；

⑥ 记录种群中的最优个体，并将其他个体筛选出来执行交叉和变异操作；

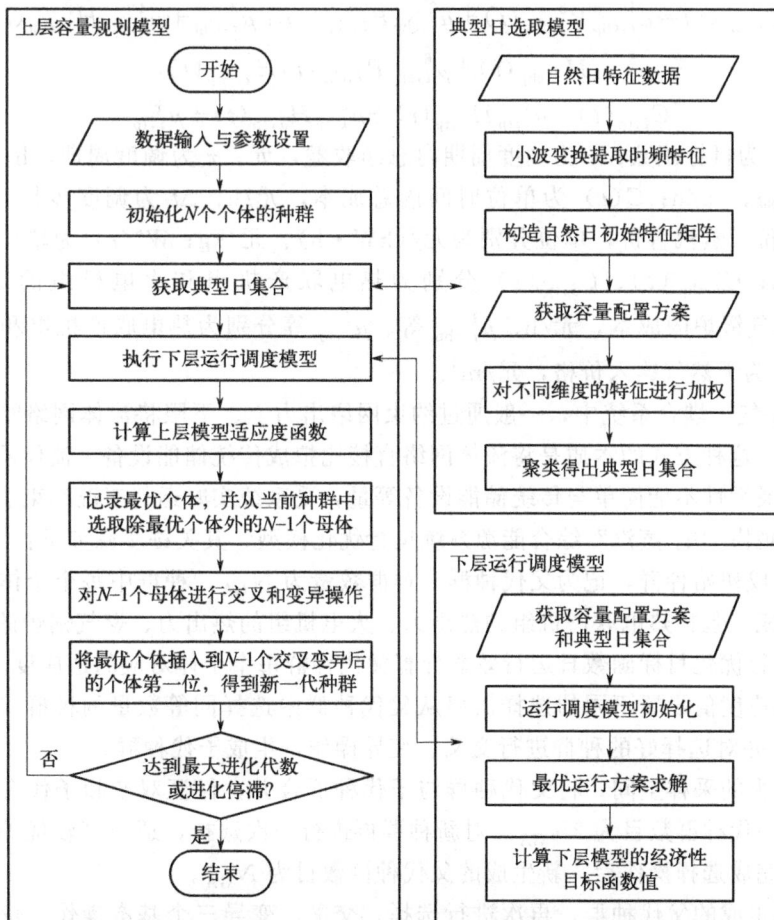

图 3-14 基于互补结构配置动态选取典型日的两阶段优化规划流程框架

⑦ 将最优个体插入到经过交叉和变异操作后的个体中，得到新一代种群；

⑧ 判断是否达到最大进化代数或是否陷入了进化停滞，若是则结束流程并输出规划结果，否则将新一代种群返回步骤③继续执行流程。

3.4.2.2 综合能源系统运行优化

在大规模"电-蒸汽"综合能源系统中，蒸汽是传输能量的关键载体以及基础物料，其生产过程与系统内其他部分相互耦合，协调异质能流生产设备的出力是有效促进工业能源系统节能的重要手段。同时，充分挖掘蒸汽网络管存并将这一特性用于运行调度过程是进一步提升运行经济性、缓解供需实时平衡压力的重要支撑。针对这些问题，本小节将电力系统、蒸汽系统结合在一起考虑，连同副产物压缩空气，基于广义储能系统的管存对工业综合能源系统运行调度计划进行优化分析，提出了一种大规模"电-蒸汽"综合能源系统智慧运行调度模型及优化方法。所建立的工业综合能源系统调度模型的目标函数为

$$obj = \max(z) = \min(-z) \tag{3-86}$$

$$z = \sum_{t=0}^{\tau} [F(t) - C(t)] \Delta t \tag{3-87}$$

$$F(t) = L^e \left[\sum P_{i,\text{chp}}(t) - \sum P_{i,\text{ec}}(t) \right] + L^s W^s(t) + L^c W^c(t) C(t) \tag{3-88}$$

$$C(t) = \sum C_{i,\text{chp}}(t) + \sum C_{i,\text{tp}}(t) + L^g \sum M_{i,\text{gb}}(t) \tag{3-89}$$

$$C_{i,\text{chp}}(t) = \mu_{i,\text{chp}}^1 P_{i,\text{chp}}^2(t) + \mu_{i,\text{chp}}^2 P_{i,\text{chp}}(t) + \mu_{i,\text{chp}}^3 + \mu_{i,\text{chp}}^4 H_{i,\text{chp}}^2(t) +$$
$$\mu_{i,\text{chp}}^5 H_{i,\text{chp}}(t) + \mu_{i,\text{chp}}^6 P_{i,\text{chp}}(t) H_{i,\text{chp}}(t) \tag{3-90}$$

$$C_{i,\text{tp}}(t) = \mu_{i,\text{tp}}^1 H_{i,\text{tp}}^2(t) + \mu_{i,\text{tp}}^2 H_{i,\text{tp}}(t) + \mu_{i,\text{tp}}^3 \tag{3-91}$$

式中，obj 为目标函数；z 为调度周期内总净收益，元；τ 为调度周期，h；$F(t)$ 为单位时间内总收益，元/h；$C(t)$ 为单位时间内总成本，元/h；Δt 为调度步长，h；L^e、L^s 分别为电力售价、蒸汽售价，单位分别为元/(kW·h)、元/kg；$W^s(t)$ 为单位时间内总蒸汽售量，kg/h；$C_{i,\text{chp}}(t)$、$C_{i,\text{tp}}(t)$ 分别为热电联产机组和火电机组的成本，元/h；$M_{i,\text{gb}}(t)$ 为燃气锅炉的成本，元/h；$\mu_{i,\text{chp}}^1$ 等、$\mu_{i,\text{tp}}^1$ 等分别为热电联产机组和火电机组的成本系数；L^g 为天然气购入价格，元/m³。

在"电-热-气"耦合系统中，一般通过约束网络出力上、下限将流体网络管存纳入运行优化决策过程。这种方式的本质是将流体网络直接比拟成传统储能设备。流体网络储放能出力的独立性和灵活性不能简单与传统储能设备等量，受系统实时运行工况约束。采用标准遗传算法求解大规模"电-蒸汽"综合能源系统运行优化模型，其关键步骤如下：

① 随机生成初始种群，记为父代种群。种群数量为 N_{GA}，种群中每个个体由所需优化的系统参数构成，包括热电联产机组的热出力、火电机组的热出力、燃气锅炉的热出力等。

② 根据运行优化目标函数日运行效益计算父代种群每个个体对应的适应度值。

③ 根据适应度值设置不同的选择概率从父代种群中选择同等数量的种群（单个个体可被多次选择），并对选择好的种群进行交叉、变异操作，生成子代种群。

④ 采用扩大的采样空间，将父代种群与子代种群合并，保证双亲和子代有同样的生存竞争机会，这一代种群数目为 $2N_{\text{GA}}$。对新种群再进行一次选择，适应度较优的个体被选中的概率更大。完成选择操作后，新生成的父代种群数目为 N_{GA}。

⑤ 对于新生成的父代种群，再次进行选择、交叉、变异三个基本操作。依此类推、循环操作，直到满足算法终止条件，得到最优解。

3.5 案例分析

3.5.1 国网滨江双创中心分布式能源示范工程

3.5.1.1 案例背景

国网浙江省电力有限公司"互联网＋"智慧能源创新创业示范基地（简称"双创基地"）位于杭州市滨江高新开发区，由三栋连体楼宇构成，总面积约 3.3 万 m²，可同时容纳 1500 名员工，于 2017 年 11 月 30 日正式启动运行。双创基地目前建有微电网实验室，具备"园区小微网用户"典型特性，拥有微电网、虚拟电厂技术，光伏、冷热电三联供、复合储能等分布式发储（供能）系统，智能电网，能量调度管理系统及综合能源服务平台（原型），整体平面布置如图 3-15 所示。

图 3-15　总平面布置图

本案例借助基地内电科院微电网实验室平台，致力于将双创基地塑造为综合能源服务示范基地。在能源供应方面，着重以可再生能源与清洁化石分布式能源作为核心供能途径，与此同时，大力推进能源输配网以及涵盖电、热、冷储能的储能设施的建设与完善工作。此外，为构建完备的园区级能源互联，还同步开展了智慧能源管理平台的配套建设工作，从而实现整个园区能源体系的智能化、高效化与可持续化发展。

3.5.1.2 技术方案

3.5.1.2.1 物理架构

从用能侧看，工业园区综合能源系统包括电、热、冷三种能流。其中，热电联产机组、电制冷机组、溴化锂吸收式制冷机组作为多能耦合设备，为综合能源系统提供了多能互补的潜力；蓄电池、蓄热罐作为非耦合设备，提高了综合能源系统的削峰填谷能力及安全可靠水平；太阳能光伏相对于风电有着更为广泛的使用场景，其装配和利用可加强综合能系统对可再生能源的利用及降低污染物排放。图 3-16 为本案例的能源互联网物理架构。

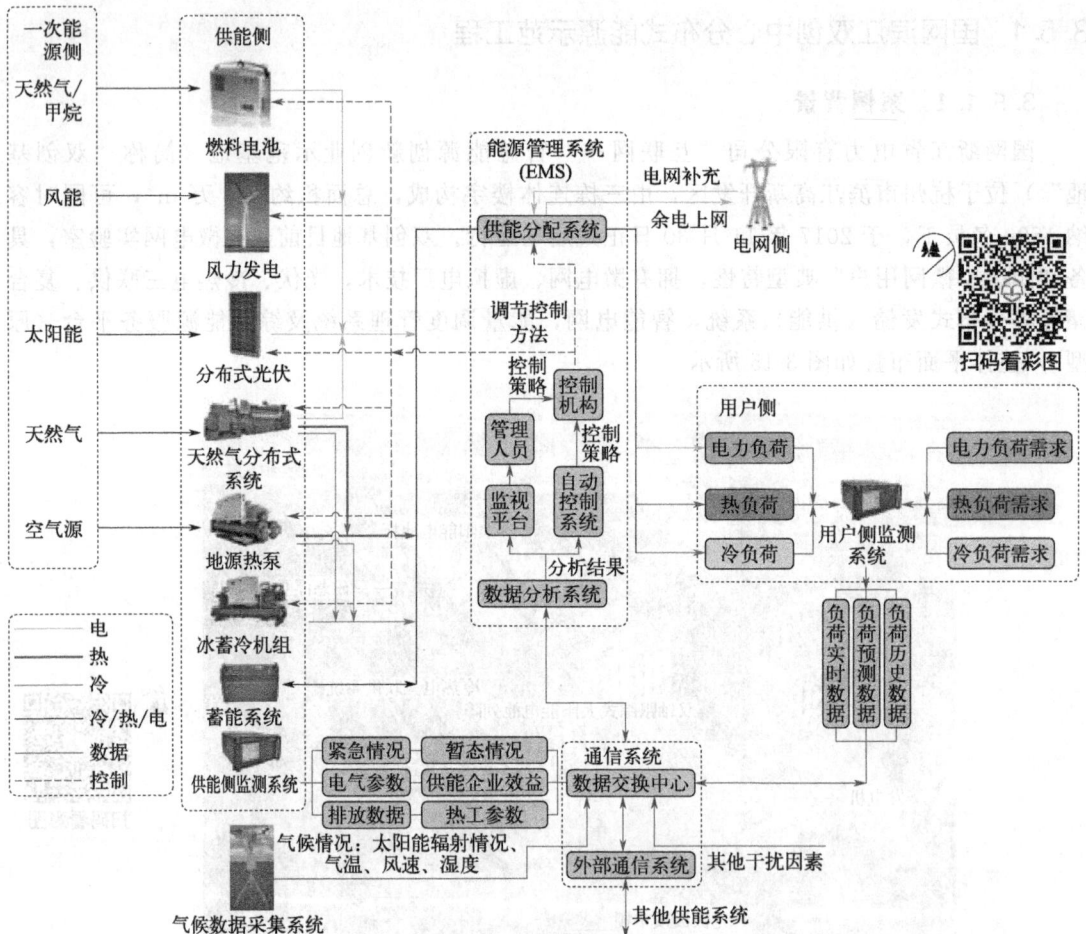

图 3-16　能源互联网物理架构

本案例供能侧方案中目前主要包括分布式光伏发电机组、风力发电机组、储能系统等单元，后期将在供能可靠性、能源互联、能源梯级利用等方面不断完善。综合能源示范项目将贯穿双创基地生产和办公系统各个环节，主要包括：

① 改建并网型智能微电网，通过联络开关与大电网并网，实现微网内基本能源供给由可再生能源和清洁化石能源提供，并实现大电网并/离网无扰切换。

② 依据双创基地的用能特性与当前实际状况，规划建设规模达 200kW 的天然气三联供系统。此系统将与基地原有的风冷热泵冷水机组实现并网协同运作，其主要功能是承担基本的供暖负荷任务。而原有风冷热泵冷水机组则在整个能源供应体系中扮演着关键角色，主要在能源需求高峰时段进行顶峰运行，以满足尖峰时期的用能需求。

③ 配套建设一定的电化学储能和蓄热蓄冷设施，保证基地范围内太阳能、风能等可再生能源的全消纳。

④ 通过大楼的智能化改造和信息通道建设，在负荷侧加装智能终端，实现需求侧数据

的自动采集和主动控制，通过智慧能源管理系统，规范整体的数据收集流程，提高各个设备的数据应用效果和系统可用性，实现可视化监控，降低监测和运维难度。

⑤ 建设阳光房，打造智能小屋，模拟家庭式能源服务及物联网技术应用场景，并利用光伏瓦、光伏道路与光伏幕墙替代传统建筑的屋顶、墙面与屋外路面，减少光伏板占地面积，提高太阳能利用率。

⑥ 建设智慧能源管理系统和综合能源服务展示平台，通过智慧能源管理系统灵活调度，实现燃机三联供系统和电制冷空调系统的协同优化供应，满足基地的冷、热、电等各种能源需求。

3.5.1.2.2 信息架构

（1）智慧能源管理系统

智慧能源管理系统为能源互联网的核心系统。根据基地用能特点，本案例定制开发了智慧能源管理系统，建立了集多元能源监控、能量管理、能源交易、能效管控、需求侧响应等功能于一体的智能多元化能源互联网云平台。该平台可针对园区内分布式能源运行及并网需求，开展综合能源服务与大数据分析业务，将原本分散的能源数据统筹分配、合理协调，通过将来自各能源企业的数据进行统一分析比较，为园区能源互联网的稳定运行提供调度优化方案，达到节能减排的目的。

智慧能源管理系统主要分为感知层、通信层、数据层和应用层四个层次，包括基本量测系统、负荷侧能源管理系统（包含建筑、生产、交通等方面）、能源智能调控系统、智慧能源模拟交易系统等，如图 3-17 所示。

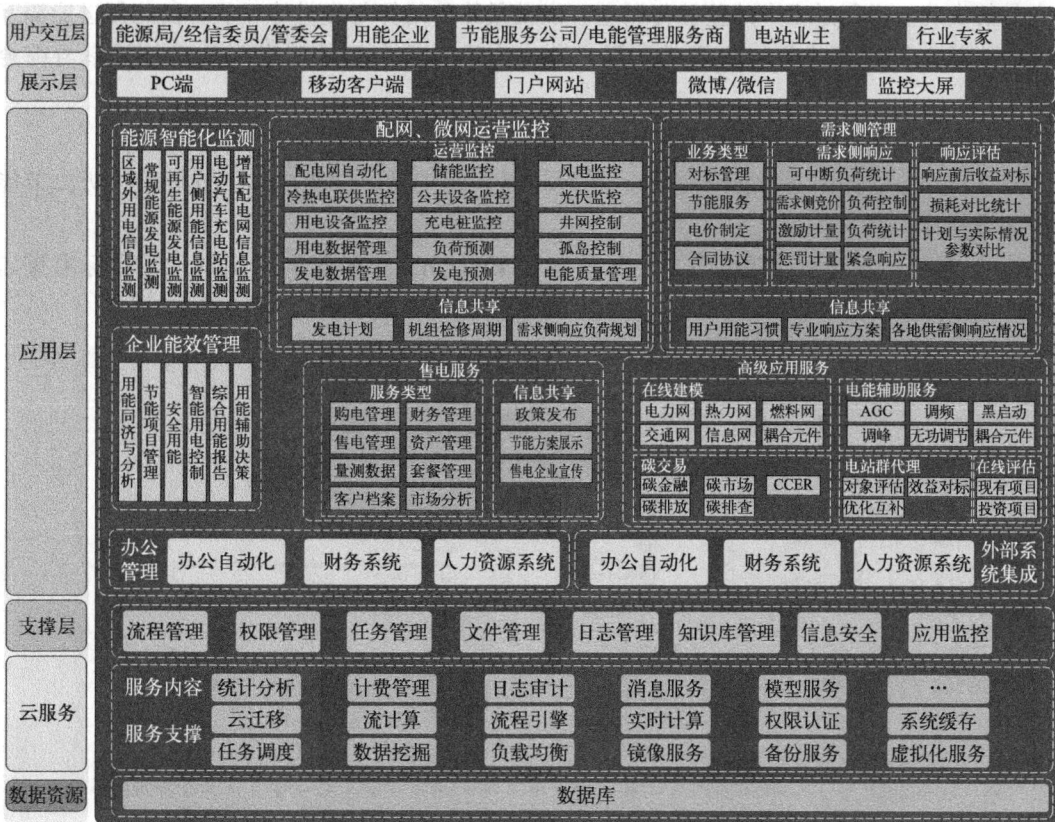

扫码看彩图

图 3-17 智慧能源管理系统架构

智慧能源管理系统主要包括数据通信系统和智能调控系统两个部分。数据通信系统主要包括用户侧的监测及数据采集系统、供能侧的监测及数据采集系统、所在地的气候数据采集系统、数据传输系统和外部通信系统等。智能调控系统则实时对数据通信系统收集的数据进行分析，调控供能单元输出功率及储能单元充放动作。智慧能源管理系统的主要目的一方面是通过先进的传感装置对发电、配电和用能设备等关键设备的运行状况进行实时监控和数据整合，另一方面是积极鼓励用户参与电网的管理。

其中，用户侧和供能侧的监测及数据采集系统包括具有高级计量技术的智能电表、可扩展的智能化智能电网用户端设备等，可以对用户侧的负荷消耗情况、未来负荷需求情况，供能侧的系统运行情况、节能减排情况及供能企业的经济效益情况等进行实时监测。

数据传输系统为先进的一体化通信网络，可以完成用户侧、供能侧、能源管理系统三者之间的信息共享，从而三者都能得到准确的能源实时数据。

外部通信系统主要用于与其他智能区域能源系统的信息共享。通过信息共享，可以取长补短，学习吸收别的更加完善的运行策略、系统配置方案等，从而进一步优化双方的系统运行，创造更多的社会效益、经济效益和环保效益。

在能源互联网的整体架构体系中，借助各类传感器对各供能单元与用能单元的状态进行实时采集，通过智能调控系统深入分析计算其调控能力与安全状态，进而开展精准的优化调度控制，实现能源的高效配置与稳定供应。与此同时，借助互联网开放平台，不仅支持各用户便捷获取能源相关数据，达成资源的充分共享，推动多方主体在能源互联网中成为产销一体的角色，实现能源与资源的数据化透明化，还能在这一框架下全面模拟能源交易体系，包括交易的发起、运行过程中的监控与调整，以及最终的结算与支付等环节，以此促进能源互联网内能源交易的规范化与智能化发展，进一步提升整个能源互联网的运行效率与综合效益。

（2）综合能源系统优化调度平台示范

数据概览页面如图 3-18 所示，展示了耗电量、耗气量、供能成本、节能量、历史节能量等关键指标。

① 耗电量：今日累计耗电量，主标签单位 kW·h，副标签单位 kgce（千克标准煤），保留一位小数。

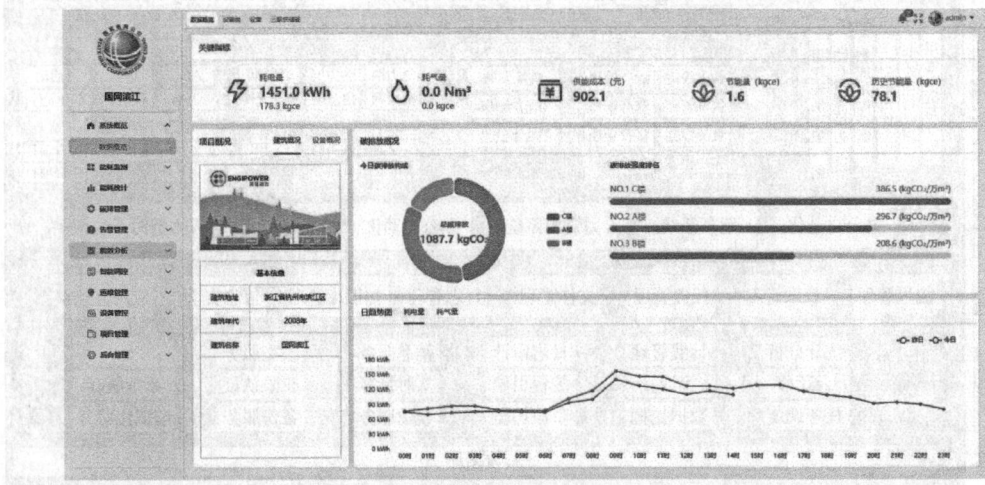

图 3-18 数据概览页面

② 耗气量：今日累计耗天然气量，主标签单位 m³（标准状态下），副标签单位 kgce，保留一位小数。

③ 供能成本：根据上述能耗量及用户配置能源价格，计算今日供能成本，单位元。

④ 节能量：包括以下两部分，单位 kgce。

a. 可再生能源发电量 Erg_hour：节能量＝今日光伏发电量；

b. 调控优化节能量 Eco_day：系统调控优化效果，节能量＝优化策略日能耗－典型工况能耗。

今日节能量＝Eco_day＋Erg_hour。

⑤ 历史节能量：上述节能量的历史累计值，包括今日，单位 kgce。

3.5.1.3 实施效果和系统效益

（1）提升能源利用效率，实现节能减排目标

本案例采用了天然气分布式能源系统，通过能量的梯级利用，在产生 25％～45％左右电能的同时，将 40％～50％的低温余热加以利用，综合能源利用率超过 75％。与传统电空调方式相比，天然气分布式能源系统的能源利用效率高出 30％以上，并可以减少基地的日常运行成本。

一方面，通过充分利用余热制冷、制热，本案例能够最大限度降低不必要的电煤消耗，减少燃煤过程中的二氧化碳、二氧化硫排放。另一方面，通过充分利用基地范围内的可再生资源，建设分布式光伏和风力发电系统，并推进基地内各式车辆的"油改电"，本案例可进一步降低整个基地的碳排放水平。

（2）改善能源网络结构，大幅提升供能可靠性

引入天然气分布式能源系统，基地可以依靠天然气分布式能源站实现冷热电三联供。同时配合分层布置储能单元以及外部电网，基地的供能可靠性大幅提升。另外，引进专业的综合能源服务公司提供更加专业的服务，也可大大提升基地的能源供应可靠性。

（3）基于智慧能源管理系统，实现智能化能源管理

综合能源服务公司所提供的服务范畴并非仅围于供能侧，而是全面贯穿于能源的生产、传输以及使用等各个环节。其通过构建智慧能源信息化管理平台，达成了能源管理的智能化与高效化目标。

① 能源输入管理：准确掌握输入能源的数量和质量，为合理使用能源和核算总消耗量提供依据；

② 能源分配和转换：对能源输配电线路、供水、供气、供热、供汽管道实时监测，保障能源安全供给；

③ 能源使用管理：通过优化工艺和末端监控，合理有效地利用能源；

④ 能源消耗状况分析：对能源消耗状况进行分析，掌握各种影响能耗的因素及变化规律，挖掘节能潜力；

⑤ 检查与评价：对能源管理系统进行检查评价，促使能源管理持续改进。

（4）全面开展综合能源服务示范，形成可复制化推广模式

向综合能源服务商转型是支撑传统能源企业后续持续发展的重大战略。本案例在基地范围内构建了一套完整的能源互联网，打造了多种清洁能源和可再生能源协同互补的综合能源供应，建成了智慧能源管理平台系统，并通过虚拟各种类型能源终端用户，构建各类综合能源服务角色，模拟各种区域能源业务场景，对综合能源供应技术以外的更高层次——综合服

务领域进行了示范，以期达到所示范的技术路径和服务模式的可推广性与可复制化，推动能源企业向综合能源服务商转变。

3.5.1.4 小结

国网滨江双创中心分布式能源示范工程由国网浙江省电力有限公司推动，位于杭州市滨江高新开发区。本项目以可再生能源和清洁化石分布式能源为主要供能手段，通过建设完善能源输配网和储能设施以及智慧能源管理系统，打造了一个综合能源服务示范基地。本项目通过采用热电联产机组、电制冷机组等多能耦合设备，实现了多能互补，提高了能源利用效率；通过引入天然气分布式能源系统，实现了冷热电三联供，大幅提升了供能可靠性。智慧能源管理系统实现了对能源的多元监控、能量管理、能源交易等功能，推动了能源管理的智能化、高效化。本项目的实施效果包括提升能源利用效率、改善能源网络结构、实现智能化能源管理，为能源企业向综合能源服务商的转型提供了示范。

3.5.2　杭州医药港小镇区域综合能源系统实践

3.5.2.1　案例背景

区域特色小镇是面向信息经济、环保、健康、旅游、时尚、金融、高端装备制造七大产业高质量发展的产业社区融合的发展载体。杭州东部医药港小镇位于杭州经济技术开发区北部，与下沙中心区相邻，是公共中心的直接辐射区与拓展区。其东南侧是下沙高教园区，具备良好的社区与文化氛围。小镇规划范围北至新建河，南至德胜快速路，东至文渊北路，西至规划支路，总规划面积约 $3.41km^2$。依据土地利用总规划，小镇规划范围内均为城镇建设用地，无基本农田。小镇依功能结构划分为三大区块，分别为生物医药智造工坊、生物医药研发工坊、美丽宜居生活区，如图 3-19 所示。

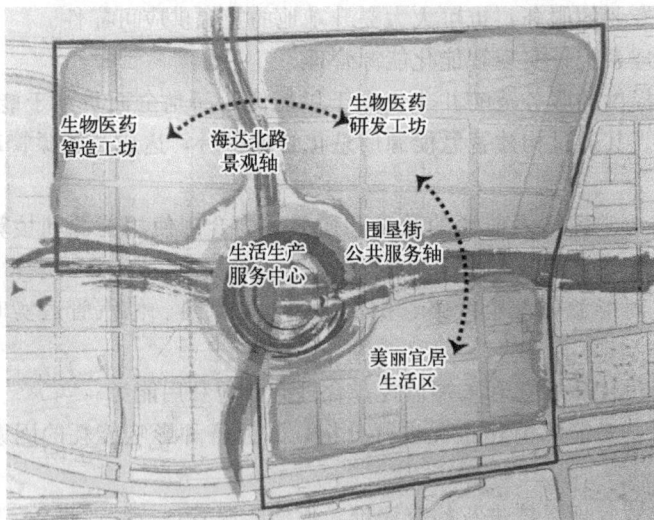

扫码看彩图

图 3-19　杭州东部医药港小镇空间布局

3.5.2.2　技术方案

（1）小镇负荷模拟计算

在开展小镇智慧综合能源系统的规划设计工作时，首先确定该区域的能耗最大负荷情况，以此为基础，依据用能模式以及规模差异，将各区块建筑进行分类。分类详情如表 3-2 所示。随后，运用 DeST 模拟软件针对各类别建筑的能耗展开模拟计算与深入分析。

表 3-2　小镇建筑用能负荷模拟汇总表

序号	用能种类	设计负荷/kW	年累计负荷/万 kW·h
1	供电	66410.4	29128.4
2	供热	111562	20081.2
3	制冷	102111	18380.0
4	生活热水	2190.4	10514.2

（2）综合能源系统指标计算

综合能源系统评价指标主要包括节能率、碳减排率、可再生能源利用率等。节能率和碳减排率为相对指标，基准系统的选择至关重要。由于医药港小镇能源系统为新建项目，缺乏对照的基准系统，因此将基准供能方式临时设定为电厂供电、热电联产集中供热和蒸汽以及燃煤锅炉供应生活热水。

1）节能率

节能率是相对概念，即在满足相同用能侧需求的基础上，方案中供能系统的能源消耗量相对于基准系统的能源消耗量的节约率。供能系统覆盖医药港小镇整个区域，其节能率为"区域节能率"，而建筑本体节能率参考国家相关标准设计，实施"建筑节能率"。目前的要求是，公共建筑节能率应达到设计标准的 50%，住宅建筑节能率应达到设计标准的 65%。计算方法中，电力折标系数为 367gce/(kW·h)。建筑节能率的计算基准需推算出 20 世纪 80 年代初建筑能耗，以与《公共建筑节能设计标准》（GB 50189—2015）规定的水平进行比较。

2）碳减排率

碳减排率与节能率类似，是在满足相同用能侧需求的基础上，方案中供能系统能源消耗排放的 CO_2 量相对于基准系统能源消耗排放的 CO_2 量的相对减少率。计算方法中，CO_2 排放因子参照国家发展改革委 2009 年公布的数据，电力为 0.8825kg/(kW·h)，煤炭为 2.4925kg/kgce。

3）可再生能源利用率

可再生能源利用率在低碳园区的建设与推进过程中，属于极为关键的一项衡量指标。它能够精准地反映园区在能源利用方面对可再生能源的依赖程度以及整合利用水平，直接关联园区整体的低碳化成效与可持续发展能力。其定义为可再生能源利用量与总能源利用量（包括可再生和非可再生能源）之比。可再生能源的利用形式包括太阳能光电、太阳能光热、风力发电、污水源热泵供冷（暖）、水源热泵供冷（暖）、地源热泵供冷（暖）以及生物能制沼气等。非可再生能源主要涵盖传统的化石能源，例如石油、煤炭以及天然气等。在这些化石能源当中，电力属于极为重要的二次能源，它在现代能源体系里具有举足轻重的地位，广泛应用于工业生产、居民生活等诸多领域。而可再生能源的统计工作则是在满足能源供应系统实际需求的基础之上开展的。计算方法中，电力折标系数为 367gce/(kW·h)，其他能源按照等热值法进行折标。

（3）能源技术供需匹配模式

医药港小镇综合采用了常规能源与再生能源结合衔接，集中能源与分布式能源互补的能源利用模式，确保能源供应的安全性和可靠性，能源技术与能源需求匹配，如图 3-20 所示。

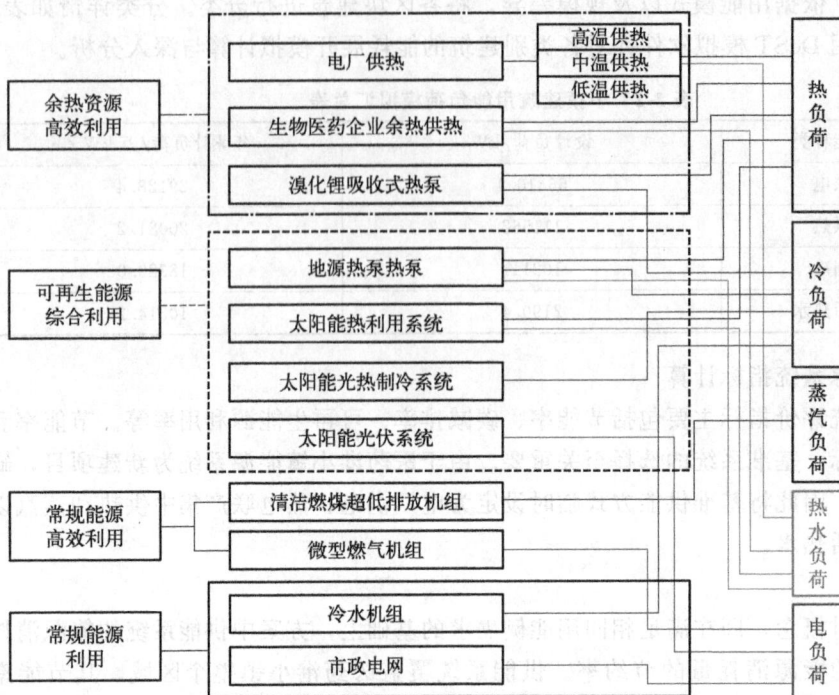

图 3-20 能源技术与能源需求匹配

（4）能源技术供需匹配方案设计及分析

在上述能源技术与用能需求的模式匹配基础上，还需要配置不同能源利用技术方案，以对不同用能技术实际应用中的经济和环保收益进行定量分析。下面将针对获取电、冷、热（具体分为蒸汽、供热、生活热水）的不同技术路径开展方案设计，并进行深入的分析评价。

1）供电方案设计

目前区域内满足电力需求的方式主要有两种，即市政供电和光伏发电。由于光伏发电仅作为小部分区域市政电力的补充，提供示范性作用，而市政电网作为满足电力需求的主要电源，因此不对供电技术供需匹配进行方案设计。

2）供热方案设计

区域内用于满足供热需求的技术路径主要有四种，即光热供热、电厂余热与生物医药企业生产余热供热、市政电力驱动地源热泵供热、蒸汽驱动溴化锂吸收式热泵供热。考虑到小镇供热需求及各能源技术特性，以吸收式热泵供热为主要供热方式，供热方案设计如表 3-3 所示。

表 3-3 供热方案设计表

序号	能源技术	设计占比/%	设计供热量/kW
1	光热供热	5	5578.1
2	余热供热	20	22312.4
3	地源热泵供热	25	27890.5
4	吸收式热泵供热	50	55781.0
5	合计	100	111562.0

3）制冷方案设计

区域内用于满足制冷需求的技术路径主要有四种，即光热制冷、市政电力驱动地源热泵制冷、市政电力驱动冷水机组制冷、蒸汽驱动溴化锂吸收式热泵制冷。考虑到小镇供冷需求及各能源技术特性，以吸收式热泵制冷为主要制冷方式，制冷方案设计如表 3-4 所示。

表 3-4　制冷方案设计表

序号	能源技术	设计占比/%	设计供冷量/kW
1	光热制冷	5	5105.6
2	电制冷	25	25527.8
3	地源热泵制冷	20	20422.2
4	吸收式热泵制冷	50	51055.5
5	合计	100	102111.1

4）供生活热水方案设计

区域内用于满足生活热水需求的技术路径主要有三种，即光热供热水、电厂余热与生物医药企业生产余热供热水、市政电力驱动地源热泵供热水。考虑到小镇生活热水需求及各能源技术特性，以光热供热水为主要供生活热水方式，供生活热水方案设计如表 3-5 所示。

表 3-5　供生活热水方案设计表

序号	能源技术	设计占比/%	设计供热量/kW
1	光热供热	65	1423.7
2	余热供热	15	328.5
3	地源热泵供热	20	438.0
4	合计	100	2190.2

（5）智慧综合能源站供需平衡分析与配置

依照各能源站供能类型，将各类能源技术匹配到各能源站内，每个站不同类型能源技术的供能量、能源输入和输出的平衡关系如表 3-6～表 3-8 所示。

表 3-6　能源站一的能源技术及供能量

输入能量	需求量/kW	能源技术	供能量/kW	输出能量
电	3875.8	电制冷	13565.45	冷
电	2641.2	地源热泵制冷	10037.40	冷
高品位蒸汽	18519.1	吸收式热泵制冷	24074.80	冷
电	2641.4	地源热泵制热	10072.58	热
高品位蒸汽	32244.4	生物医药供汽	32244.4	蒸汽
太阳能	—	光热制冷	2509.35	冷
		光热供热	2390.28	热
	—	光伏发电	—	电
医药余热		余热回收	13370.83	热水

其中，能源站一生物医药供汽 32244.4kW，吸收式热泵制冷 24074.80kW，余热回收 13370.83kW；能源站二生物医药供汽 16462.40kW，吸收式热泵制冷 13188.80kW，余热回

收 8820.80kW；能源站三吸收式热泵供热 15195.52kW，吸收式热泵制冷 15011.60kW，余热回收 22191.6kW。

表 3-7　能源站二的能源技术及供能量

输入能量	需求量/kW	能源技术	供能量/kW	输出能量
电	1690.1	电制冷	5915.20	冷
电	1340.6	地源热泵制冷	5094.40	冷
高品位蒸汽	10145.2	吸收式热泵制冷	13188.80	冷
电	1293.5	地源热泵制热	4915.20	热
高品位蒸汽	16462.4	生物医药供汽	16462.40	蒸汽
太阳能	—	光热制冷	1273.60	冷
	—	光热供热	1273.60	热
		光伏发电		电
医药余热	—	余热回收	8820.80	热水

表 3-8　能源站三的能源技术及供能量

输入能量	需求量/kW	能源技术	供能量/kW	输出能量
电	2145.8	电制冷	7510.15	冷
电	1580.5	地源热泵制冷	6005.80	冷
高品位蒸汽	11547.4	吸收式热泵制冷	15011.60	冷
电	2934.8	地源热泵供热	11152.07	热、生活热水
高品位蒸汽	16883.9	吸收式热泵供热	15195.52	热
太阳能		光热制冷	1501.45	冷
		光热供热	2021.72	热、生活热水
		光伏发电		电
医药余热	22191.6	余热供热	22191.6	热、生活热水

3.5.2.3　预期效益

杭州东部医药港小镇的规划建设顺应了浙江省创建特色小镇的新探索、新实践趋势，而智慧综合能源系统是以特色小镇为设计规划对象的新尝试。本概念性规划设计的结论和建议如下：

① 本案例围绕循环经济、清洁低碳、多能互补、梯级利用、优化调度等原则规划建设的智慧综合能源系统是一套完整的能源生态体系，开创了以特色小镇为规划图板的多能源形式互补、多用能端互动、能源低碳高效利用的综合能源新模式。

② 综合分析医药港小镇的地理位置、资源条件、技术成本经济性等因素，小镇能源系统宜采用以集中供热为核心、以分布式可再生能源为补充、以多能互补梯级利用为桥梁的综合能源供应模式，以满足热、电、冷、水等多种形式的用能需求。

③ 本案例基于小镇用能负荷模拟计算，规划设计了面向不同类型用能需求的能源技术方案，根据不同能源技术的特性分析及小镇各类型能源需求计算，优化了能源技术供需匹配方案，对比采用市政电力满足各类能源需求的模式，综合减碳率达 54.1%。

综上所述，建立智慧综合能源系统是可行的且具有良好的多能互补、节能减排示范作用。多层次、广视野、高品质、一体化能源系统的建立，将助推医药港小镇创建和腾飞，为医药港小镇增添特色。

3.5.2.4 小结

杭州东部医药港小镇的能源系统展示了未来可持续发展和绿色能源的前景。该系统旨在满足小镇多样化的能源需求，并采用了多能源互补、节能减排、低碳高效的供能策略，包括利用可再生能源、实施余热回收以及应用高效的能源转化技术。通过构建能源系统负荷模型及精心规划的能源解决方案，该系统实现了多种能源技术在供需方面的精准匹配，从而满足了区域内生产和生活对电力、热能、冷却等多种能源的需求。本项目实现了显著的节能和碳减排效益，充分利用了可再生能源，降低了碳排放，有助于小镇更好地适应未来需求，并推动医药产业的绿色、智能、高效增长。这一系统以绿色、低碳、智能为理念，为其他特色小镇和城市提供了可借鉴的解决方案，推动了可持续能源的应用和环境友好型经济增长。

3.5.3 中节能雄安新区市民服务中心综合能源系统

3.5.3.1 案例背景

在当前能源行业转型背景下，由于智慧能源、能源互联网技术的驱动，城市供热系统呈现出以下发展趋势：在热源供给侧，我国正加速淘汰散烧的中小型燃煤供暖锅炉并采用清洁能源替代；在供能方式方面，我国正在大力推进水源/地源热泵、工业过程余热供暖、生活垃圾及生物质能供热，并积极探索风能电热锅炉供暖、太阳能供暖、核电供能等新技术。

雄安新区市民服务中心综合能源服务示范项目，以清洁能源为主体，辅以生活污水处理系统，结合冷热双蓄技术，为园区供暖供冷，提供生活热水。与传统供能方式相比，雄安市民服务中心综合能源系统不仅实现了清洁、高效、经济的冷热暖一体化供应，而且装机容量降低20%。另外，每年节约标准煤约608t，减少二氧化碳排放约1516t。雄安市民服务中心综合能源系统如图3-21所示。

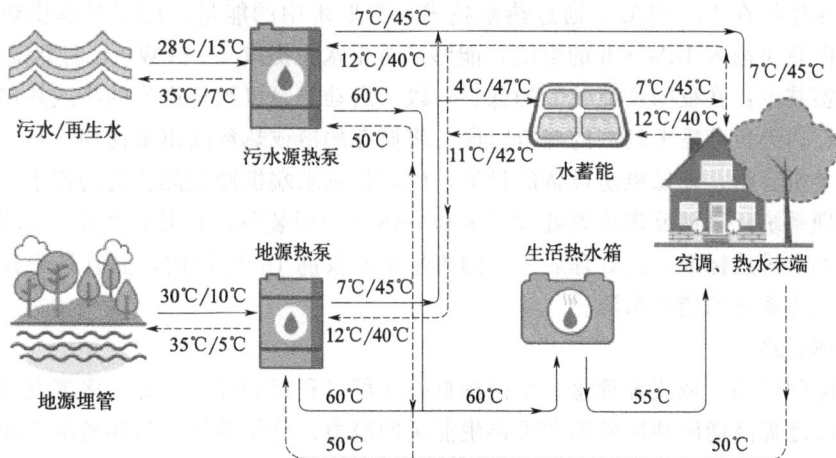

图 3-21 雄安市民服务中心综合能源系统

本项目位于容城东部小白塔及马庄村界内，占地面积24.24公顷（1公顷＝1万 m²），总建筑面积约10.08万 m²。其中建筑主要包括规划展示中心、会议培训中心、政务服务中心、办公用房、周转用房和生活服务等。项目定位实现四个目标，即绿色三星、节能率

75%、装配式以及构建政务服务中心。

目前，雄安市民服务中心项目区内能源来源有再生水源、浅层地温、市政电等，同时具有分布式冷热双蓄设备。其能源利用优先级为：再生水热泵＞水蓄能＞浅层地温能＞市政电力。经过多次分析讨论，确认本案例暖冷热供应方式为：由再生水源热泵＋浅层地温能热泵＋蓄能来供暖和供冷；热水系统中周转用房、生活服务配套用房利用集中供应方式，其他用房利用分散供应方式。雄安市民服务中心项目区内能源分布情况如表3-9所示。

表3-9 项目区内可控资源信息汇总

能源种类	能源形式	能源分布	能源条件
城市污废	再生水源	再生水处理中心	500t/d
可再生能源	浅层地温	可利用区域	单井排热6kW,取热4kW
常规能源	市政电	市政电网	尖峰时段:1.0445元/(kW·h) 高峰时段:0.9174元/(kW·h) 平峰时段:0.6631元/(kW·h) 低谷时段:0.4088元/(kW·h) 蓄冷/热:0.3453元/(kW·h)

3.5.3.2 技术方案

（1）技术原理

为积极响应国家节能减排政策，利用电能和从土壤、处理后生活污水中提取的能量为园区供暖供冷，提供生活热水。

浅层地温能采集利用技术：地表以下一定深度范围（一般为恒温带至200m埋深）内土壤温度常年维持在$10\sim25℃$，通过热泵技术可提取土壤中的能量，用于冬季供暖、夏季供冷。平均每向热泵输入1kW·h的电能，能够从土壤中提取约4kW·h的能量。浅层地温能主要采集技术有地埋管采集技术、单井循环采集技术。

再生水源利用技术：城市生活、生产排放的原生污水，以及污水经处理后生产的再生水，水温常年保持在$15\sim25℃$，通过热泵技术可提取水中的能量，用于冬季供热、夏季供冷。平均每向热泵输入1kW·h的电能，能够从再生水中提取$4\sim5$kW·h的能量。

冷热双蓄技术：在夜间负荷较低的低谷时段，启动热泵机组将产生的冷或热储存在混凝土水池中；在白天负荷需求较高的峰电时段，将储存的冷或热释放出来使用，从而减少机房热泵设备的装机容量，降低机房设备的投资，同时达到末端供冷供热负荷的需求。

污水处理系统：采用反渗透膜处理技术和一体化处理装备，日处理生活污水规模500t，达到地表四类水排放标准；经处理后生产的再生水不仅能100%回用，而且从中提取的能量可作为能源供应系统的能源来源。

（2）总体思路

按照国际领先的区域能源理念，全面挖掘新区可以利用的各种能源，多能互补、梯级利用，最大程度地提高能源利用效率和可再生能源的潜力；将能源供应与环境治理相结合，在确保能源供应的前提下，基本做到本地污废本地消纳，推动新区实现绿色、循环、可持续发展。

1）能源利用思路

按照"优先利用污废资源、充分利用属地能源、合理利用外部能源"的思路，综合考虑新区不同区块的功能、人口、建筑形式、冷热负荷等因素，根据不同能源的秉性和特点，分区块提出能源利用方式，构建安全、经济、清洁的新区能源供应系统。

① 优先利用污废资源。包括再生水、有机污废制沼气发电余热、工业余热等原本废弃的城市污废。

② 充分利用属地能源。包括浅层地温能、太阳能、中深层地热能等属地化的可再生资源。

③ 合理利用外部能源。包括电力、天然气等外部输送的能源。

2）能环结合思路

按照"能源供应与环境治理相结合"的思路，统一规划、建设能源供应基础设施和市政基础设施，构建以网格化能源站为核心，以再生水厂、污废处理厂、垃圾发电厂等为供能点，以再生水管网为输送通道的区域能源基础设施网络。

即利用再生水管网把分布在城市不同位置的再生水厂、污废处理厂、垃圾发电厂等冷热源与区域能源站联结在一起，从而利用再生水管网中流动的再生水把不同地方产生的冷量和热量输送到位于冷热负荷中心的能源站，缩短供能距离，提高供能效率。同时，在区域能源站设置蓄能水池，利用再生水作为蓄能水池的蓄能载体，消减和平衡用冷用热的负荷峰值，让整个能源供应系统达到最经济的运行效率。具体详见图 3-22。

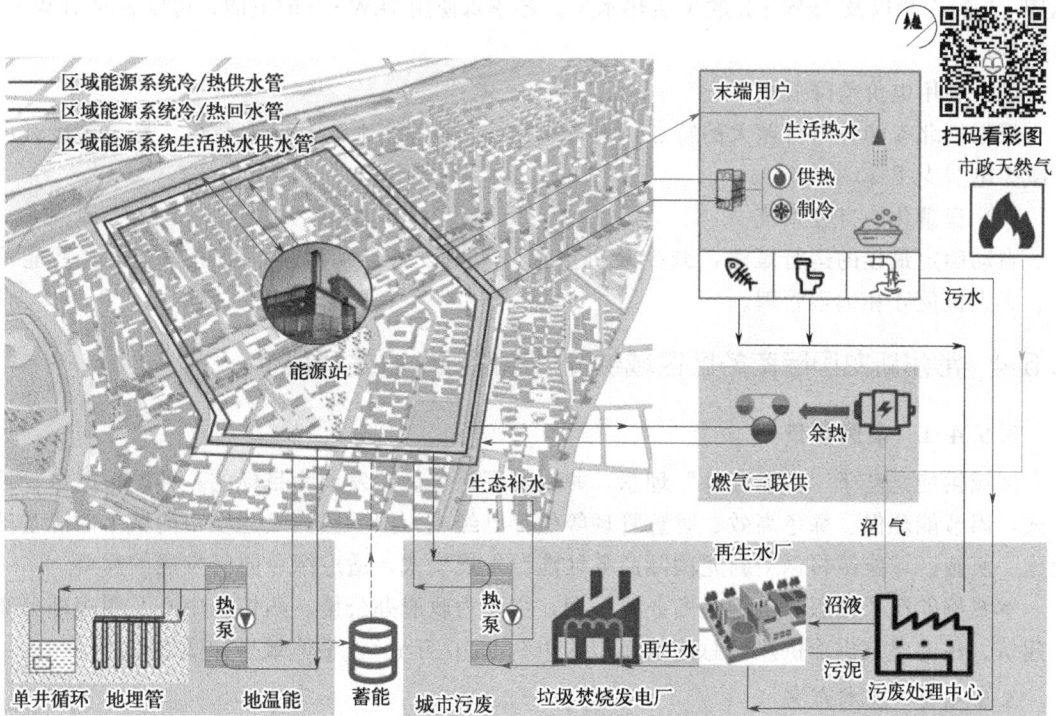

图 3-22　能源供应＋环境治理逻辑图

3）技术优势

与常规地热能相比，利用浅层地温能可以最大限度减少对地层的扰动，避免对地下水，特别是宝贵的中、深层地下水造成不可恢复的污染破坏。

供能效果体现在：夏季最大供冷负荷 $8684kW \cdot h$，冬季最大供热负荷 $7723kW \cdot h$，日最大提供生活热水 $100t$。

3.5.3.3 实施方式和预期效益

（1）冷热暖供应一体化

通过设置统一的综合能源站，选择冷热兼备的供能能源，只建设一套系统就实现夏季供冷、冬季供暖和全年 24h 供生活热水，减少初始投资约 20%，降低运营成本约 30%。

（2）统一建设综合能源站

根据园区不同建筑物白天与夜间供能需求错峰的特点，建设统一的综合能源站集中供暖和供冷，较分楼供应模式降低总体装机规模 20%。

（3）浅层地温能成为主要能源

通过设置 1510 根地埋管，利用土壤温度冬暖夏凉的特点，从土壤中提出能量为园区供冷供热，可以为园区提供 55%～65% 的能量来源。

（4）高标准处理生活污水

利用先进的膜法处理工艺，对园区每天产生的生活污水进行处理。经处理后产生的再生水达到地表四类水标准，高出国家现行平均排放标准一至两个等级。

（5）高效经济地利用电能

通过利用热泵、热回收等技术，制取能量。夏季每使用 $1kW \cdot h$ 的电能，可以制取 $3kW \cdot h$ 的冷量以及 $4kW \cdot h$ 的生活热水量。冬季每使用 $1kW \cdot h$ 的电能，可以制取 $4kW \cdot h$ 的热量。

（6）利用电价差降低成本

根据河北省峰谷电价差大的特点，设置 $1500m^3$ 的蓄能水池，冬季蓄热、夏季蓄冷，可以减少电费支出 30%～40%。

（7）智慧化的自控系统

自动确定最佳的运行策略，减少装机空耗，实现设备自动启停，自适应调节，智能预警、无人机值守和远程管理。

3.5.4 常州新龙国际商务区区域供冷供热能源中心站项目

3.5.4.1 案例背景

区域供能是基于"多能互补"理念，并以实现绿色低碳发展为目标的一种城市能源管理方式，因节能环保、绿色高效、智慧管理等优势已经成为国际国内发达城市的城市能源基础设施。实施区域能源将创新新龙国际商务区能源发展模式，适应绿色园区发展的需要。

本案例能源子站服务范围为商务区一期，主要为政府办公楼、两馆两中心及周边部分商办建筑、住宅建筑供冷供热，总建筑面积约 109.8610 万 m^2，整体效果如图 3-23 所示。

3.5.4.2 技术方案

（1）能源中心站设计

能源中心站拟采用水源热泵供冷（供热）和大温差水蓄能技术，水源热泵系统综合考虑冬夏季冷热负荷配置热泵主机及冷水主机。系统总装机制热量 22.5MW，制冷量 43.32MW，共配置 3 台 7.5MW 离心式水源热泵机组（制冷 6.2MW，制热 7.5MW）、1 台 9.8MW 离心式水源冷水机组、1 台 9.8MW 双工况离心式冷水机组、1 台 5.12MW 磁悬浮冷水机组，磁悬浮冷水机组供电电压采用 380V，其他机组供电电压采用 10kV。同时配置一座蓄能水池，夏季工况下需要的总蓄冷量为 26.81MW · h，对应的水池容积为 $2880m^3$；冬

图 3-23　新龙国际商务区整体效果

季工况下需要的总蓄热量为 65.8MW·h，对应的水池容积为 5050m³。实际可建造的水池容积为 6854.4m³，对应的夏季蓄冷量为 63.8MW·h，冬季蓄热量为 89.3MW·h。水池有一定的富裕量预留，可结合水池最大蓄能能力调整相应的运行策略。

机房内空调水管路和水源水管路均采用母管制，空调回水由水泵压入热泵机组后进入空调供水管。离心式水源热泵机组供冷、供热阀门切换均在机组外实现。水源水水质良好，经一套综合水处理设备过滤后再进入系统。

（2）智慧能源平台设计

智慧能源平台不仅能实现供能管网的基础数据采集、大量数据云存储、大量数据分析、神经网络自我学习，模拟仿真出最节能的运行策略，同时也是一个多级管理功能的平台。该平台支持供能系统在线运行仿真、水利平衡预测性控制调节、换热站短期负荷预测性控制调节、多能接入控制优化策略等多种新型技术。该平台如图 3-24 所示。

扫码看彩图

图 3-24　智慧能源管理平台

① 智能感知技术。智能感知技术包括数据感知、采集、传输、处理等技术。智能传感

器获取供能侧、管网侧、负荷侧的供能运行状态数据，经过处理后，通过网络发送给云数据平台。

② 云数据平台。云数据平台对供能系统的数据进行数据集成、数据分析、数据整合、数据归档、数据预警、数据推送。使用者可以在任何时间、任何地方通过互联网连接到云数据平台方便地存取供能系统的数据。

③ 大数据分析技术。大数据分析技术调用云数据平台的数据进行深度学习。通过不断地学习进步，而后在线模拟仿真供能系统的运行，找出最优的运行解决方案，给出最新工况下的运行控制调节策略，并发送给自控系统执行操作。

④ 实现自动报修，优化收费管理、用户侧监测管理、信息发布等。

⑤ 实现可视化管理等。

大数据分析系统如图 3-25 所示。

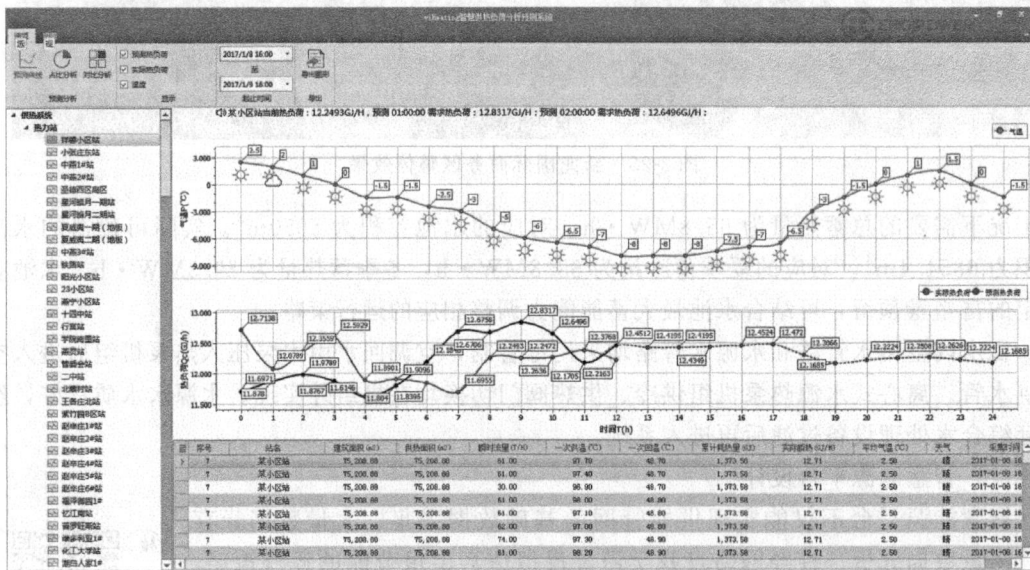

图 3-25　大数据分析系统

3.5.4.3　实施方式和预期收益

（1）区域供冷（热）与节能

区域供冷（热）就是在一个建筑群设置集中的能源中心站制备空调冷热水，然后通过循环水管道系统向各座建筑提供空调冷（热）量。这样各座建筑内不必单独设置空调冷源，从而避免了到处设置冷却塔和锅炉。由于各座建筑的空调负荷不可能同时出现峰值，因此制冷机的装机容量会小于分散设置制冷机时总的装机容量，从而减少制冷机设备的初投资。自20 世纪 80 年代开始，日本一些大城市的商业建筑群、美国许多大学校园都采用了这种区域供冷的方式。典型的案例是日本东京新宿新都心、日本名古屋新机场等。区域供冷的建筑面积都在 50 万 m^2 以上。我国广州大学城、北京中关村科技园也采用了区域供冷方式，并已投入运行。

本案例建筑集中且多为住宅、商业、办公类建筑，具备区域供冷的条件，设置集中的区域供冷（热）能源中心站有效减少了装机容量，提高了设备的利用率，在控制好管网输送效率的前提下必然要比常规分散式系统节能。

（2）中水源热泵工艺节能

本案例利用中水源热泵工艺供冷（热），具有效率高、能耗低的优点，属于可再生能源利用。与常规的电制冷水冷机组加燃气锅炉方案相比，采用中水源热泵方案每年可节约标准煤 1507.05t，减排二氧化碳 3675.68t，减排二氧化硫 24.87t，减少氮氧化物排放 23.51t，减少烟尘排放 14.47t。

（3）输送管网节能

输送管网的能耗是系统运行成功与否的重要一环，在本案例中，根据用户区域的划分，合理确定供能半径，组织输送管网是非常重要的。供能管网输送的是空调冷（热）水，管网运行供回水温度为：夏季 5℃/12℃，冬季 47℃/40℃。供能管网管道采用成品保温管道，工作管采用内外涂覆钢管，保温层采用硬聚氨酯泡沫，保温泡沫应满足 GB/T 29047—2021 标准，必须使用不含氟利昂的发泡剂。集中供冷（热）能源站应设置在负荷中心地区，供能半径应控制在 1000m 以内，以此有效地保证供能效果，减少管网损耗。管网组织方案采用枝状管网，将空调冷（热）水循最短路径送至用户。

3.5.4.4 小结

常州新龙国际商务区供冷供热中心项目由中节能城市节能研究院有限公司主导，旨在为商务城提供高效、环保的能源解决方案。本案例采用中水源热泵和大温差水蓄能技术，总装机制热量 22.5MW，制冷量 43.32MW，为商务城核心区政府办公楼、商办建筑、住宅建筑供冷供热。智慧能源平台通过感知技术、云数据平台和大数据分析实现了供能管网的智能管理，并提供最优的运行策略。本案例预期通过区域供冷供热、中水源热泵工艺和管网节能，大幅提高系统效益，每年可节约标准煤 1507.05t，减排 CO_2 3675.68t。本案例的实施将为商务城带来可持续、智能的能源服务，为城市可持续发展贡献力量。

思考题

1. 综合能源系统的组成和作用是什么？
2. 综合能源系统需要针对哪些环节进行建模？
3. 综合能源系统的数据建模方法和机理建模方法的优缺点是什么？

参 考 文 献

[1] 曾鸣. 构建综合能源系统 [N]. 人民日报，2018-04-09.

[2] 周鹏程，吴南南，曾鸣. 综合能源系统建模仿真规划调度及效益评价综述与展望 [J]. 山东电力技术，2018，45（11）：1-5.

[3] 贾宏杰，穆云飞，余晓丹. 对我国综合能源系统发展的思考 [J]. 电力建设，2015，36（1）：16-25.

[4] 李杰. 工业大数据：工业 4.0 时代的工业转型与价值创造 [M]. 北京：机械工业出版社，2015.

[5] 程浩忠，胡泉，王莉，等. 区域综合能源系统规划研究综述 [J]. 电力系统自动化，2019，43（7）：2-13.

[6] 冯超. K-means 聚类算法的研究 [D]. 大连：大连理工大学，2007.

[7] Shi C, Wei B, Wei S, et al. A quantitative discriminant method of elbow point for the optimal number of clusters in clustering algorithm [J]. EURASIP Journal on Wireless Communications and Networking, 2021, 2021 (1): 31.

[8] Tibshirani R, Walther G, Hastie T. Estimating the number of clusters in a data set via the gap statistic [J]. Journal of the Royal Statistical Society: Series B (Statistical Methodology), 2001, 63 (2): 411-423.

[9] 赵万里. 大电网规划的经济性评价指标及方法研究 [D]. 北京：华北电力大学，2014.

第 **4** 章
智慧能源储能系统

由于可再生能源的间歇性和波动性，能源互联网的构建需要多种储能技术来支持其稳定、高效、灵活地运行。适用于能源互联网的储能技术有以下几种：抽水蓄能、压缩空气储能、飞轮储能、电化学储能、氢能储能、电磁储能、储热等。其中前三者属于机械储能，不会有化学和排气污染。

4.1 储能系统概述

4.1.1 抽水蓄能

2021 年，国家能源局发布《抽水蓄能中长期发展规划（2021—2035 年）》，首次提出"发展抽水蓄能现代化产业"，并制定了"到 2035 年，形成满足新能源高比例大规模发展需求的，技术先进、管理优质、国际竞争力强的抽水蓄能现代化产业"的发展目标。抽水蓄能是目前世界公认的技术最成熟、经济性最优、最具大规模开发条件的电力系统绿色低碳清洁灵活调节电源。抽水蓄能技术具有调峰填谷、调频调相、事故备用、黑启动等多种功能，因此对于维持电力系统的稳定性、提高新能源消纳能力、支持能源互联网的构建具有重要意义。

抽水蓄能技术的原理是利用水的势能差来实现电能的转换和储备。抽水蓄能电站由两个相互连接且位于不同高度的水库组成，上、下水库之间通过管道连接，管道内安装有可逆运行的机组，即既可作为泵又可作为涡轮机的设备。

在用电负荷低谷时，利用电网中富余的电能，通过电动机驱动泵轮机，将下水库的水抽到上水库储存，这个过程是把电能转化为势能。在用电负荷高峰时，通过进出口球阀控制水流量，利用上水库的水位差将上水库的水放到下水库，顺势推动涡轮机发电并输送到电网中，这个过程是把势能转化为电能。在转换过程中会有一定比例的电能损失。目前抽水蓄能电站的综合效率在 75% 左右。

（1）我国抽水蓄能现代化的发展现状和未来

我国抽水蓄能始于 20 世纪 60 年代后期，虽然起步较晚，但经过多年探索和建设，在政策措施、建设规模、技术、产业体系等方面日益成熟，进入"十三五"后，特别是"十四五"以来，进入了发展"快车道"，取得了显著的成绩，整体达到世界先进水平。在建设规模上，截至2022年底，我国已纳入规划的抽水蓄能站点资源总量约8.23亿千瓦，开发建设和服务范围将实现对大陆区域的全覆盖，已建、在建装机规模达到1.6亿千瓦，居世界首位[1]。

然而，"十四五"期间，我国加快抽水蓄能开发建设，大规模发展带来了诸多问题。例如，突破大型变速机组技术研制、水泵水轮机效率提升、储能材料研发等领域存在的瓶颈和短板，开发适用于不同地理和气候条件的抽水蓄能技术，加强抽水蓄能电站在新能源消纳、电力系统稳定等方面的作用，提高抽水蓄能电站的利用率和经济效益等亟待解决。随着能源互联网中新能源装机占比的提高，其间歇性、波动性和随机性会对电力系统的可靠性和稳定性产生不利影响，抽水蓄能技术的发展可在提高电网的调节能力与新能源消纳水平方面发挥重要作用。

(2) 抽水蓄能实例

位于四川省甘孜州雅江县的雅砻江两河口混合式抽水蓄能项目于2022年12月29日正式开始建设，是全球最大的混合式抽水蓄能项目。该项目以四川省内两河口水电站水库作为上水库，下游衔接梯级水电站——牙根一级水电站水库作为下水库，扩建可逆式机组，形成两河口混合式抽水蓄能电站，如图4-1所示。

扫码看彩图

图 4-1　两河口混合式抽水蓄能电站

该蓄能电站海拔约为3000m，拟安装4台30万kW可逆式机组，加上已建成的两河口水电站300万kW装机作为常规机组，总装机达420万kW，将成为我国海拔最高的大型抽水蓄能项目。相较于常规抽水蓄能电站，该混合式抽水蓄能电站的上水库利用了现有水库，因此带来了很多便利，如工程投资小、水库淹没损失小、环境影响小、建设周期短等。两河口周边县城有超过2000万kW的光伏、风电资源，仅依靠两河口水电站无法满足如此大规模新能源开发的需要，而两河口混合式抽水蓄能电站建成后，可消纳相当于自身装机规模3倍的新能源，能够有效提高四川省电力保供能力，优化四川电网新能源电源布局。

4.1.2　压缩空气储能

压缩空气储能（compressed air energy storage，CAES）是一种利用压缩空气储存能量的技术。在电网负荷低时，利用多余的电能将空气压缩并储存；在电网负荷高峰时，释放高压空气，通过热交换器和涡轮机转换为电能，从而实现电能的大规模储存和按需供应。由于其具有储能容量大、安全性高、寿命长、经济环保、建设周期短等优势，是和抽水蓄能相媲美的长时储能技术，因此成为未来储能重点布局的方向[2]。

（1）压缩空气储能工作原理

压缩空气储能技术分为非补燃式压缩空气储能和补燃式压缩空气储能。目前国内主要以非补燃式压缩空气储能技术为主，主要包含能量输入、能量解耦、能量耦合和能量输出4个过程。

① 能量输入：在用电低谷时，电动机驱动压缩机将环境中的空气吸入并压缩成高温高压空气，将电能转换为内能，完成能量的输入过程。

② 能量解耦：通过压缩侧热交换器将换热后的低温空气储存至储气单元，升温后的高温换热介质储存至储热单元，将内能分离成热能和势能，完成压缩热能和压力势能的解耦。

③ 能量耦合：通过膨胀侧热交换器对储气单元释放的高压空气与储热单元中的高温换热介质进行热量交换，换热后的介质返回储热单元，空气进入膨胀侧，完成压缩热能和压力势能的耦合。

④ 能量输出：在用电高峰时，换热后的空气转换为高温高压空气，驱动透平膨胀机做功，带动发电机发电，内能转换为机械能，机械能转换为电能，从而完成能量的输出。

多数压缩空气储能电站的储气设施以盐穴、人工硐室为主。其中，盐穴是盐矿开采后留下的矿洞，体积大、密闭性好、储气压力高、成本低、力学性能稳定、占地面积小。我国盐穴资源丰富，已利用的盐穴仅占约0.2%，大部分盐穴都处于闲置状态，未来可利用的空间较大。人工硐室主要以混凝土作为衬砌，配合密封层和围岩组成。储存的高压气体所产生的压力由围岩承担，混凝土衬砌配合密封层可实现良好的密封性。其最大优点是适合建库的硬岩岩石类型多，且地层分布广泛，有效摆脱了对盐岩地层的依赖性，适用于拥有丰富风光资源但没有盐穴的三北地区，可实现压缩空气储能与风光资源的联动，但成本较高。

（2）压缩空气储能发展趋势

压缩空气储能是一种具有较广应用前景的储能技术，目前压缩空气储能技术呈现规模化发展的趋势，装机规模已从千瓦级向兆瓦级、百万兆瓦级发展，这有利于提高该技术的能量效率。压缩空气储能中压缩机、换热器以及透平膨胀机等核心设备仍存在较大发展空间，如开发高温压缩机、宽负荷膨胀机、高效换热器等，都会推动压缩空气储能效率的提升。在技术方面，换热介质的换热性能和成本有待优化，高温储热是其发展方向；研究者正在探索多种技术路线，包括绝热式、蓄热式、等温式、液态空气储能、超临界压缩空气储能等，以适应不同的应用需求和地理条件。如何充分利用现有盐穴或在盐穴贫乏的地区加强对人工硐室的研究也是目前发展压缩空气储能需要解决的问题。

（3）压缩空气储能实例

2021年9月，山东肥城盐穴先进压缩空气储能调峰电站一期10MW示范项目正式并网发电，是国际首个进入正式商业运行状态的盐穴先进压缩空气储能电站，该技术由中国科学院工程热物理研究所研发；2021年10月，由中国科学院工程热物理研究所研发的10MW

集气装置储气先进压缩空气储能系统在贵州毕节正式并网发电，最大发电功率 10.4MW，效率达 60.2%，达到全球最高水平，如图 4-2 所示；2022 年 5 月，由清华大学作为主要技术研发方的世界首个非补燃压缩空气储能电站——江苏金坛盐穴压缩空气储能国家试验示范项目正式投产，一期储能功率和发电装机均为 60MW，储能容量 300MW·h，远期建设规模 1000MW，如图 4-3 所示。

图 4-2　贵州毕节压缩空气储能系统

图 4-3　江苏金坛盐穴压缩空气储能

4.1.3　飞轮储能

飞轮储能和抽水蓄能一样，属于物理储能[3]，是一种利用旋转体的动能来储存和释放能量的技术。其具有以下特点：①高功率密度。真空中高速旋转的瞬时功率较大，飞轮储能系统虽然能量密度相对较低，但功率密度高，且飞轮储能响应时间短（毫秒级），适合提供短时、高频次、大功率输出。②寿命周期长。使用寿命可达 100 万次以上（20 年以上），且不受深度充放电的影响。③效率高。现代飞轮储能系统广泛采用磁悬浮轴承，以实现几乎没有机械接触的旋转，且飞轮通常置于真空容器中，以减少空气阻力带来的能量损失，因此，飞轮储能的效率可以达到 85%～95%。

（1）飞轮储能工作原理

飞轮储能的工作原理是电能和机械能的转化，利用旋转体的动能来储存和释放能量。在电网负荷低或电能过剩时，通过电动机将电能转换为机械能，驱动飞轮转子加速旋转，此时电能被储存为飞轮转子的动能。当电网需要额外电能或在负荷高峰时，飞轮转子开始减速，此时电动发电机作为发电机运行，将飞轮转子的动能转换回电能，供电网使用。飞轮结构剖面图如图 4-4 所示。

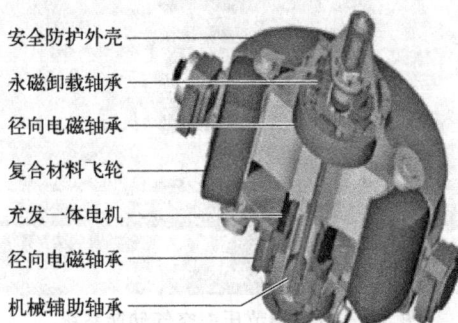

安全防护外壳
永磁卸载轴承
径向电磁轴承
复合材料飞轮
充发一体电机
径向电磁轴承
机械辅助轴承

图 4-4　飞轮结构剖面图

飞轮储存能量的计算公式为

$$E = \frac{1}{2} J \omega^2 \tag{4-1}$$

式中，J 为飞轮转子的转动惯量；ω 为飞轮转子的旋转角速度。当飞轮从最高转速 $\omega_{\max}$ 减速到最低转速 $\omega_{\min}$ 时，飞轮储能系统释放的最大能量为

$$E = \frac{1}{2} J (\omega_{\max}^2 - \omega_{\min}^2) \tag{4-2}$$

（2）飞轮储能发展情况

飞轮储能技术最早应用于航天领域，如作为飞机的紧急电源或用于调节飞机的电力负载，目前逐渐转化应用到电力系统领域，适用于大功率、快速响应、高频次的场景，如电网调频、UPS 不间断电源（在数据中心、医疗设备、半导体制造等对电源稳定性要求极高的场合，飞轮储能作为 UPS 的一部分提供短时的电力供应保障）。除此之外，在城市轨道交通方面，将飞轮储能装置用于地铁和轻轨系统，能够在制动能量回收和电网稳定中发挥重要作用。总而言之，在目前大规模应用的各种储能形式中，飞轮储能具有可以实现大功率快速充放电、无限循环寿命的独特优势，非常适合电力系统调节指令快速变化的调频任务，可以广泛应用于电网独立调频、辅助火电和新能源（风光）发电进行调频、微电网及综合能源系统快速负荷平衡等场景，具有广阔的发展前景。

（3）飞轮储能技术实例

2021 年 11 月，国家能源集团光火储耦合 22MW/4.5MW·h 飞轮储能工程开工。该项目是国内第一个全容量飞轮储能-火电联合调频工程，也是全球单体储电量最大、单体功率最大的飞轮储能系统，突破了 500kW 级大功率飞轮单体的技术瓶颈。

4.1.4　电化学储能

　　电化学储能是应用最广泛的新型储能技术，具有大规模推广的潜力。电化学储能是通过电化学反应储存电能的技术。与其他储能技术路线相比，电化学储能系统能量密度较高、响应速度适中、适用范围广，且更易于量产、安装和运维，规模推广潜力优良。电化学储能技术主要包括锂离子电池、钠离子电池、液流电池、铅蓄电池和超级电容器等。其中，锂离子电池因技术经济性较为突出而成为主流。

　　（1）锂离子电池

　　锂离子电池具有充放电速度快、综合效率高、技术实用性强、受限因素少等优点。在各类电化学储能技术中，锂离子电池储能在循环次数、能量密度、响应速度等方面均具有较大优势。但锂离子电池存在安全性、低温性能差等缺点。锂离子电池根据正极材料不同可以分为钴酸锂（$LiCoO_2$）、锰酸锂（$LiMn_2O_4$）、镍钴锰酸锂/镍钴铝酸锂（三元材料）、磷酸铁锂（$LiFePO_4$）等类型。如今，锂离子电池的应用已经非常广泛，如便携式电子设备、新能源汽车以及可再生能源的储能。从目前的商业化进程来看，未来的重点将会是安全性材料研究以及电池回收再利用等技术。部分锂离子电池的应用场景如图 4-5～图 4-7 所示。

图 4-5　风力发电厂的钛酸锂电池 1MW 储能机组

图 4-6　萧山发电厂电化学储能电站——40MW/80MW·h 磷酸铁锂电池

图 4-7　乐清电厂 3.2V/280A·h 磷酸铁锂电池储能电站

（2）钠离子电池

钠离子电池的基本结构和工作机制与锂离子电池十分相似，但是商业化的进程尚处于初步探索阶段。钠离子电池在能量密度和循环稳定性方面不如锂离子电池，但作为锂离子电池的竞争者，它具有以下优势：①相较于锂资源的短缺，钠资源在全球分布广泛，并且在大型储能元器件的应用方面，锂离子电池无法满足巨大市场需求，因此未来钠离子电池在成本方面具有更大的下降空间。②电解质溶液选择更多。Na 的标准电极电位高于 Li，因此电解液电化学稳定窗口更宽，可选择的电解质溶液选择也就更多。

目前钠离子电池的发展需要解决两个关键问题，一是提高钠离子电池的电化学稳定性，由于钠离子的半径比锂离子大，因此在电池运作过程中有更大的位阻效应，使得电极材料表现出电化学惰性，并且更大的离子半径容易使电极材料结构遭到破坏；二是研发更合适的负极材料，同样由于钠离子的半径较大，传统石墨电极材料并不适用。

2021 年 6 月，全球首套 1MW·h 钠离子电池储能系统在山西太原正式投入运行，综合能量效率达 86.8%，如图 4-8 所示。该套系统结合市电、光伏和充电设施形成了微网系统，可根据需求与公共电网智能互动，其核心钠离子电池利用阳泉储量丰富、成本低廉的无烟煤作为前驱体，采用中国科学院全球首创的碳基负极材料生产技术和正极廉价原料加工工艺生

图 4-8　山西太原钠电储能系统

产。2021 年 7 月，宁德时代发布第一代钠离子电池，能量密度 160W·h/kg，达到全球最高水平。虽然其在能量密度方面略低于目前的磷酸铁锂电池，但在低温性能和快充方面具有明显优势，特别是在高寒地区和高功率应用场景。

（3）液流电池

氧化还原液流电池简称液流电池，当电解液流过电池堆栈时，液流电池可逆地将化学能转化为电能。液流电池通常被归类于大规模储能技术，是最具有发展潜能的大规模电化学储能技术之一。根据电解液中活性物质的不同，液流电池可分为全钒液流电池（VRB）、锌溴液流电池、铁铬液流电池、锌铁液流电池等。

液流电池的电解液通常是水溶液，不燃烧、不爆炸，具有较高的安全性；液流电池的电堆数量决定输出功率，电解液的用量决定容量，因此使得液流电池在功率和能量容量设计上非常灵活，有独立配置的功率和容量，根据不同的应用场景，规划时可根据实际需求调整具体配置；液流电池的电极材料仅提供反应界面，不参与反应，可以长期保持稳定状态，因此液流电池的寿命也很长，全生命周期成本较低。依托于这些优势，预期液流电池将在未来能源系统中扮演多种角色。

目前，液流电池也面临一些挑战，如成本较高，电压效率、系统效率和电解液利用率需要进一步提升，正负极电解液交叉污染等。我国液流电池储能技术已经达到了国际领先水平，大规模全钒液流电池储能技术已经初步实现产业化。2021 年 5 月，上海电气汕头 1MW/1MW·h 全钒液流储能电站顺利通过验收。该电池采用了高性能全氟离子膜，入选国家 2021 年度能源领域首台套重大技术装备项目，如图 4-9 所示。该储能电站是上海电气汕头智慧能源项目的重要组成部分之一，与风力发电机组、屋顶光伏电站、厂区负荷等共同组成了"风光荷储一体化"智慧能源示范项目。

图 4-9　上海电气汕头 1MW/1MW·h 全钒液流储能电站

（4）铅蓄电池

铅蓄电池技术非常成熟，有超过一个世纪的使用历史，因此它们的性能和可靠性得到了广泛验证。总体来说，铅蓄电池凭借大电流放电性能强、电压特性平稳、温度适用范围广、单体电池容量大、安全性高和原材料丰富且可再生利用、价格低廉等一系列优势，在绝大多数传统领域拥有重要地位，广泛应用于汽车、摩托车、船舶的启动、照明和点火系统，同时也用于一些固定型储能系统，如电信备用电源、太阳能储能系统和电网削峰填谷。但由于铅蓄电池具有循环寿命较短、能量密度较低以及可能对环境造成不良影响等缺陷，随着更多新型电池技术的发展，其地位将面临很大的挑战。

（5）超级电容

有些文献将超级电容列为电磁储能的一种。尽管超级电容器在储能和释放能量时的某些方面表现出类似物理储能的特性，但是实际上超级电容属于电化学储能设备，这是因为它们依赖于电化学过程来实现能量的存储和释放。超级电容主要具有以下优点。

① 功率密度高达 10kW/kg，是常规二次电池 10～50 倍。

② 充电时间比常规二次电池低 2～3 个数量级，放电时间低 1～2 个数量级。

③ 可承受高达 $10^5 \sim 10^6$ 次充放电循环，约为常规二次电池的 50 倍。

但是与目前主流的锂离子电池相比，超级电容的能量密度较低。这是超级电容的最大缺点。

超级电容大致可分为三类，分别是双电层电容、赝电容和混合型电容。双电层电容基于电解液离子物理静电吸附过程，通过电极和电解质之间形成的双电层进行能量储存。赝电容则是基于快速、可逆法拉第反应，通过在赝电容材料表面或体相内发生氧化还原过程而实现储能。混合型电容是一种结合了双电层和可逆法拉第反应储能的新型超级电容。

2023 年 2 月，宁波港口采用超级电容作为能量回收装置的节能研究应用项目正式完成并网工作。此项目中的主要设备由浙江大学和杭州思拓瑞吉科技有限公司联合设计制造，超级电容能量回收柜体安装在龙门吊上，如图 4-10 所示。此外，由于超级电容具有很宽的温度窗口，还可用于军用交通工具低温应急启动，为高寒区域军用交通工具的应急启动提供保障。

(a)　　　　　　　　　　　　　　(b)

图 4-10　超级电容能量回收柜体

4.1.5　储氢技术

氢能作为一种能源载体，可以解决可再生能源的间歇性和不稳定性问题，通过储氢可以在能源生产高峰时储存能量，因此储氢技术有助于实现电、热、气等多种能源形式的互联互通和互补，增强能源系统的灵活性和稳定性，推动构建多元化的能源供应体系。氢能具有高能量密度和便于运输的特性，因此能够在不同地区之间进行能源的长距离、大规模运输，有助于实现能源的优化配置和区域间的能源平衡。可以认为，储氢技术对于构建一个清洁、高效、安全、可持续的能源互联网具有重要意义，是推动能源革命和实现能源转型的关键技术之一。目前，主要的储氢技术包括高压气态储氢、低温液态储氢、固态储氢以及有机液体储氢等[4]。

（1）高压气态储氢

高压气态储氢是在高压下将氢气压缩，以高密度气态形式储存，具有成本低、能耗低等优点，但其体积储氢密度低（一般低于 40g/L），存在氢气泄漏与容器爆炸隐患。目前，高压气态储氢主要包括现场固定式储氢、运输用储氢和车载储氢等应用方向。

早在上海世博会期间，舜华新能源就提供了国内第一台 45MPa 的氢气储能器和第一台 35MPa 的移动加氢车，之后该企业研制出 87.5MPa 的钢质碳纤维缠绕大容积储氢容器，并示范应用于大连加氢站；浙江大学与巨化集团制造生产的两台国内最高压力等级 98MPa 立式高压储罐也被应用到了江苏常熟丰田加氢站中。

高压气态储氢技术在储氢技术中最成熟、应用最广泛，但目前已基本达到储氢密度极限，未来发展重点在于降低成本和研发轻质、耐高压、高稳定性的储氢容器。

（2）低温液态储氢

低温液态储氢是指将氢气压缩后冷却至约 −253℃ 以下，在绝热真空存储器中储存。在此条件下，液氢密度约为 70.78kg/m³，是标况下氢气密度的近 850 倍，质量储氢密度可达约 10%（质量分数）。为进一步增加储存量，液氢多采用加压存储，例如 −252℃ 下液氢压力由 0.1MPa 增至 23.7MPa，储氢密度则由 70g/L 增至 87g/L。

单从储能密度上看，低温液态储氢是一种十分理想的储氢方式，但是压缩冷却能耗巨大（能量损失约占 30%～40%）；同时液氢沸点极低，与环境温差过大时极易蒸发（能量损失约占 10%），不利于长时间保存。另外，低温储氢罐的设计制造及材料也成本高昂。

浙江平湖液氢油电综合供能服务站（图 4-11）是我国首座氢油电综合供能服务站，设有一座 14m³ 的液氢储罐、两台 90MPa 的高压储氢瓶、一台 35MPa 的加氢机为氢燃料电池汽车加注氢气，并配套建设了一台 120kW 充电桩整流柜及两个充电车位。从 2020 年至今，国内已经有近 20 个公开的液氢制备项目。随着液氢制备项目的火热发展，液氢加氢站项目

图 4-11　浙江平湖液氢油电综合供能服务站

也在逐步推进，内蒙古、乌海、北京、河南、上海、广州等氢能产业聚集地都有液氢加氢站产业计划。

（3）固态储氢

固态储氢是利用固体材料吸附方式实现氢的存储，具有轻量化、低成本、高容量、安全和快速反应动力学的优势，解决了高压气态储氢和低温液态储氢所存在的安全问题和低能量密度问题，但存在充放氢速度慢、材料成本高等缺点。按储氢材料来分，固态储氢大致可分为金属材料储氢、复合氢化物材料储氢、碳基材料储氢、有机框架材料储氢和无机多孔材料储氢；按照原理来分，固态储氢可以分为物理吸附储氢和化学吸附储氢。

物理吸附储氢的吸附过程不发生化学变化，储氢方式简单，但在常温或高温下有性能不稳定且质量储氢密度较低，材料制备复杂等问题。这制约了物理吸附类储氢材料的应用。目前物理吸附类储氢材料正朝着常温、常压、高可逆性和高容量等方向发展，由于技术尚处在发展阶段，难以商业化。化学吸附储氢实际达到的氢容量与理论高质量、高体积储氢密度有很大差距，目前也仍处于研究阶段，距离实际应用尚有距离。

（4）有机液体储氢

有机液体储氢是指利用不饱和有机物与氢气的可逆化学反应来实现氢储存和释放的技术，具有储氢密度大、安全性好、运输成本低、载体可循环使用等显著优点，被认为是最有希望实现大批量、远距离氢储运的重要方式之一。

有机液体储氢的质量储氢密度一般在 5%～7.5% 之间。有机液体储氢体系中，常用有机储氢载体包括环己烷、甲基环己烷、十氢化萘、2-苄基甲苯、N-乙基咔唑等。目前有机液体储氢仍存在脱氢效率低、能耗大、氢纯度不足等问题，大部分技术仍处于研究或初期示范阶段。

世界上最大的工业规模的液态有机氢载体（LOHC）储存绿色氢气的工厂正在德国的Dormagen 化学园区建设。按照其计划的产能，每年大约可以在 LOHC 中储存 1800t 氢气。该工厂的建设和运营是一个重要的里程碑，将推动 LOHC 技术在工业规模方面的应用，并且是建立目前最大的绿色氢供应链之一的关键组成部分。

4.1.6　电磁储能

作为新能源电力系统中的一种重要储能技术，电磁储能技术主要是利用电磁感应原理将电能转化为磁能，或者将磁能转换为电能，对能量进行储存与释放。相比于传统的化学储能技术，电磁储能技术在实际运用期间的使用寿命更长，反应速度也相对较快，并且对环境十分友好。电磁储能主要包括超导储能（SMES）。超导储能是利用超导线圈将电磁能直接储存起来，需要时再将电磁能返回电网或其他负载的一种储能技术。一方面，由于超导体的电阻为零，能量可以几乎无损耗地储存在磁场中，超导储能的储能效率高达 95%，响应速度也在毫秒级，而且储能装置结构简单，没有旋转机械部件和动密封问题，因此设备寿命较长，能够达到 30 年以上。

另一方面，由于超导材料价格昂贵，需要低温制冷系统维持其超导状态，低温制冷系统的效率以及可靠性等方面的问题，虽然已有商业性的低温和高温超导储能产品可用，但在电网中应用很少，大多是试验性的。2011 年，世界首座超导变电站（运行电压 10.5kV）并入甘肃电网示范运行。该变电站内集成了一台 10.5kV/1MJ/0.5MW 的高温超导储能系统，如图 4-12 所示。

图 4-12　甘肃超导变电站

从目前的商业化进程来看，超导储能处于技术研发阶段，想要实现大规模应用还需要进一步的技术突破和成本降低。

4.1.7　储热

热能在能源互联网中也是重要的能量形式。对构建稳定的能源互联网来说，储热技术也具有重要的意义。根据储热原理的不同，储热可分为显热储热、相变储热和热化学储热三种形式[5]。其中，显热储热利用储存材料在温度变化时所吸收或释放的热量来实现能量的储存与释放；相变储热利用材料物相变化过程中吸收和释放的大量潜热来实现热量的储存和释放；热化学储热则利用储能材料接触时发生的可逆化学反应来储存和释放热能。

（1）显热储热

显热储热原理简单，易于调控，无化学反应和相态变化，其介质来源广泛、成本低廉、便于规模化应用，是最早开始研究的储热技术，成熟度最高，应用最广泛。但其也存在储能密度低、体积庞大、长时储存热损失大和输出温度波动等问题。显热储热介质分为液态和固态材料。常用液态储热介质有水、导热油、熔盐和液态金属等；常用固态储热介质有混凝土、岩石及耐火砖等。其中，液态储热介质质量、比热容更大，传热性能更好，但也存在成本高和难以实现高温热量长期稳定储存等问题；而固态储热介质工作温度更高，相同体积蓄热量较大，所需介质材料较少，成本相应较低。

在目前的工业应用中，固态材料显热储热相比液态材料显热储热受到了更多关注，但由于固体储热介质与传热流体存在传热温差，一方面传热流体无法升至最高储热温度（即固体储热介质的温度），另一方面传热流体与环境存在导热和对流等传热损失，也降低了储放热循环能量利用率。优化储热/放热过程、降低长期储热耗散、减小㶲损失是当前各种固态显热储热技术的主要研究目标。目前处于商业化应用初期的是熔盐储热，其余技术尚处于研究阶段。

熔盐储热多用于太阳能光热发电、大规模民用供热、园区能源综合利用、火电厂调峰改造等。位于青海的德令哈熔盐塔式 50MW 光热发电项目（图 4-13）配置了 7h 熔盐储能系统，设计年发电量 1.46 亿 kW·h，相当于 8 万余户家庭一年的用电量，每年可节约标准煤

4.6万 t，同时减排二氧化碳气体约 12.1 万 t，具有良好的经济效益与社会效益。

图 4-13 德令哈熔盐塔式 50MW 光热发电项目

（2）相变储热

相变储热也称为潜热储热，具有储能密度高、储热/放热过程温度近乎恒定等优点，根据相变材料相态可分为固-固、液-气、固-液 3 类。固-固相变材料存在相变潜热小和塑晶现象严重等缺点，液-气相变材料在恒压和恒容系统中分别存在体积和压力波动剧烈的问题，固-液相变材料具有相变潜热较大、运行过程稳定等优势，是目前主要的应用介质和研究方向。固-液相变材料分为无机和有机两类。有机类包括石蜡、脂肪酸等，具有无过冷现象、无毒性和腐蚀性的特点，但热导率较低，体积储热密度较小；无机类包括结晶水合盐、熔融盐、金属合金等，具有较高的相变潜热和热导率，但可能存在腐蚀性。目前，相变储热技术的研究主要集中在提高材料的热物性能、循环稳定性以及经济性方面，研究者们正在探索复合相变材料以及结合纳米技术的应用，以提高储热能力并解决现有材料的局限性。该技术当前主要应用于小型分布式储热领域。

2018 年 12 月，由山东润捷环保科技有限公司承建的山东潍坊市穆一村蓄热式供暖项目正式投运，解决了 22000m² 的供暖需求。该项目采用了相变储热方式进行供暖，由于仅使用晚上的低谷电，相变储热系统的占地面积仅为液体水蓄热的 1/3，设备厂房的占地总面积仅 50m²。另外，该技术最高加热温度只需达到 95℃，与 40~50℃ 的需求端形成了良好的匹配。2019 年 5 月，贺迈新能源与合作单位共建的清洁能源风电相变蓄热供暖系统一期工程顺利完工并试运行，为 6 万 m² 的内蒙古警官学院带来了清洁热力。

（3）热化学储热

热化学储热具有更大的能量储存密度、可在常温下无损失地长期储存热能等优点。热化学储热材料的储能密度可达到 GJ/m³ 级，是显热材料的 8~10 倍，潜热材料的 2 倍以上，并且长期储存热损失小，因此被认为是未来最有前景的大规模长期储热技术。其分为化学吸附储热和化学反应储热两种类型。其中，化学吸附储热适用于低温场景，通过固态吸附剂对气态吸附质分子的吸附和解吸完成，也就是说存储和释放热能的过程是由范德瓦耳斯力、静电力、氢键等分子间作用力的断裂/聚合来实现的；化学反应储热多应用于中高温场景，是通过化学键断裂/重组实现热能的存储/释放。

目前，热化学储能的研究主要集中在提高材料的热物理性能、循环稳定性、经济性以及解决长期循环使用过程中可能出现的问题。此外，由于化学反应复杂，反应速率也难以控制，其整体效率仍较低，要实现大规模的应用还需进一步的研究。

4.2　案例分析——光伏发电耦合全钒液流电池储能系统仿真

随着能源需求不断增加，可再生能源的装机容量也在迅速发展，但大部分可再生能源都面临着储能和供能平衡难度大的问题。如分布式光伏发电具有强烈的不确定性和波动性，可能导致电力系统峰时消纳难、谷时保供难、波动时调度难的问题。因此，本节提出了一种VRB充放电策略，并将其应用于光伏微电网中，通过仿真分析验证了该VRB充放电策略以及整体微电网系统运行的稳定性。

4.2.1　全钒液流电池概述

前文已经对液流电池做了初步的介绍，其具有超长循环寿命、高安全稳定性、绿色环保等优点，适合大规模长时储能，且液流电池的功率单元和容量单元相互独立，因此易于扩展、配置灵活。1974 年，美国国家航空航天局（NASA）的 L. H. Thaller 发明了 Fe/Cr 液流电池，但由于 Cr 半电池的反应可逆性差，Fe 离子和 Cr 离子交叉污染等问题，Fe/Cr 液流电池的研究于 20 世纪 80 年代终止。1984 年，澳大利亚新南威尔士大学（UNSW）的 M. Skyllas-Kazacos 教授提出了全钒液流电池（VRB）的概念，以克服 Fe/Cr 液流电池交叉污染的问题。钒以四种氧化态存在，具有不同的半电池电位，从而产生实际的电池电压[6]。全钒液流电池的主要活性物质为不同价态的钒离子，依靠正极 4 价和 5 价钒离子、负极 3 价和 2 价钒离子之间的氧化还原反应完成充放电循环。其正负极充放电电化学反应如下。

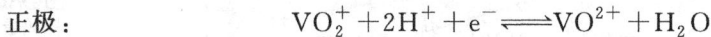

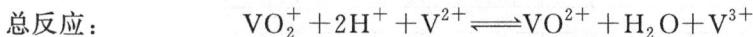

正极：　　　　　　　　$VO_2^+ + 2H^+ + e^- \rightleftharpoons VO^{2+} + H_2O$

阴极：　　　　　　　　　　$V^{2+} - e^- \rightleftharpoons V^{3+}$

总反应：　　　　$VO_2^+ + 2H^+ + V^{2+} \rightleftharpoons VO^{2+} + H_2O + V^{3+}$

全钒液流电池的理论能量密度为 $50W \cdot h/L$，而实际可用容量由于受到跨膜损失、欧姆损失、活化过电势和浓差过电势等因素的影响，通常只能达到理论值的 80% 左右。当采用电化学性能和传质性能改善后的电极和双极板材料时，全钒液流电池在 $20 \sim 500mA/cm^2$ 的放电电流密度范围内能够保持 80% 以上的电压效率。若电流密度进一步增高，电池系统由于欧姆损失、活化过电势和浓差过电势的显著增加，电压效率会显著降低。

目前我国的液流电池储能技术水平已经国际领先，大规模全钒液流电池储能技术已经初步实现产业化。目前来讲，制约全钒液流电池发展的问题一是其能量密度低，二是钒电解质的价格昂贵。对于后者，中国钒矿金属储量约为 950 万吨，以 33% 的占比位居世界之首[7]。因此，对于中国而言，"钒电解质贵"的问题会随着钒市场的需求扩大、VRB 上游产业链的完善以及国家政策的扶持得到解决。而为了弥补 VRB 能量密度低的缺点，研究者们在过去几十年集中于电解液、电极、膜、双极板等关键部件材料的开发[8,9]。随着 VRB 逐步商业化运行，其状态监测及运行优化也随之成为研究热点。尤其是面向工业级 VRB，研究其状态监测和运行优化，对于 VRB 的大规模商业应用更具有重要意义。下面将提出一种基于电堆 SOC 的 VRB 充放电策略，并将其应用于直流微电网场景中，通过仿真分析说明光伏发电耦合储能的可行性。

4.2.2 基于电堆 SOC 的 VRB 充放电策略及其在光伏微电网中的仿真

荷电状态（SOC）是蓄电池使用一段时间或长期搁置不用后的剩余容量与其完全充电状态的容量的比值，常用百分数表示。其取值范围为 0～1，当 SOC＝0 时表示电池放电完全，当 SOC＝1 时表示电池完全充满。控制蓄电池运行时必须考虑其荷电状态。

（1）基于电堆 SOC 的 VRB 充放电策略

VRB 的充放电速率以及储罐的最大 SOC 都是评价 VRB 性能的重要指标，为了兼顾 VRB 的充放电速率和储罐的最大 SOC，本小节提出了一种基于电堆 SOC 的 VRB 充放电策略。即在充放电前期对电流密度不做限制（假定充电阶段，电堆 SOC＜70％；放电阶段，电堆 SOC＞30％），使 VRB 在额定电流密度条件下工作；当 VRB 进入到充放电末期（假定充电阶段，电堆 SOC≥70％；放电阶段，电堆 SOC≤30％）时，减小并限制 VRB 的充放电电流密度，使其维持较小的充放电速率，从而提高储罐的最大 SOC。图 4-14 展示了 VRB 在该充放电策略下的电压与 SOC 变化情况。

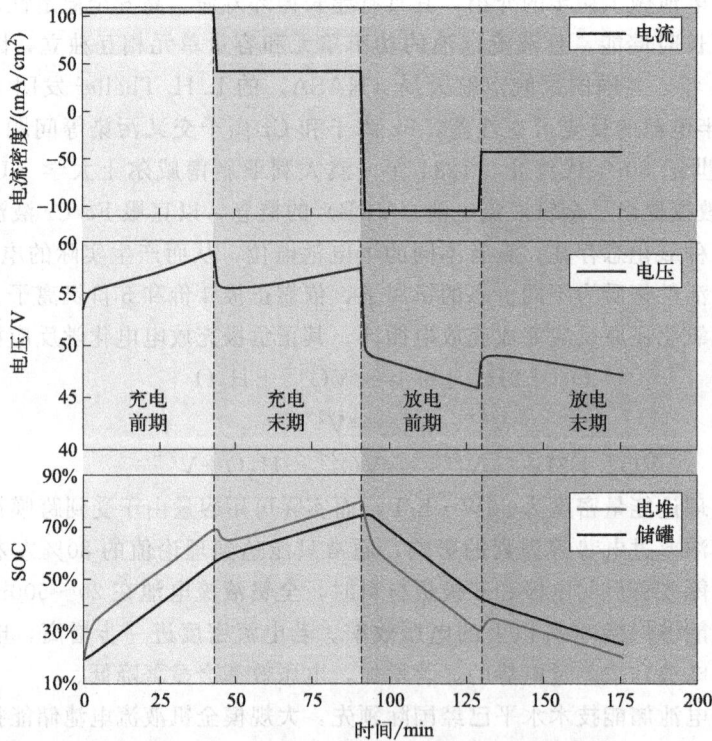

图 4-14　一种基于电堆 SOC 的 VRB 充放电策略

充电前期，VRB 在 $10^5 \mathrm{mA/cm^2}$ 的电流密度下工作，仅充电 43min 即可将电堆电解液的 SOC 从 20％提升至 70％，储罐电解液的 SOC 从 20％提升至 56.6％。此时，开始限制充电电流密度（以 $42\mathrm{mA/cm^2}$ 为例），电堆和储罐电解液的 SOC 增速放缓，差距缩小。继续充电 48min 后达到充电截止电压，电堆电解液的 SOC 提升至 79.8％，储罐电解液的 SOC 提升至 74.8％。

同理，放电前期限制电流密度，VRB 在 $-105\mathrm{mA/cm^2}$ 的电流密度下工作，仅放电

39min 即可将电堆电解液的 SOC 从 79.8% 降至 30%，储罐电解液的 SOC 从 74.8% 降至 42.6%。此时，再次限制电流密度（以 $-42mA/cm^2$ 为例），电堆和储罐电解液的 SOC 下降速率放缓，差距缩小。继续放电 46min 后达到放电截止电压，电堆电解液的 SOC 下降至 20.3%，储罐电解液的 SOC 下降至 25.4%。

以充电情况为例，VRB 在该充放电策略下，储罐的最大 SOC 可达 74.8%，耗时 91min。相较于 $105mA/cm^2$ 的恒电流密度充电，储罐的最大 SOC 提升了 13.4%。相较于 $42mA/cm^2$ 的恒电流密度充电，充电时长缩短了 50.8%。

（2）直流微电网仿真平台

在储能应用场景中，特别是面向可再生能源的储能场景，储能系统的电流大小并不是人为决定的，而是由发电单元和负载的功率差额来决定。因此，考虑到电流密度的调节难以实施，目前大多数文献采用调节流量的方式来提高储罐的最大 SOC 和系统能量效率。然而，即使采用了变流量控制模式，VRB 性能的提升也非常有限。为了能通过调节电流密度来提升 VRB 的性能，采用以 VRB 为主的混合储能技术。这一策略为实现该目标提供了可能。

混合储能技术可以克服单一储能技术的局限，充分发挥两种储能设备的特性优势，形成良好的互补[10-12]。例如，大量文献报道了关于锂离子电池（Li-ion）与超级电容的混合储能技术。其主要目的是利用超级电容来平抑可再生能源的高频功率波动，从而延长 Li-ion 的寿命[13-20]。然而，目前关于液流电池的混合储能技术研究相对较少，一般采用 VRB 与 Li-ion 混合，这主要基于锂离子电池的短时储能特性与液流电池的长时储能特性互补的考量[21,22]。因此，本小节基于 VRB 与 Li-ion 混合储能的微电网场景开展了二者协同控制方法的研究，以实现所提出的 VRB 充放电策略。

为了便于研究 VRB 与 Li-ion 的协同控制，利用 Simulink 搭建了一个典型的孤岛直流微电网仿真平台，其拓扑结构如图 4-15 所示。光伏（PV）发电后通过直流升压变换器（Boost 变换器）将电能输送至直流母线，负载则从直流母线汲取电能；VRB 和 Li-ion 分别通过双向 DC/DC 变换器与直流母线连接，并根据光伏发电系统和负载的功率情况进行储能或出力，以维持微电网的功率平衡。其中，PV 发电系统在标准条件（光照强度 $1000W/m^2$，温度 25℃）下的功率为 80kW；VRB 的额定功率为 50kW；Li-ion 的额定电压为 500V；直流母

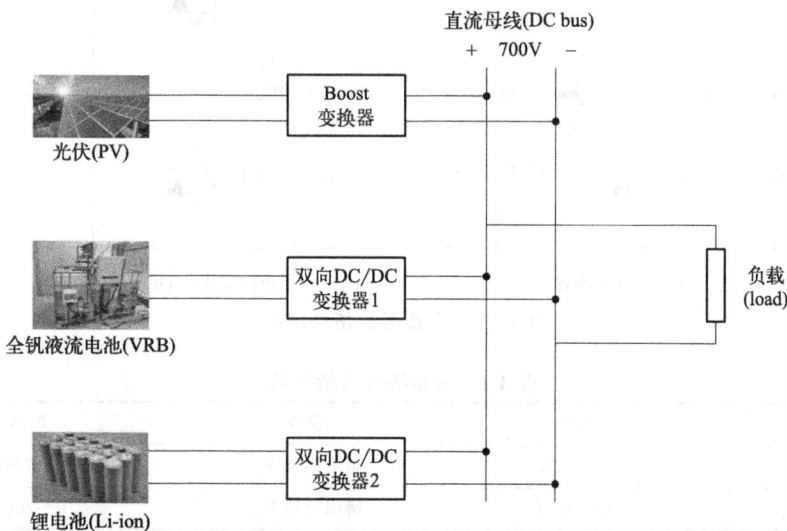

图 4-15　孤岛直流微电网的拓扑结构

线的电压等级为700V；负载为50kW。

光伏模型的电流（I）-电压（V）特性曲线可由式(4-3)、式(4-4)描述。

$$I = I_{sc}\left[1 - C_1\left(e^{\frac{V}{C_2 V_{oc}}} - 1\right)\right] \tag{4-3}$$

$$\begin{cases} C_1 = \dfrac{\dfrac{V_m}{V_{oc}} - 1}{\ln\left(1 - \dfrac{I_m}{I_{sc}}\right)} \\ C_1 = \left(1 - \dfrac{I_m}{I_{sc}}\right)e^{\frac{-V_m}{C_2 V_{oc}}} \end{cases} \tag{4-4}$$

式中 I_{sc} 为短路电流，A；V_{oc} 为开路电压，V；I_m 为最大功率点的电流，A；V_m 为最大功率点的电压，V。

本例中 $V_{oc} = 47\text{V}$，$I_{sc} = 9.61\text{A}$，$V_m = 38\text{V}$，$I_m = 8.82\text{A}$。

锂离子电池模型的充电过程（$i^* < 0$）可由式(4-5)描述，放电过程（$i^* > 0$）可由式(4-6)描述。

$$V_{ch} = V_0 - K\frac{Q}{it + 0.1Q}i^* - K\frac{Q}{Q - it}It + A\exp(-Bit) \tag{4-5}$$

$$V_{disch} = V_0 - K\frac{Q}{Q - it}i^* - K\frac{Q}{Q - it}It + A\exp(-Bit) \tag{4-6}$$

式中，V_0 为恒定电压，V；K 为极化电阻，取 0.0014Ω；i^* 为低频电流动力，A；Q 为锂离子电池的最大容量，A·h；it 为当前充电时间内的充电电量，A·h；t 为充电时间；A 为电压指数，取 0.11；B 为容量指数，取 2.31。

变换器的拓扑结构如图 4-16 所示。其工作原理是通过控制 VT 的占空比实现电路的升压或降压。变换器的详细参数见表 4-1。

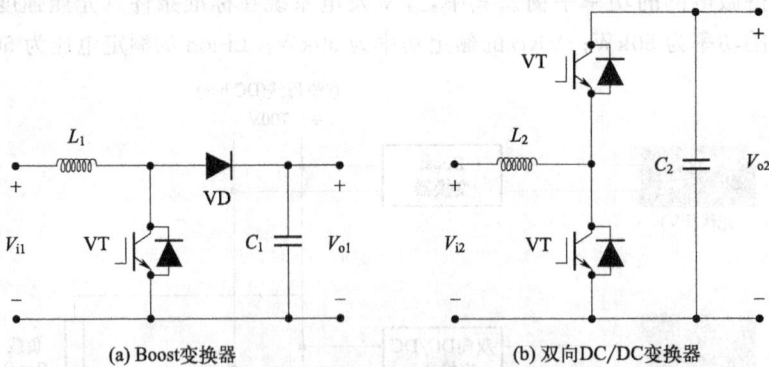

(a) Boost变换器　　(b) 双向DC/DC变换器

图 4-16　变换器的拓扑结构

表 4-1　变换器的性能参数

参数	数值	参数	数值
输入电压 V_{i1}	0～400V	输入电压 V_{i2}	0～500V
输出电压 V_{o1}	0～700V	输出电压 V_{o2}	0～700V
电感 L_1	5mH	电感 L_2	0.25mH

参数	数值	参数	数值
电容 C_1	100mF	电容 C_2	15mF
开关频率 f_k	10kHz		

最终，基于 Simulink 开发的全钒液流电池数值模型及孤岛直流微电网仿真平台如图 4-17 所示。

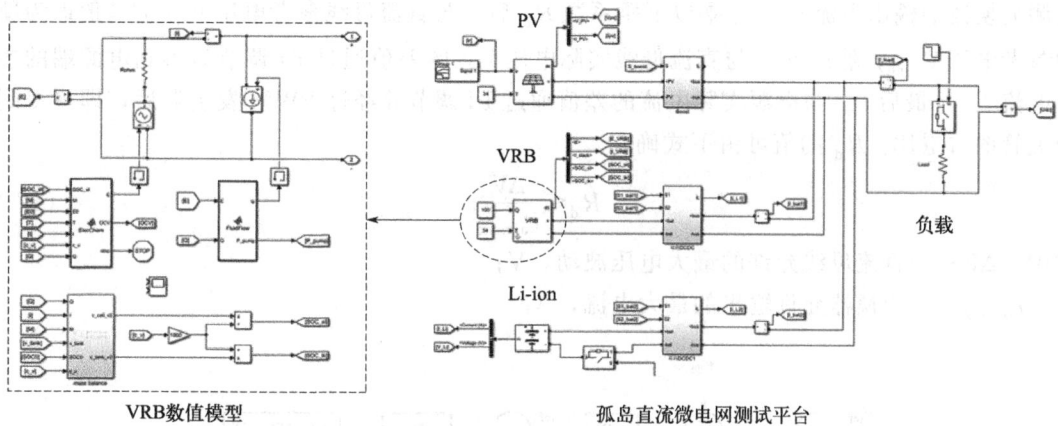

图 4-17　直流微电网 Simulink 仿真模型

（3）光伏发电系统及储能的控制方法

光伏发电系统的输出功率不仅受光照强度和温度的影响，还受工作电压的影响。因此，通常采用最大功率跟踪（MPPT）控制技术使光伏发电系统工作在最大功率状态，以保证可再生能源的最大化利用。本小节采用扰动观察法实现光伏发电系统的 MPPT 控制，算法流程如图 4-18 所示。不同光照强度下，光伏发电系统的功率和工作电压有着不同的特性关系，

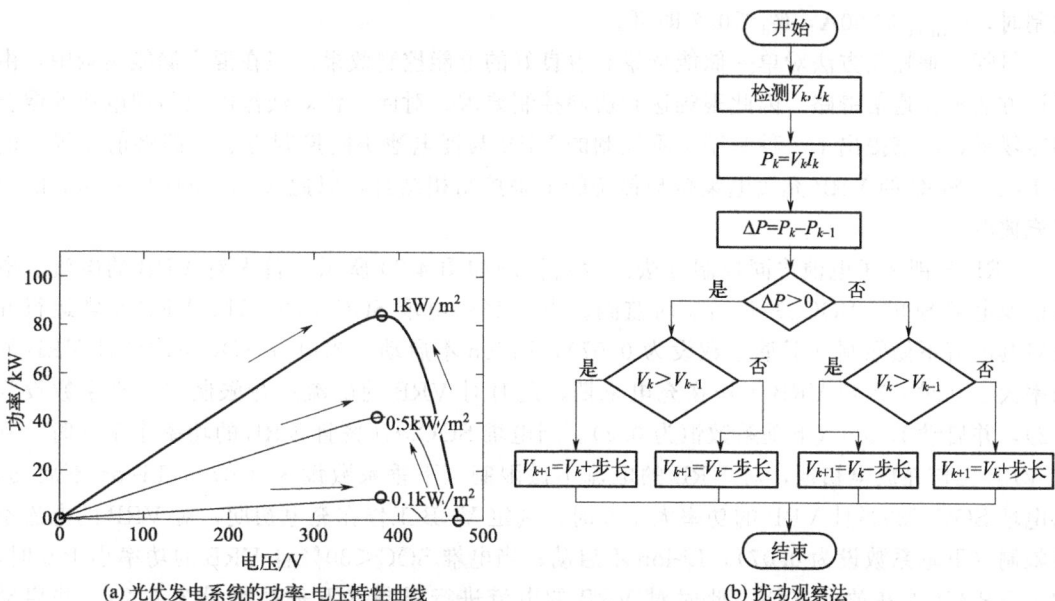

(a) 光伏发电系统的功率-电压特性曲线　　(b) 扰动观察法

图 4-18　光伏发电系统的 MPPT 控制

该算法则根据当前的特性曲线搜寻最大功率点。其具体实现步骤为：给光伏一个电压扰动，若增大工作电压后，功率增加，那么继续增大电压，否则减小电压；若减小工作电压后，功率增加，那么继续减小电压，否则增大电压。

全钒液流电池与锂离子电池则采用下垂控制方法来实现充放电。下垂控制作为典型的实现电流分配的方法，被广泛研究[23-25]。下垂控制就是将电源视作一个虚拟电阻，下垂系数是其中的关键参数。变换器根据下垂系数的大小控制电源吸收或发出功率的大小，下垂系数越小（大），电源吸收或发出的功率越大（小）。图 4-19 为下垂控制的逻辑框图。首先实时检测变换器的输出电流 i_o，i_o 乘以下垂系数 R_d 后，与直流母线参考电压 V_{ref} 的差值即为新的参考电压 V_{ref}^*；然后 V_{ref}^* 与直流母线实际电压 V_{dc} 的差值通过 PI 调节后得到电源端的参考电流 i_{ref}；最后 i_{ref} 与电源实际电流的差值通过 PI 调节并经过 PWM 发生器后，即可得到开关管的占空比。R_d 的值可由下式确定。

$$R_d \leqslant \frac{\Delta V}{i_{o,max}} \tag{4-7}$$

式中　ΔV——直流母线允许的最大电压波动，V；

　　　$i_{o,max}$——变换器允许输出的最大电流，A。

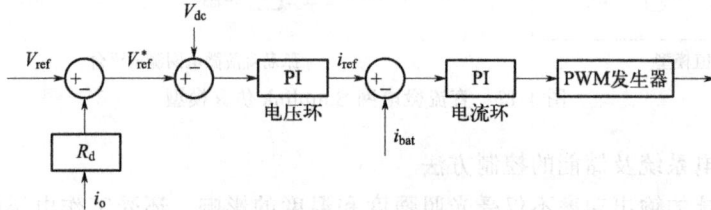

图 4-19　下垂控制的逻辑框图

一般直流母线的电压波动不超过 5%，本小节中的直流母线电压等级为 700V，因此 ΔV 取 35V。当 VRB 的电流不做限制时，$i_{o,max}$ 取 200A，$R_d \leqslant 0.175$ 即可；当 VRB 的电流被限制时，$i_{o,max}$ 取 50A，$R_d \leqslant 0.7$ 即可。

尽管下垂控制方法对单一储能场景有着良好的电能控制效果，但在混合储能场景中，由于该方法不含通信链路，因此很难达到协同控制要求。对此，针对液流电池与锂电池的混合储能场景，本书提出了一种基于下垂控制的 VRB 与锂电池协同控制方法。即将前述提到的基于电堆 SOC 的 VRB 充放电策略与传统的下垂控制相结合，以此实现 VRB 与 Li-ion 的协同充放电。

VRB 与锂离子电池协同控制方法的逻辑框图如图 4-20 所示。首先对 VRB 的电流、电压以及电堆 SOC（SOC_{st}）进行实时监测。当 30%＜电堆 SOC＜70% 时，VRB 正常运行并且对其电流不做限制（下垂系数设为 0.07），Li-ion 不启动。当电堆 SOC＞70% 且 VRB 的功率大于 0 时，判定 VRB 工作在充电末期，此时对 VRB 的电流进行限制（下垂系数设为 0.2），并启动 Li-ion（下垂系数恒为 0.2）。当电堆 SOC＞70% 且 VRB 的功率小于 0 时，判定 VRB 工作在放电初期，对 VRB 的电流不做限制（下垂系数设为 0.07），Li-ion 不启动。当电堆 SOC＜30% 且 VRB 的功率大于 0 时，判定 VRB 工作在充电初期，对 VRB 的电流不做限制（下垂系数设为 0.07），Li-ion 不启动；当电堆 SOC＜30% 且 VRB 的功率小于 0 时，判定 VRB 工作在放电末期，此时对 VRB 的电流进行限制（下垂系数设为 0.2），并启动 Li-ion。

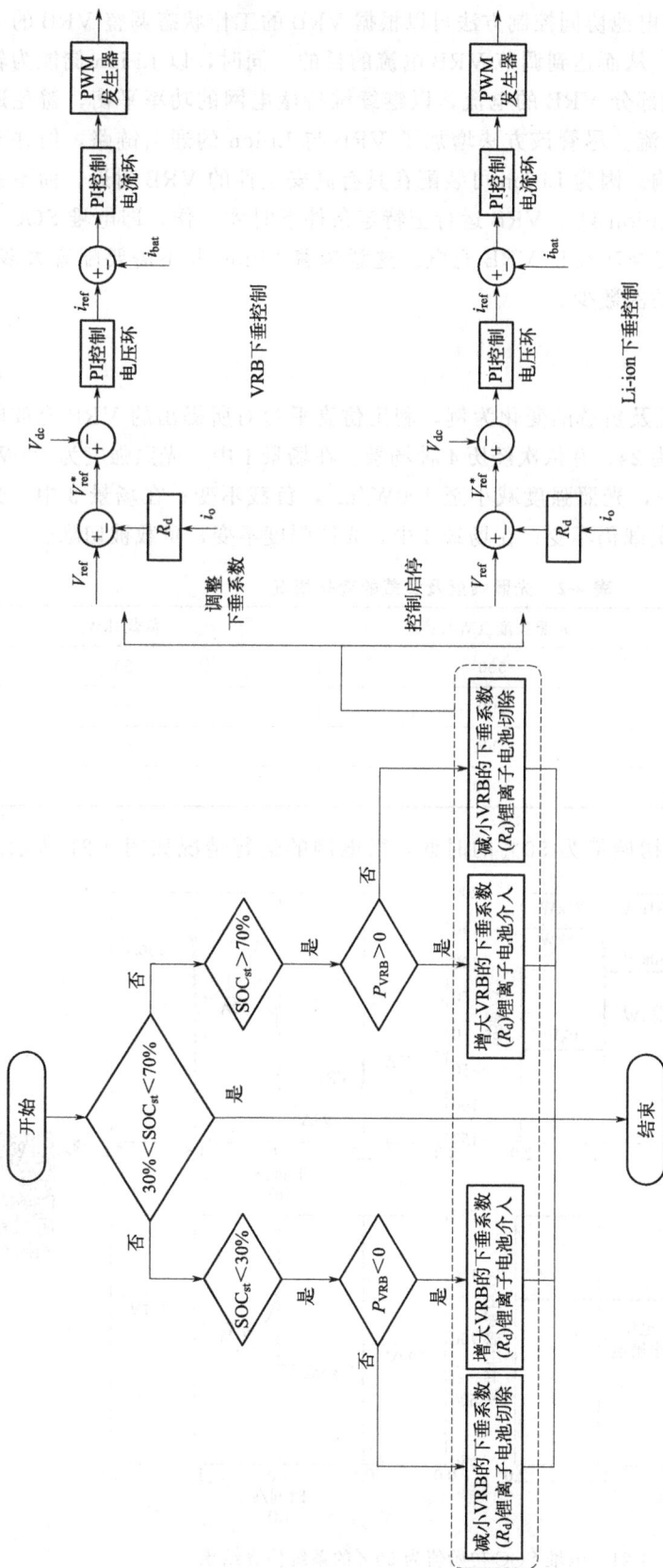

图 4-20　VRB 与锂离子电池协同控制方法的逻辑框图

上述的 VRB 与锂离子电池协同控制方法可以根据 VRB 的工作状态调整 VRB 的下垂系数以及控制 Li-ion 的启停,从而达到调节 VRB 电流的目的。同时,以 Li-ion 储能为辅,可以在 VRB 充放电末期分担部分 VRB 的电流,以继续维持微电网的功率平衡,避免通过弃光的手段来限制 VRB 的电流。尽管该方法增加了 VRB 与 Li-ion 的通信链路,但并不会对系统的可靠性造成太大影响。因为 Li-ion 可装配在具有高安全性的 VRB 附近,而不依赖远距离的通信传输。另外,Li-ion 只在 VRB 运行至特定条件下时才工作,即电堆 SOC<30％且 VRB 放电,或电堆 SOC>70％且 VRB 充电。这意味着 Li-ion 并不需要配置太多容量,并且经历完整充放电循环的次数少。

4.2.3 仿真结果分析

以表 4-2 中的光照强度及负载的变化为例,利用仿真平台对所提出的 VRB 充放电控制方法进行验证。仿真时间为 2s,并依次经历 4 种场景。在场景 1 中,光照强度为 500W/m²,负载为 50kW;在场景 2 中,光照强度减小至 100W/m²,负载不变;在场景 3 中,光照强度骤然升至 1000W/m²,负载仍不变;在场景 4 中,光照强度不变,负载被切除。

表 4-2　光照强度及负载的变化情况

场景	时间/s	光照强度/(W/m²)	负载/kW
1	0～0.5	500	50
2	0.5～1	100	50
3	1～1.5	1000	50
4	1.5～2	1000	0

当 VRB 的电堆 SOC 初始值为 50％的时候,微电网的运行情况如图 4-21 所示。此时

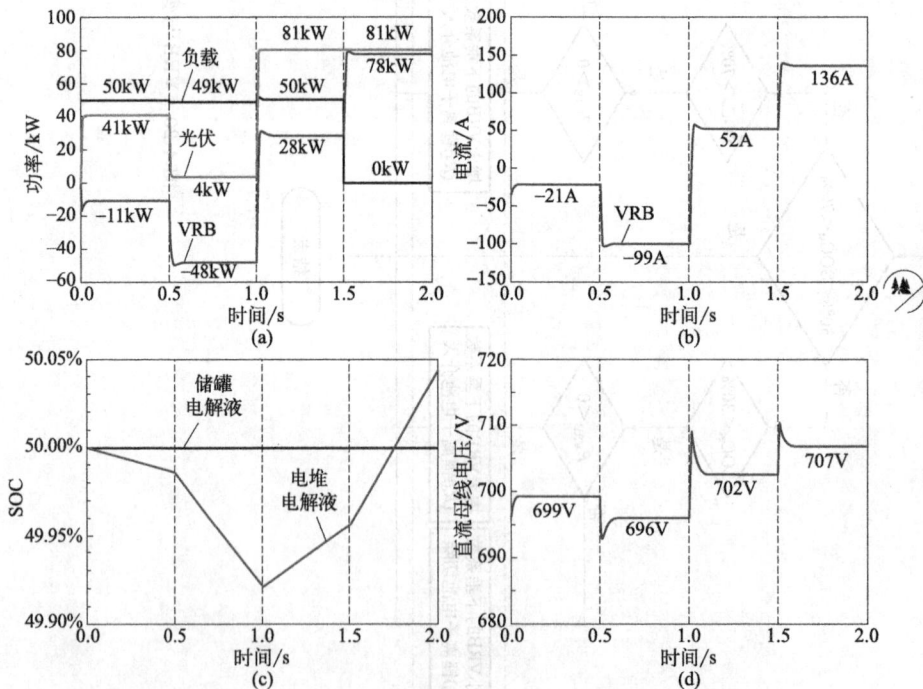

扫码看彩图

图 4-21　电堆 SOC 初始值为 50％的系统仿真结果

VRB 的电堆 SOC 在 30％～70％的范围运行，Li-ion 不工作，VRB 的充放电电流不受限制。在运行至场景 1 和 2 时，光伏发电系统出力小于负载消耗，VRB 发电用于弥补直流母线的电压，放电电流最高可达 99A（电流密度 99mA/cm^2），电堆 SOC 下降 0.08％，直流母线电压偏移最大为 0.57％（＜5％）。在运行至场景 3 和 4 时，光伏发电系统出力大于负载消耗，VRB 吸收多余的电能，最高充电电流可达 136A（电流密度 136mA/cm^2），电堆 SOC 提高 0.12％，直流母线电压偏移最大为 1％（＜5％）。

当 VRB 的电堆 SOC 初始值为 75％的时候，微电网的运行情况如图 4-22 所示。此时 VRB 的电堆 SOC 在大于 70％的范围运行，VRB 充电时会触发 Li-ion 工作，并且充电电流受到限制；VRB 放电时 Li-ion 不工作，并且放电电流不受限制。在运行至场景 1 和 2 时，光伏发电系统出力小于负载消耗，需要 VRB 出力。对于 VRB 而言，属于放电初期，Li-ion 不工作。VRB 的放电电流最高可达 95A（电流密度 95mA/cm^2），电堆 SOC 下降 0.08％，直流母线电压偏移最大为 0.57％（＜5％）。在运行至场景 3 和 4 时，光伏发电系统出力大于负载消耗，需要 VRB 吸收多余的电能。对于 VRB 而言，属于充电末期，此时 Li-ion 介入。VRB 的充电电流最高仅 48A（电流密度 48mA/cm^2），电堆 SOC 提高 0.05％，直流母线电压偏移最大为 0.86％（＜5％）。

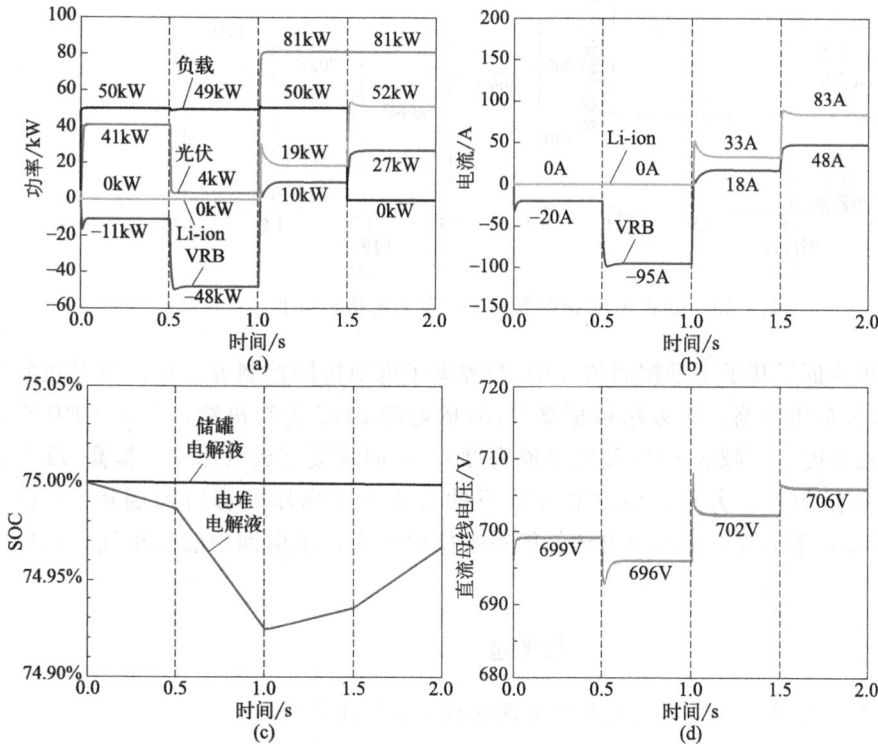

图 4-22　电堆 SOC 初始值为 75％的系统仿真结果

当 VRB 的电堆 SOC 初始值为 25％的时候，微电网的运行情况如图 4-23 所示。此时 VRB 的电堆 SOC 在小于 30％的范围运行，VRB 放电时会触发 Li-ion 工作，并且放电电流受到限制；VRB 充电时 Li-ion 不工作，并且充电电流不受限制。在运行至场景 1 和 2 时，光伏发电系统出力小于负载消耗，需要 VRB 出力。对于 VRB 而言，属于放电末期，此时 Li-ion 介入。VRB 的放电电流最高仅 43A（电流密度 43mA/cm^2），电堆 SOC 下降 0.03％，直流母线电压偏移最大为 0.57%（<5%）。在运行至场景 3 和 4 时，光伏发电系统出力大于负载消耗，需要 VRB 吸收多余的电能。对于 VRB 而言，属于充电初期，Li-ion 不工作。VRB 的充电电流最高可达 140A（电流密度 140mA/cm²），电堆 SOC 提高 0.12%，直流母线电压偏移最大为 1%（<5%）。

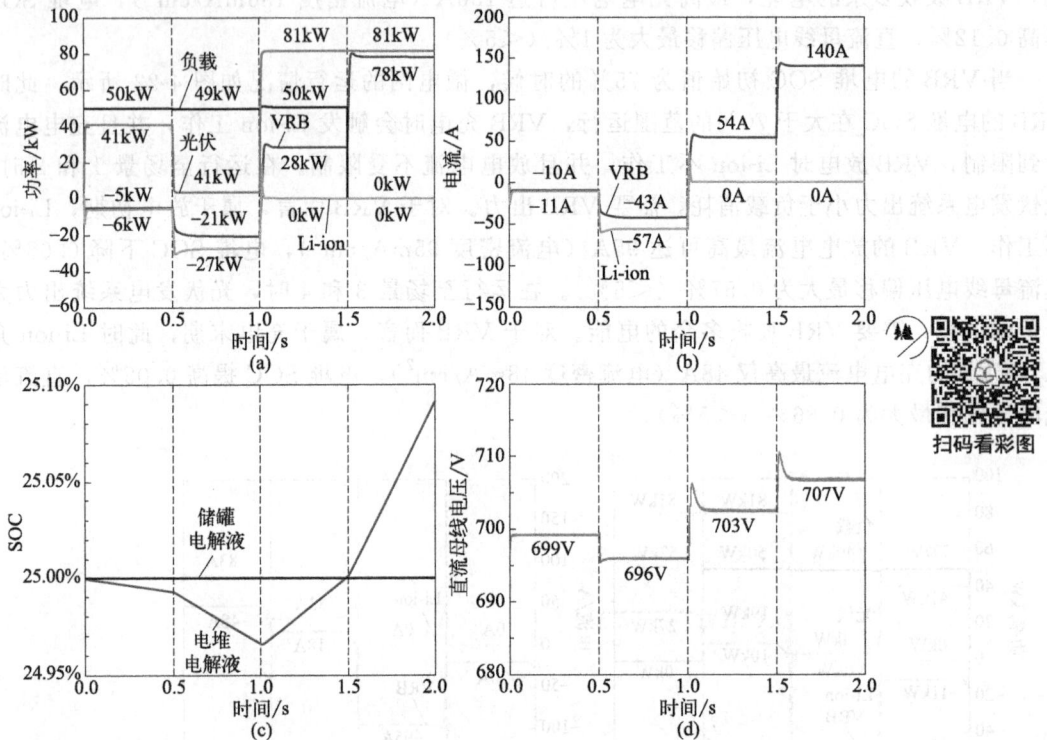

图 4-23　电堆 SOC 初始值为 25% 的系统仿真结果

扫码看彩图

　　上述仿真结果验证了基于下垂控制的 VRB 与锂离子电池协同控制方法可以很好地实现本节提出的 VRB 充放电策略。该方法可根据 VRB 的电堆 SOC 进行决策，并在 VRB 充放电末期限制其电流密度（可减少 60% 额定电流密度），从而减缓充放电速率，提高 VRB 容量利用率和系统能量效率。另外，该控制方法下的直流母线电压偏移可控制在 1% 以内（<5%）。由此可知，本节提出的混合电池储能系统能够在光伏微电网中表现出优异的储能效果。

思考题

1. 新能源转型的背景下，各类储能系统对风光波动的适用性如何？
2. 如何通过智慧控制手段提升储能系统对风光波动的响应效果？
3. 液流电池储能相比其他储能方式有哪些优缺点？
4. 液流电池储能系统与光伏发电耦合的关键点在哪？

参考文献

[1]　水电水利规划设计总院，中国水力发电工程学会抽水蓄能行业分会．抽水蓄能产业发展报告 2022 [M]．北京：中国水利水电出版社，2023．

［2］ 袁照威，杨易凡．压缩空气储能技术研究现状及发展趋势［J］．南方能源建设，2024，11（2）：146-153.

［3］ 刘荣峰，张敏，储毅，等．新型储能技术路线分析及展望［J］．新能源科技，2023，4（3）：44-51.

［4］ 张林海，丁学强，张新，等．储氢技术研究现状及进展［J］．中外能源，2024，29（4）：17-27.

［5］ 曾光，纪阳，符津铭，等．热储能技术研究现状、热点趋势与应用进展［J］．中国电机工程学报，2023，43（s1）：127-142.

［6］ Skyllas-Kazaco M，Cao L，Kazacos M，et al. Vanadium electrolyte studies for the vanadium redox battery—a review［J］. ChemSusChem，2016，9（13）：1521-1543.

［7］ 吴优，陈东辉，刘武汉，等．2020年全球钒工业发展报告［J］．钢铁钒钛，2021，42（5）：1-9.

［8］ Huang Z，Mu A，Wu L，et al. Vanadium redox flow batteries：flow field design and flow rate optimization［J］. Journal of Energy Storage，2022，45：103526.

［9］ Jiang H R，Sun J，Wei L，et al. A high power density and long cycle life vanadium redox flow battery［J］. Energy Storage Materials，2020，24：529-540.

［10］ Hemmati R，Saboori H. Emergence of hybrid energy storage systems in renewable energy and transport applications—a review［J］. Renewable and Sustainable Energy Reviews，2016，65：11-23.

［11］ Zimmermann T，Keil P，Hofmann M，et al. Review of system topologies for hybrid electrical energy storage systems［J］. Journal of Energy Storage，2016，8：78-90.

［12］ Hajiaghasi S，Salemnia A，Hamzeh M. Hybrid energy storage system for microgrids applications：a review［J］. Journal of Energy Storage，2019，21：543-570.

［13］ Hredzak B，Agelidis V G，Minsoo J. A model predictive control system for a hybrid battery-ultracapacitor power source［J］. IEEE Transactions on Power Electronics，2014，29（3）：1469-1479.

［14］ Kollimalla S K，MishraM K，Narasamma N L. Design and analysis of novel control strategy for battery and supercapacitor storage system［J］. IEEE Transactions on Sustainable Energy，2014，5（4）：1137-1144.

［15］ Augustine S，Mishra M K，Lakshminarasamma N. Adaptive droop control strategy for load sharing and circulating current minimization in low-voltage standalone DC microgrid［J］. IEEE Transactions on Sustainable Energy，2015，6（1）：132-141.

［16］ Jing W，Lai C H，Wong W S H，et al. A comprehensive study of battery-supercapacitor hybrid energy storage system for standalone PV power system in rural electrification［J］. Applied Energy，2018，224：340-356.

［17］ Kotra S，Mishra M K. Design and stability analysis of DC microgrid with hybrid energy storage system［J］. IEEE Transactions on Sustainable Energy，2019，10（3）：1603-1612.

［18］ 韩东旭，赵凯，刘鑫，等．考虑超级电容器荷电状态的混合储能系统能量管理策略［J］．电气工程学报，2020，15（3）：31-37.

［19］ Chen X，Shi M，Zhou J，et al. Distributed cooperative control of multiple hybrid energy storage systems in a DC microgrid using consensus protocol［J］. IEEE Transactions on Industrial Electronics，2020，67（3）：1968-1979.

［20］ Singh P，Lather J S. Power management and control of a grid-independent DC microgrid with hybrid energy storage system［J］. Sustainable Energy Technologies and Assessments，2021，43：100924.

［21］ Tabart Q，Vechiu I，Etxeberria A，et al. Hybrid energy storage system microgrids integration for power quality improvement using four-leg three-level NPC inverter and second-order sliding mode control［J］. IEEE Transactions on Industrial Electronics，2018，65（1）：424-435.

［22］ Resch S，Luther M. Reduction of battery-aging of a hybrid lithium-ion and vanadium-redox-flow storage system in a microgrid application［C］. 2020 2nd IEEE International Conference on Industrial Electronics for Sustainable Energy Systems（IESES），2020.

［23］ 朱珊珊，汪飞，郭慧，等．直流微电网下垂控制技术研究综述［J］．中国电机工程学报，2018，38（1）：72-84.

［24］ 王成山，李微，王议锋，等．直流微电网母线电压波动分类及抑制方法综述［J］．中国电机工程学报，2017，37（1）：84-97.

［25］ 韩爱，林俊宏，张宇，等．风光储直流微电网的改进下垂控制研究［J］．能源环境保护，2023，37（6）：111-118.

第 5 章
智慧能源环保系统

智慧能源环保是在工业 4.0 背景下使用大数据、人工智能等方法支撑能源环保产业的信息化、智能化升级。智慧能源环保基于对机理-数据的深度挖掘，实现工业源污染物生成-脱除全流程多尺度的数字孪生，研发污染物浓度的智慧感知、环保装备的智慧控制、污染物生成-脱除过程的智慧优化以及精密仪器设备的智慧管理新方法，提升能源环保系统的控制水平，降低运行维护成本，提高系统的可靠性、稳定性。

5.1 工业源大气污染控制

工业源大气污染控制是指采用工程技术措施减少或抑制工业源大气污染物的排放。我国的工业源污染物排放主要来自电力、冶金、建材、石化、化工等工业行业。我国持续深入开展工业源大气污染控制技术的研究，有效推动了颗粒物（PM）、硫氧化物（SO_x）、氮氧化物（NO_x）、汞（Hg）、挥发性有机物（VOCs）等大气污染物控制技术的自主研发与创新，初步构建了以颗粒物控制技术、硫氧化物控制技术、氮氧化物控制技术、汞等重金属控制技术和挥发性有机物控制技术为主体的工业源大气污染控制技术支持体系，为国家大气污染物减排目标的实现提供了重要的技术支撑。

5.1.1 氮氧化物控制方法

氮氧化物主要包括 N_2O、NO、NO_2、N_2O_3、N_2O_4 和 N_2O_5，一般用 NO_x 表示。大气中主要存在的氮氧化物是 NO、NO_2。NO 污染性较小，但进入大气后会缓慢地氧化成 NO_2。当大气中有 O_3 等强氧化剂存在，或者在催化剂作用下时，其氧化速度会加快。NO_2 的毒性约为 NO 的 5 倍。当 NO_2 参与大气中的光化学反应，形成光化学烟雾后，其污染性更强。人类活动产生的 NO_x，主要来自锅炉、炉窑、机动车和柴油机的排气，其次来自化工生产中的硝酸生产、硝化过程、炸药生产及金属表面处理过程等。

燃料（煤、石油）燃烧是氮氧化物产生的主要方式，因此要降低 NO_x 的排放就要从控制燃烧型 NO_x 方面入手。目前，氮氧化物控制技术可分为两大类，一类是燃烧中控制技术，另一类是燃烧后控制技术。其中，燃烧中控制技术指通过各种技术手段，控制燃烧过

程中 NO_x 的生成反应。从 NO_x 燃烧成因得知，NO_x 的生成主要与燃烧火焰的温度、燃烧气体中氧的浓度、燃烧气体在高温下的滞留时间及燃料中的含氮量等因素有关，因此燃烧中控制技术主要有低氧燃烧法、分级燃烧法、烟气再循环法、低 NO_x 燃烧器法等。燃烧后控制技术即通过还原反应将已经生成的 NO_x 还原为 N_2 或者以硝酸盐或亚硝酸盐的形式降低 NO_x 的排放量，主要有选择性催化还原法（SCR）和选择性非催化还原法（SNCR）两种。

SCR 是应用最广泛的烟气脱除氮氧化物技术，主要优点是还原剂与烟气混合充分，可以根据烟气中 NO_x 的浓度和脱除效率控制还原剂喷入量。其工艺流程是通过喷氨格栅把稀释的氨气添加到 SCR 反应器上游的烟气中，充分混合后，在 SCR 反应器中催化剂的作用下反应还原 NO_x。目前，SCR 系统多采用高温催化剂，反应温度在 315～400℃。SCR 的关键是催化剂的活性和寿命（直接影响脱硝性能）。SCR 的特点是 NO_x 脱除效率高，可维持在 70%～90%，二次污染小，但投资、运行成本较高。

SNCR 在循环流化床锅炉和水泥窑中应用广泛，其工艺流程是把还原剂添加到烟气温度为 850～1050℃ 的区域，使还原剂与 NO_x 发生还原反应生成 N_2。还原剂一般为氨水或尿素溶液。SNCR 的关键在于还原剂的喷入位置，不需要改变烟气流程。其特点是系统结构简单，改造投资低，占地面积小，但脱硝效率一般比 SCR 低 40%～50%。

低温等离子体脱除氮氧化物是 20 世纪 80 年代发展起来的一种干法脱除氮氧化物技术，主要优点是反应速率快，占地面积小，运行参数调节响应迅速。其原理是通过高能电子碰撞气体分子使其解离生成高活性基团，氧化 NO 生成 NO_2 和 HNO_3 后与 NH_3 反应生成硝酸铵，实现资源化利用。相比于 SNCR 和 SCR，低温等离子体可以在常温下脱除氮氧化物，不需要改变烟气净化流程，其运行参数可以根据烟气组分的变化而调节，实现多变工况下的高效脱除。

5.1.2 低温等离子体脱除氮氧化物技术

物质由原子构成，原子由带正电的原子核和围绕在它周围带负电运动的电子组成，在特定条件下发生电离作用，原子核的外层电子受激发变成自由电子，物质转换成了由带正电的原子核和带负电的电子所组成的一团均匀的离子浆，离子浆中正负电荷总量相等，因近似呈现电中性，被称为等离子体，是由电子、离子、自由基、原子和分子等粒子组成的复杂体系。该体系整体呈现电中性是因其正负电荷密度恰好相同。

低温等离子体法脱除氮氧化物技术是融物理、化学和环境于一体的综合学科，与传统脱除氮氧化物技术相比，具有投资成本低、可以同时脱除多种污染物、工艺流程简化、占地空间小和能量利用率高等特点。低温等离子体脱除 NO_x 作为一种新型的技术，已经成为该领域研究的热点。该技术的基本原理是首先利用高强电场提供的能量使电子获得较高的动能，然后通过碰撞把能量传递给气体分子，使气体中的部分气体分子被激发，直接生成或电离分解出大量活性粒子，如激发态的原子和分子、电子及自由基等，最后由这些活性粒子与 NO_x 发生一系列复杂的物理化学反应，实现 NO_x 的脱除。

介质阻挡放电（DBD）、脉冲电晕放电和微波放电等低温等离子体技术均具有产生高浓度自由基的性能，近年来得到了广泛的研究[1-4]。其中，DBD 技术的放电更加稳定，且放电体积更大，产生的自由基浓度较高，是性能优异的低温等离子体反应器[5]。

低温等离子体转化氮氧化物的过程十分复杂，国内外主要研究了单因素对反应体系的影响，但对多因素间相互作用、多因素对一氧化氮转化的影响以及其中反应机理的研究不多，因此很难从理论上优化反应体系参数并预测最终产物。通过化学动力学模型可以模拟低温等离子体单独作用下对污染物的脱除。Bie 等[6,7]开发了包含 36 种物质（电子、原子、离子、分子）和 367 种气相反应的一维流体模型，用以阐明介质阻挡放电在非氧化气氛下转化 CH_4 的机制。Snoeckx 等[8]构建了涉及 62 种物质、121 个电子反应、87 个离子反应和 290 个中性粒子反应的 0 维化学动力学模型，研究低温等离子体转化 CH_4 的反应机制和路径。Aerts 等[9]通过 0 维化学动力学模型（包含 113 种物质和 1639 个反应）模拟了低温等离子体对乙烯的分解。然而，等离子体化学反应的模拟需要高效的数值求解器，且求解时间较长，不利于快速、可靠地预测和优化复杂的等离子体体系。

人工智能算法是可用于模拟、预测和优化复杂非线性过程体系的数学工具，具有隐式检测因变量和自变量之间复杂非线性关系、检测和预测变量间所有可能关系以及可采用多种训练算法的优点，因此人工智能算法适用于难以用数学模型和方程描述内在过程的复杂体系。经过完整开发训练的人工智能算法能够预测体系的输出信号[10]。

5.2　机器学习基础知识

机器学习（machine learning，ML）是人工智能的一个分支。人工智能的研究历史有着一条从以"推理"为重点到以"知识"为重点，再到以"学习"为重点的自然、清晰的脉络。显然，机器学习是实现人工智能的途径之一，即以机器学习为手段，解决人工智能中的部分问题。机器学习在近 30 多年已发展为一门多领域交叉学科，涉及概率论、统计学、逼近论、凸分析、计算复杂性理论等多门学科。

机器学习理论主要是设计和分析一些让计算机可以自动"学习"的算法。机器学习算法是一类对数据进行自动分析获得规律，并利用规律对未知数据进行预测的算法。因为学习算法中涉及大量的统计学理论，所以机器学习理论与推断统计学的联系尤为密切，也被称为统计学习理论。算法设计方面，机器学习理论关注可以实现的、行之有效的学习算法（要防止错误累积）。很多推论问题属于非程序化决策，所以部分的机器学习研究是开发容易处理的近似算法。

机器学习可以分成下面几种类别：

① 监督学习。从给定的训练数据集中学习出一个函数，当新的数据到来时，可以根据这个函数预测结果。监督学习的训练集要求是包括输入和输出，也可以说是特征和目标。训练集中的目标是由人标注的。常见的监督学习算法包括回归分析和统计分类。

② 无监督学习。与监督学习相比，无监督学习的训练集没有人为标注的结果。常见的无监督学习算法有生成对抗网络（GAN）、聚类。

③ 半监督学习。介于监督学习与无监督学习之间。

④ 增强学习。机器为了达成目标，随着环境的变动而逐步调整其行为，并评估每一个行动之后所得的回馈是正向的还是负向的。

具体的机器学习算法如表 5-1 所示。

表 5-1　具体的机器学习算法

算法类别	算法名称
构造间隔理论分布：聚类分析和模式识别	人工神经网络、决策树、感知器、支持向量机、集成学习 AdaBoost、降维与度量学习、聚类、贝叶斯分类器
构造条件概率：回归分析和统计分类	高斯过程回归、线性判别分析、最近邻居法、径向基函数核
通过再生模型构造概率密度函数	最大期望算法、概率图模型（贝叶斯网络和 Markov 随机场）、生成拓扑影射（Generative Topographic Mapping）
近似推断技术	马尔可夫链、蒙特卡罗方法、变分法
最优化	大多数上述方法可直接或者间接采用

机器学习因强大的预测和优化能力在许多领域都得到了应用，例如数据挖掘、计算机视觉、自然语言处理、生物特征识别、搜索引擎、医学诊断、检测信用卡欺诈、证券市场分析、DNA 序列测序、语音和手写识别、游戏和机器人等。同样，在工业生产与污染控制领域也开始了一些机器学习的应用探索。

2014 年，Liu 等[11]开发并训练了一个三层反向传播人工神经网络（artificial neural network，ANN）模型来模拟和预测复杂等离子体化学反应中甲烷的转化率、气体产物的选择性和产率以及等离子体过程的能源效率等相关参数，实验结果与模拟结果吻合较好。ANN 模型表明，当放电功率为 75W 时，CH_4 的最大转化率为 36%，C_2H_6 的选择性较高（42.4%）。研究表明，放电功率是影响等离子体甲烷非氧化偶联过程的最重要的参数，相对质量为 45%~52%，而等离子体系统的激发频率对过程的影响最小。结果表明，神经网络模型能够准确地模拟和预测复杂的等离子体化学反应。

2017 年，Shaahmadi 等[12]应用了 ANN、支持向量机（SVM）和最小二乘支持向量机（LSSVM）三种算法来预测 25 种离子液体中 N_2O 的溶解度。首先使用混合复杂进化方法来获得 SVM 和 LSSVM 的最佳超参数，然后通过反复试验来获得 ANN 的最佳神经元数和层数，最后使用 627 个溶解度数据衡量模型的泛化能力。通过三个模型的对比，研究发现 SVM 在预测溶解度方面的性能优于 ANN 和 LSSVM。

2019 年，Asfaram 等[13]开发了硫化锌纳米颗粒与活性炭（ZnS-NPs-AC）复合材料，并利用 LSSVM 模拟预测了该材料从水溶液中吸附亚甲基蓝（MB）的效率，综合分析了 pH、ZnS-NPs-AC 质量、MB 浓度和超声处理等四个参数的影响。结果发现在所有情况下，MB 吸附的动力学和速率均遵循伪二级动力学模型，最大单层吸附能力为 243.90mg/g。

2021 年，Amar 等[14]使用三种先进的软计算方法 [级联前向神经网络（CFNN）、径向基函数神经网络（RBFNN）和基因表达式编程（GEP）]建立了一个能够预测 N_2O 在各种 ILs 中溶解度的严格模型。研究结果表明，该模型能够较准确地预测 N_2O 在 ILs 中的溶解度。此外，利用 Levenberg-Marquardt（LM）算法优化的 CFNN 模型是最佳的预测模型。它的泛化效果为 $(R^2, \text{RMSE}) = (0.9994, 0.0047)$。

2021 年，Wang 等[15]开发了一种结合 ANN、SVR 和决策树（decision tree，DT）算法的新型混合模型来预测和评估焦油重整过程。与使用单一算法的模型相比，结合三种不同算法的混合模型可以增强模型的鲁棒性和泛化能力，实现快速有效的预测。此外，他们还使用遗传算法确定了每种算法的最佳超参数，以增强自适应能力并提高预测的准确性。基于混合模型分析了放电功率、蒸汽碳（S/C）比和萘浓度对过程的三个关键性能指标（焦油转化率、碳平衡和能源效率）的影响。

2021年，万聪[16]建立了一个三层前馈神经网络，并研究了放电功率、烟气停留时间、NO初始浓度、O_2含量对介质阻性放电生成NO_2的影响。结果表明，烟气停留时间、NO初始浓度和氧含量的相对权重分别为28.32%、29.43%和25.92%。

2022年，Mehrani等[17]提出了一种预测硝化过程N_2O生成的方法。首先，他们采用20℃和12℃下的实验数据对ANN、梯度提升机（gradient boosting machine，GBM）和SVM三种算法进行了训练和测试。结果表明，ANN的预测效果最好。此外，他们还使用Pearson相关和随机森林特征选择（feature selection，FS）技术识别了影响N_2O生成的最相关参数。FS分析结果表明，NH_4-N和NO_2-N与N_2O产率的相关性最高。

5.3　案例分析——基于机器学习算法预测低温等离子体转化NO

5.3.1　研究背景

目前有许多NO_x的脱除技术，低温等离子体技术，尤其是介质阻挡放电（dielectric barrier discharge，DBD）由于过程稳定而受到广泛关注[16]。然而，低温等离子体转化NO的过程十分复杂，在氮氧混合气中，NO主要被非热等离子体（non-thermal plasma）产生的O自由基和O_3氧化。转化过程主要受能量密度、气体成分影响。能量密度由放电功率、气体停留时间决定；气体成分因素主要包括NO初始浓度、O_2含量等[16]。上述因素间的耦合作用及其对NO转化的影响仍有待进一步研究。

因此，采用机器学习建立等离子体转化氮氧化物的过程关系有助于了解其化学过程中复杂的20余个化学反应的链式关系以及它们对整个体系NO转化效率的影响，并验证和补充学者在化学动力学模型上对NO转化过程的分析，加深对NO转化机理的理解。另外，在学术上填补了DBD转化NO中多反应参数耦合关系的研究空白，补充了在污染治理领域应用等离子体技术治理氮氧化物的研究，加强了清洁能源领域与人工智能领域的学科结合。

5.3.2　研究方法

Fernández-Delgado等[18]在121个数据集上测试了179种分类模型，发现随机森林和支持向量机性能最好。而在最近的机器学习领域，深度神经网络也给出了许多可观的成果。下面采用这三种算法分别训练多输入多输出回归模型。

图5-1展示了基于机器学习预测低温等离子体转化NO的方法步骤。在真实DBD实验台中进行实验并将获得的数据作为数据集。输入特征的体系参数包含放电功率、NO初始浓度、氧含量、烟气停留时间、N_2浓度和Ar浓度。输出特征的参数为NO出口浓度、N_2O浓度、NO_2浓度和NO_x浓度。机器学习模型采用由随机森林、神经网络和支持向量机三者集成的混合模型，并使用遗传算法获得三个模型的最佳线性组合比，以提升模型性能。

（1）支持向量机

支持向量机（support vector machines，SVM）是一个鲁棒性强且被广泛应用的机器学习算法，它由苏联科学家Vapnik[19]于1995年正式提出。支持向量机的原理十分直观，在一个二维平面中拥有两种属于不同类别的聚类，算法的目标是找到一个分类标准，在二维平

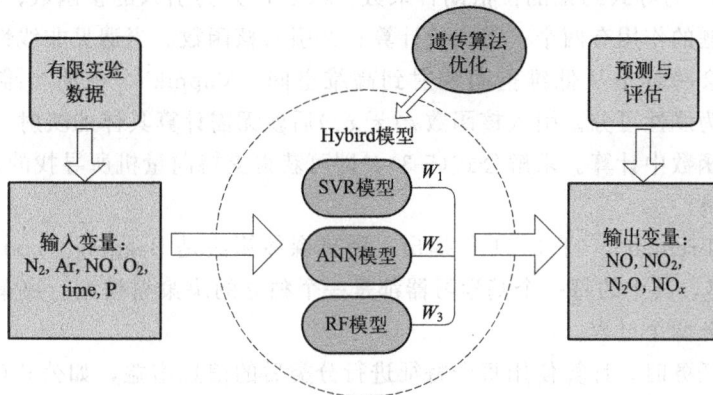

图 5-1 基于机器学习预测低温等离子体转化 NO 的方法步骤

面划出一条直线，将聚类分开，使得新的样本到来时，支持向量机可以将它正确分类。

为了寻找一条最适合的直线将两种聚类分开，引入了间隔的概念。将直线平行地移动，它将会接触到距离最近的样本，这些样本被称为支持向量，而支持向量所在的一系列平行直线之间的距离就被称为间隔。支持向量机所要寻找的正是间隔最大的那两条直线。

从直觉上解释，这一条直线有最强的鲁棒性，它对误差或者扰动的容忍能力最强。上述行为可用数学公式表示为

$$\min_{w,b} \frac{1}{2} \| w \|^2 \tag{5-1}$$

$$\text{s. t. } y_i(\boldsymbol{w}^{\mathrm{T}} x_i + b) \geqslant 1, i = 1,2,3,\cdots,N$$

式中，N 为训练集中的样本数，个；w 为间隔；$\| w \|^2$ 为范数；$\boldsymbol{w}^{\mathrm{T}}$ 为参数矩阵；y_i 为样本的输出特征；x_i 为样本的输入特征；b 为偏置项。

求解公式(5-1)得到的支持向量机模型被称为"硬间隔支持向量机"。但是当我们的数据集中包含了错误标识的样本时（一个聚类中心包含被标识为另一个聚类的样本），硬间隔支持向量机就很难分类成功。为了解决这种情况，在公式加入一个正则项。正则项的意义在于，容忍少量样本未被正确分类。下面是改进后的公式。

$$\min_{w,b} \left(\frac{1}{2} \| w \|^2 + C \sum_{i=1}^{N} \xi_i \right) \tag{5-2}$$

$$\text{s. t. } y_i(\boldsymbol{w}^{\mathrm{T}} x_i + b) \geqslant 1 - \xi_i, i = 1,2,3,\cdots,N$$

$$\xi_i \geqslant 0, i = 1,2,3\cdots,N$$

式中，ξ_i 为松弛变量；C 为惩罚系数。

惩罚系数代表了模型对于间隔大小与分类准确度之间的权衡。接下来还应将公式(5-2)转化为对偶问题[20]（Lagrange dual formulation）。对偶问题的公式为

$$\sum_{i=1}^{m} a_i - \frac{1}{2} \sum_{i=1}^{m} \sum_{j=1}^{m} a_i a_j y_i y_j \kappa(x_i x_j) \tag{5-3}$$

$$\text{s. t. } \sum_{i=1}^{m} a_i y_i = 0$$

$$C \geqslant a_i \geqslant 0, i = 1,2,3,\cdots,m$$

式中，a_i，a_j 为等式约束的拉格朗日乘数；$\kappa(x_i x_j)$ 为引入的核函数；C 为惩罚系数。

引入对偶问题的作用有两个：①加快计算；②引入核函数。当遇见非线性可分的数据集时，支持向量机会将样本从低维空间映射到高维空间。Vapnik[21] 证明当维度达到无限维时，样本总会变为线性可分。引入核函数 $\kappa(x_i x_j)$ 后就无需计算具体的映射，可直接将样本输入特征代入核函数中计算。求解公式(5-3)，即可获得支持向量机所寻找的最优超平面。

（2）随机森林

随机森林由 Breiman[22] 于 2001 年提出。随机森林算法是 Bagging（bootstrap aggregating）的一种变体，其中的每一个基学习器都是一个独立的决策树模型。决策树算法包含分类任务和回归任务两个过程。

当进行分类任务时，计算使用每个特征进行分类后的信息增益，如公式(5-4) 所示[23]。随机森林中的决策树选择信息增益最大的特征对当前样本进行分类。通常为了防止模型的过拟合，会采取分类提前停止或者分类后剪枝的策略增强模型的拟合能力。

$$Ent(D) = -\sum_{k=1}^{y} p_k \log_2 p_k \tag{5-4}$$

式中，$Ent(D)$ 为信息熵；p_k 为第 k 种样本所占的比例；y 为样本总数。

当进行回归任务时，决策树不再使用信息增益或者基尼系数作为分类标准，而是使用均方误差计算每种分类的效果。如图 5-2 所示，对于每个子节点，算法计算每个特征分类子集的 MSE。

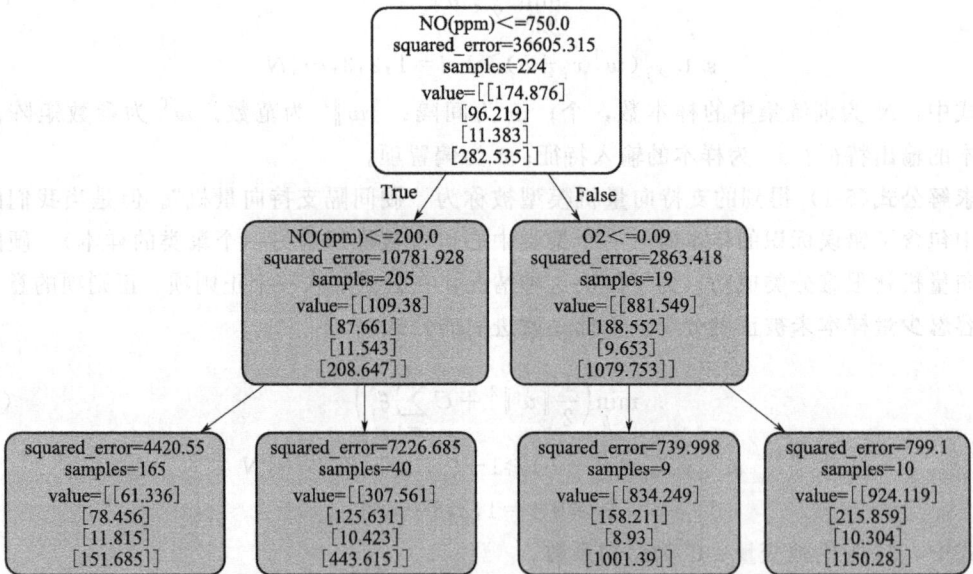

图 5-2 回归任务中的决策树

随机森林对基学习器的要求是"好而不同"，即基学习器需要相互独立且不相似，这样才能更好地覆盖样本所在的特征空间。为了达到这个目的，随机森林通过自助采样的方式进行样本抽取。并且，在决策树进行展开时，算法在样本所有特征的一个随机子集中选取最佳特征进行分类，来保证模型的独立性与多样性。但是有研究[24]表明，当基学习器的数量足够多时，决策树随机选取任意特征进行分类都可以达到很可观的结果，它的表现和使用最佳特征进行分类的随机森林模型的表现差距很小。

（3）人工神经网络

人工神经网络是模仿人类大脑中神经细胞工作方式的计算模型。一个神经网络通常是由3层或更多层神经元前后串联组成的。第一层包含输入神经元，它的任务通常是将输入数据送至神经网络的隐藏层。数据经过隐藏层处理，最后由输出层输出。神经网络模型是由 McCulloch 和 Pitts[25] 于1943 年提出的。图 5-3 为他们提出的 MP 神经元模型。首先上一层单元计算获得的所有数值与权重矩阵进行内积，如果获得的值大于单元的设定值，那么将这个值经过激活函数处理即可得到该单元的计算值。

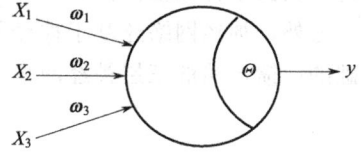

图 5-3 MP 神经元模型

神经元中的激活函数给予了神经网络拟合复杂问题的能力。它的主要作用是对所有隐藏层和输出层添加一个非线性的要素，使得神经网络的输出更为复杂，表达能力更强。神经网络经过近 80 年的发展，已经有了许多成熟的激活函数，以应对不同的问题。图 5-4 为常用的激活函数。

Logistic 函数、Tanh 函数虽然提供了平滑的激活函数值，但是同样也造成了计算复杂与梯度消失的问题，也就是说当激活函数取值趋向 1 或者 −1 时梯度都趋向于 0。Hard-Logistic 函数、Hard-Tanh 函数有助于解决计算复杂的问题。ReLU 函数是现在神经网络中

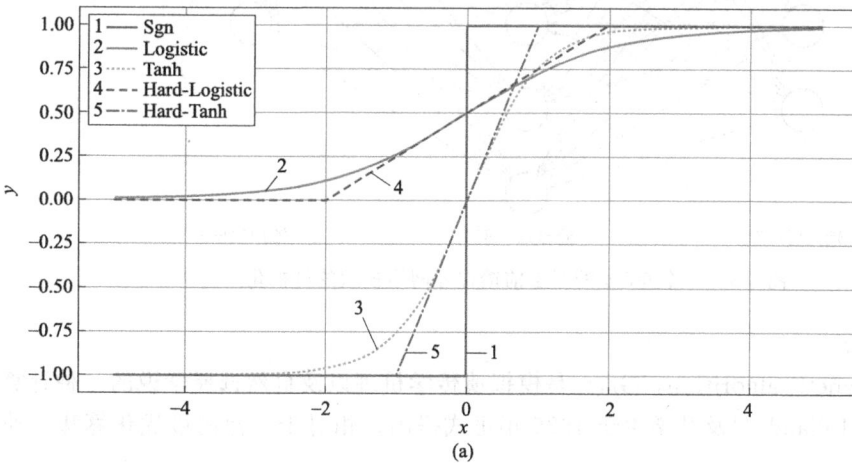

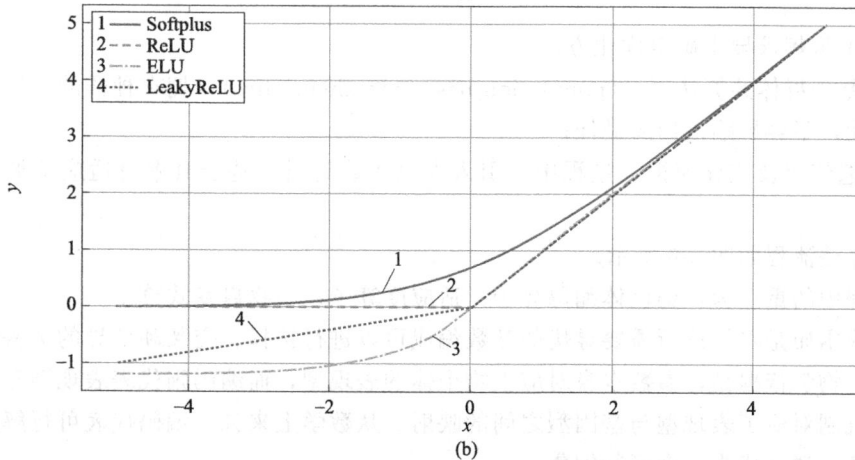

扫码看彩图

图 5-4 激活函数图像

经常使用的函数。它同样被认为拥有"单侧抑制，宽兴奋边界"的生物学合理性[26]，为神经网络提供了具有稀疏性的激活状态。ReLU 的问题在于会出现死区。对于此问题可以考虑使用其他激活函数，如 LeakyReLU 激活函数、ELU 激活函数。Softplus 函数在保持梯度的同时，失去了稀疏激活性。

另外，神经网络还基于神经元的连接方式不同发展出了广泛的知识领域。本书应用的是基础的前馈传播的三层神经网络，如图 5-5 所示。

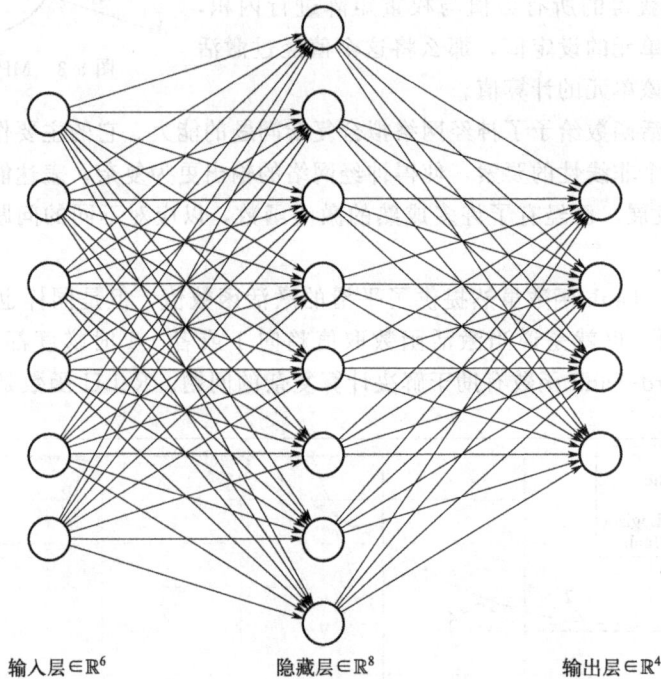

输入层$\in \mathbb{R}^6$ 　　　　隐藏层$\in \mathbb{R}^8$ 　　　　输出层$\in \mathbb{R}^4$

图 5-5　一个 6-8-4 的三层前馈神经网络模型的可视化

（4）遗传算法

遗传算法（genetic algorithm，GA）是模拟遗传学机理以及自然选择学说的一种计算模型。遗传算法由 Holland[27]及其学生于 1975 年正式提出。相对于其他的最优化算法，遗传算法的特点在于：

① 遗传算法不依赖求导来确定优化方向；

② 遗传算法基于群体的算法[28]（population based metaheuristics），拥有种群的多样性以及更好的鲁棒性，不容易陷入局部最佳；

③ 在对生物遗传以及变异模拟的过程中，引入大量不确定量，基于概率自适应地调整搜索方向。

标准的遗传算法流程如图 5-6 所示。

遗传算法流程中的重点为：染色体编码算子；适应度算子；生物启发式算子。

染色体编码的本质是将算法所需要寻优的参数编成可以进行选择、交叉和变异的类基因型编码。这里的生物学依据是，参数本身对应生物个体的表现型，而编码则代表表现型对应的基因型，编码机制对应了表现型与基因型之间的映射。从数学上来说，编码代表可行解空间中的一个可行解，群体代表一个可行解集。

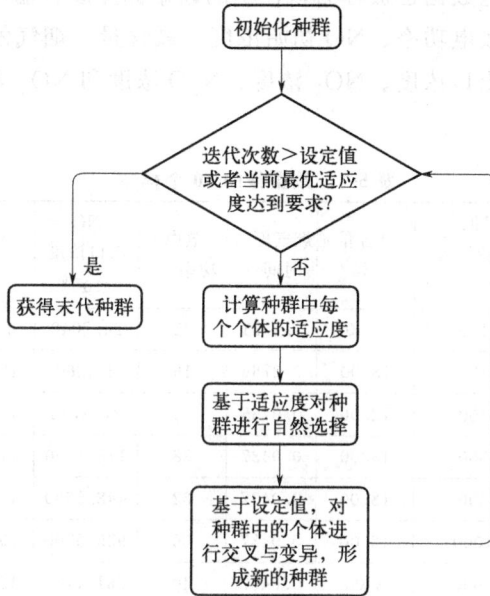

图 5-6 标准的遗传算法流程

编码方式包括二进制编码、实数编码、格雷编码等。本书采取的是二进制编码，即DNA 表示为二进制字符串，每个 DNA 位点的取值为 0 或 1。在算法流程中，DNA 通过解码转化为原参数的形式计算个体适应度，这对应于观测自然界中生物表现型的适应效果。在算法迭代结束后，末代种群中的适应度表现最好的个体的 DNA 解码就是得到的解。

适应度算子是人为设定的评估个体表现型效果的函数。它为遗传算法隐性质地设定了进化的方向，即自然选择的依据。通常在最优化问题中，适应度函数值被设定为当前个体解码后代入原问题的计算值与需求值之间的误差。

生物启发式算子包括选择、交叉以及变异。选择过程模拟的是生物的自然选择，它决定了特定的个体是否会参与下一步的交叉以及变异。遗传算法的收敛速度取决于选择压力[28]。广泛使用的选择技巧有轮盘赌、等级、锦标赛以及玻尔兹曼方法等。选择的思想为，优质个体有更高的概率将它的基因遗传给下一代种群。选择的结果为，在初始种群中，个体之间的相似度很低，适应度方差高。当迭代数增加后，个体之间的相似度也随之增加，适应度方差降低。

交叉代表自然界中生物的繁殖过程，它模拟了遗传学的原理。在经过自然选择后的群体中选出两个个体作为父亲以及母亲，基于一定的交叉概率，孩子的基因（即二进制编码）等于父母基因的随机拼接。

变异代表遗传学过程中的基因突变。在二进制编码的形式下，基于一定的变异概率，个体的二进制编码的一个随机位点发生翻转。

5.3.3 研究结果分析

数据集中包含 321 组实验数据。单个样本包含 10 个数据，前 6 个数据为实验中的受控实验体系参数，作为模型的输入特征；剩余 4 个数据是反应后的气体混合物通入气体分析仪中获得的各气体含量，这些数据也被称为该样本的数据标签或者输出特征。

本研究输入特征包含放电功率、NO 初始浓度、氧含量、烟气停留时间、N_2 含量和 Ar 含量。输出特征包含 NO 出口浓度、NO_2 浓度、N_2O 浓度和 NO_x 浓度。表 5-2 展示了数据集中的 10 个样本。

表 5-2 数据集的 10 个样本

样本序号	N_2含量/%	Ar含量/%	NO初始浓度/10^{-6}	氧含量/%	烟气停留时间/s	放电功率/W	NO出口浓度/10^{-6}	NO_2浓度/10^{-6}	N_2O浓度/10^{-6}	NO_x浓度/10^{-6}
0	98.99	0.00	100	1.00	0.1531	32	24.2040	17.3300	14.4433	55.9773
46	81.99	0.00	100	18.00	0.0765	16	5.4860	133.5320	10.1520	149.1700
82	87.99	0.00	100	12.00	0.0765	24	27.4733	175.8740	18.1540	221.5013
156	81.97	0.00	300	18.00	0.0437	28	175.1050	170.0700	12.6580	357.8330
185	81.95	0.00	500	18.00	0.0437	32	448.5630	182.4600	11.8040	642.8270
221	87.90	0.00	1000	12.00	0.0437	36	935.5700	190.0620	11.6060	1137.2400
236	96.90	0.00	1000	3.00	0.0437	40	761.1740	128.6400	14.0040	903.8180
244	0.00	93.99	100	6.00	0.0765	20	51.0159	45.0252	0.3465	96.7341
270	0.00	96.99	100	3.00	0.0306	28	41.5062	47.3020	0.2854	89.3791
319	0.00	89.99	100	10.00	0.0437	32	37.4478	72.6512	0.0900	110.2790

实验中被考虑的变量为氧含量、NO 进口浓度、烟气停留时间以及放电功率。数据集中顺序相邻的每 5～7 个样本代表相关的若干实验。首先研究者控制氧含量、NO 进口浓度、烟气停留时间三个体系参数不变，且填充作为背景气体的 N_2 和 Ar，设定放电功率为 16W 进行实验并记录实验结果；然后研究者将放电功率增加 4W 再次进行实验并记录数据，重复该流程直到放电功率达到设定值 32W 或 40W。这样就获得了样本数为 5～7 个的一系列数据。接下来研究者依次改变氧含量、NO 进口浓度、烟气停留时间三个体系参数中的一个，重复以上流程，获得整个数据集。输入特征的分布如图 5-7 所示，输出特征的分布如图 5-8 所示。

从图 5-7 中可以看出，输入特征分布的均匀度较低。输入特征中 NO 初始浓度的取值范围为 100×10^{-6}、300×10^{-6}、500×10^{-6}、1000×10^{-6}。实验样本在 NO 初始浓度上的分布极不均匀，浓度为 100×10^{-6} 的样本共有 237 个，其余三个取值的样本均为 28 个。这代表着相对于 NO 初始浓度为 100×10^{-6} 的情况，数据集对其余情况的表征以及覆盖效果并不足够理想。另外，氧含量取值为 3%、6%、12%、18% 的样本都超过 50 个，而其余氧含量取值的样本都低于 20 个，且有 4 个氧含量取值（1%、4%、5%、15%）只有 5 个样本；

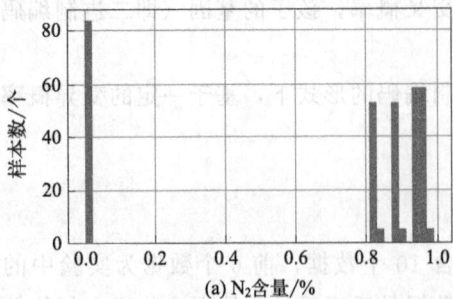

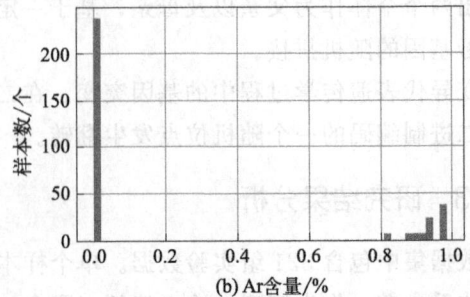

(a) N_2含量/%   (b) Ar含量/%

(c) NO初始浓度/10^{-6}

(d) O$_2$含量/%

(e) 烟气停留时间/s

(f) 放电功率/W

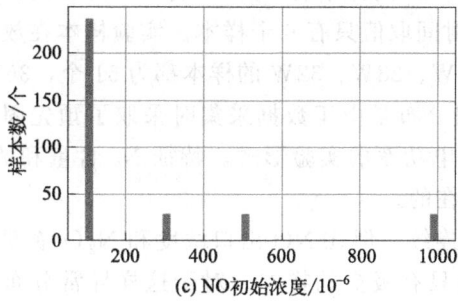

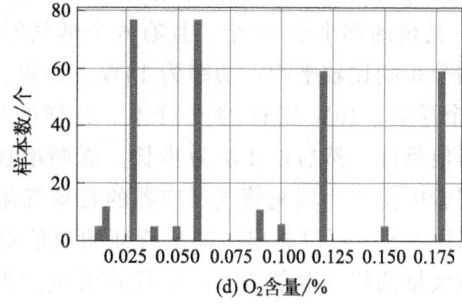

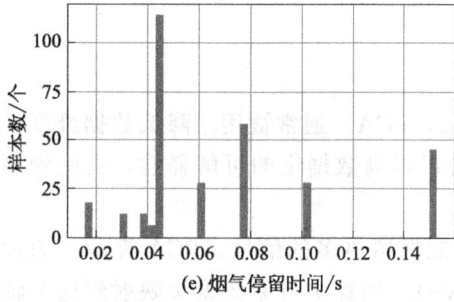

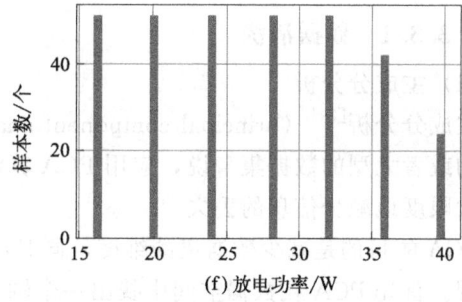

图 5-7　输入特征的分布

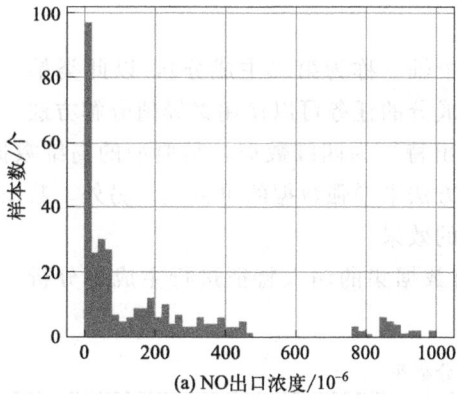

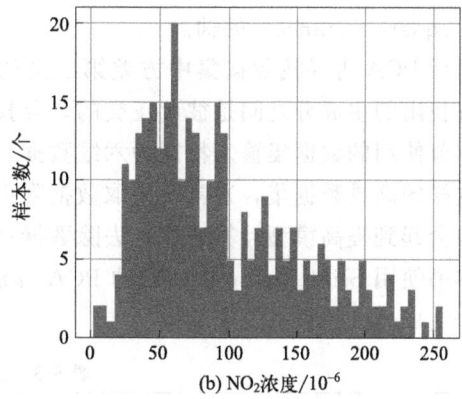

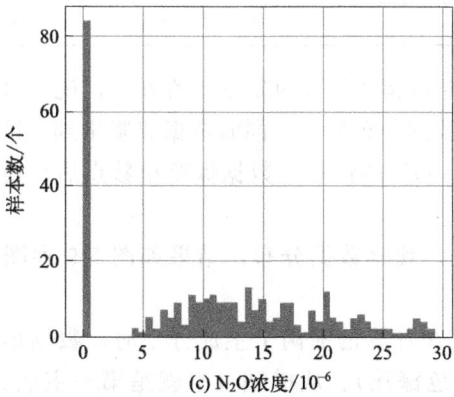

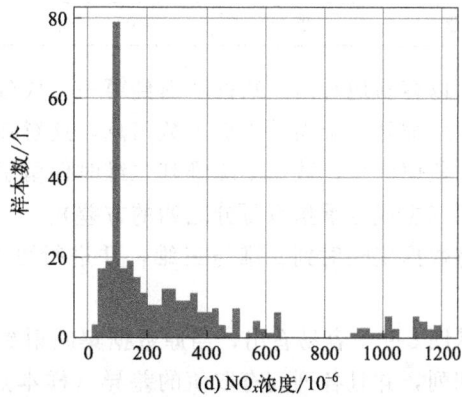

(a) NO出口浓度/10^{-6}

(b) NO$_2$浓度/10^{-6}

(c) N$_2$O浓度/10^{-6}

(d) NO$_x$浓度/10^{-6}

图 5-8　输出特征的分布

烟气停留时间为 0.047s 的样本有 117 个，为 0.0765s 的样本有 58 个，为 0.1531s 的样本有 45 个，其余的都小于 30 个，且有 6 个烟气停留时间取值只有 6 个样本。实验样本在放电功率上的分布则比较平均，功率为 16W、20W、24W、28W、32W 的样本都为 51 个，36W 的有 42 个样本，40W 则有 24 个样本。这样的均匀分布是由于数据采集时采取了预先固定实验的其他条件，然后以 4W 为步长，逐渐增加放电功率的实验形式。特征 N_2 含量和 Ar 含量在实验中是作为填充管式反应器的背景气体存在的。

从图 5-8 中可以看出，输出特征的取值更加连续。但在 NO 出口浓度和 N_2O 浓度两项上，有大量的样本取值为 0，并且有大量的取值只有极少的样本。对于这样异常分布的情况，可考虑对数据集进行清洗。

5.3.3.1 数据清洗

(1) 主成分分析

主成分分析[29]（principal component analysis，PCA）通常被用于降低数据维度。对于高维的或者大型的数据集来说，应用 PCA 算法可以提高数据集的可解释性，去除噪声，并且最大限度地减少信息的丢失。

PCA 的目的是减少数据集的维度，同时尽可能保留更多的信息。PCA 算法的原理简单且直观。首先 PCA 在数据空间中找出一个轴（axis），当算法将原数据集映射到这个轴上时即可保留数据集最大的方差。这个轴也被称为第一主成分（the first principal component）。

这个原理还可以这样理解：这个轴是空间中最小化原数据与映射后的数据之间均方距离（mean square distance）的轴。

然后 PCA 再寻找数据集中方差第二高的一个轴（称为第二主成分），以此类推。PCA 算法寻找出的主成分之间是彼此正交的，寻找主成分的任务可以使用奇异值分解方法。

本节使用的数据集输入特征为六维数据，输出特征为四维数据，是典型的高维数据集。对于这样的高维数据集，通常会采取数据降维的方法来增强数据的可视性。另外，数据降维通常也会起到提高模型计算速度，去除数据噪声的效果。

本书使用 Scikit-Learn 中实现的 PCA 算法对数据集的输入特征进行主成分分析，获得了 6 个主成分的权重，见表 5-3。

表 5-3　主成分权重

主成分	第一主成分	第二主成分	第三主成分	第四主成分	第五主成分	第六主成分
权重/%	99.92	0.08	0.00	0.00	0.00	0.00

可以容易地看出，数据映射到第一主成分上时保留了数据 99.92% 的方差，说明可以将数据集压缩到一维而丢失极少数信息，这意味着数据分布扁平。同时数据集降维到三维时没有丢失任何信息，数据集降维到二维时保留了 99.99% 的信息（数据保留小数点后两位，实际上第三主成分承担百万分之四的方差）。

将数据集映射到二维与三维，并进行可视化，观察数据分布，结果如图 5-9 和图 5-10 所示。

从图 5-9 中容易看出，当原数据集映射到 PCA 计算的前两个主成分上时，数据形成明显的四列，并且各列间有取值的差异（样本点颜色深浅）。从横轴（也就是第一主成分轴）来看，随着取值的增加，样本的 NO 出口浓度也随之大幅增加。从左到右每列样本对应的 NO 出口浓度取值区间大致为 $(0 \sim 200) \times 10^{-6}$、$(200 \sim 400) \times 10^{-6}$、$(400 \sim 600) \times 10^{-6}$、

$(800\sim1000)\times10^{-6}$。横轴的差异对应着第一主成分承担的 99.92% 的方差。从纵轴（也就是第二主成分轴）来看，随着取值的改变，样本的 NO 出口浓度也有所波动，但是波动幅度远不如横轴方向。纵轴的差异对应着第二主成分承担的 0.08% 的方差。

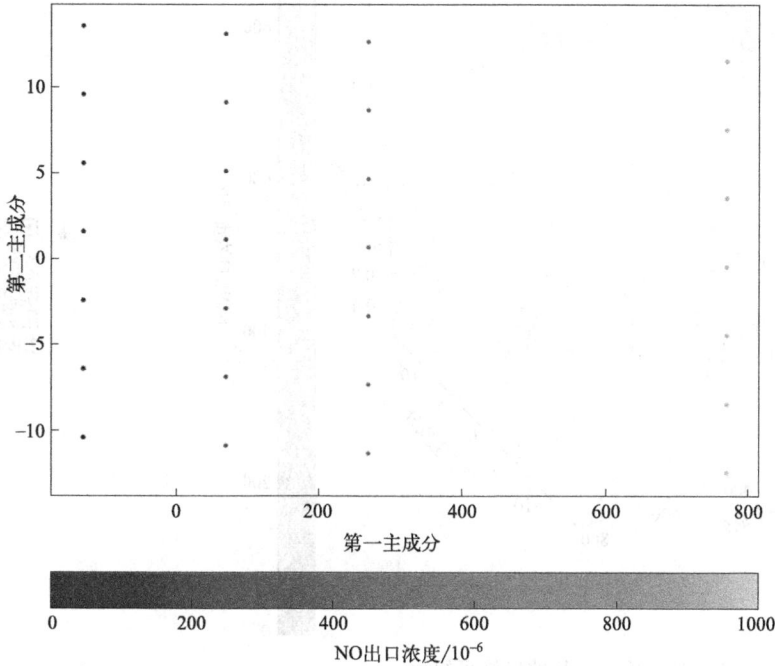

图 5-9　输入特征的二维可视化

如图 5-10 所示，数据集输入特征的三维映射分为明显的五排。第一主成分轴上最左边的样本上展示出图 5-9 没有的特征。该样本集被立体化为明显的上下两排，它们的 NO 出口浓度取值有少量不同。此外，数据集在第三主成分轴的取值上也有明显不同（数据点高低不同），这对应着第三主成分轴所承担的百万分之四的方差（由于表示精度不足，图 5-10 未画出）。

（2）异常点检测

高斯混合模型[30]（Gaussian mixture model，GMM）是机器学习中无监督学习领域聚类问题的经典算法。在本书中它被用于异常点检测（anomaly detection）。

高斯混合模型假设样本生成于多个未知参数的高斯分布的叠加，叠加的形式表示为加权平均。高斯混合模型是一种软聚类方法，这意味着对于一个单一个体，高斯混合模型会返回这个个体属于各个高斯分布的概率。而硬聚类方法，例如 K 均值聚类算法（K-means）等，对于每一个个体只关联到一个聚类，没有不确定性度量。

高斯混合模型一般使用 expectation maximization（EM）算法进行收敛。EM 算法首先随机初始化集群参数，然后将实例分配给集群，这被称为期望步骤。接着更新集群参数，这被称为最大化步骤。对于期望步骤中的每个实例，算法基于当前的集群参数估计它属于每个集群的概率。然后，在最大化步骤中，根据数据集中的所有实例更新每个集群，并且每个实例根据属于该集群的估计概率进行加权。这些概率称为集群对实例的责任（responsibilities）。在最大化步骤中，每个集群的更新主要受到它负责的实例的影响。最后对这两个步骤进行迭代，直至算法收敛。

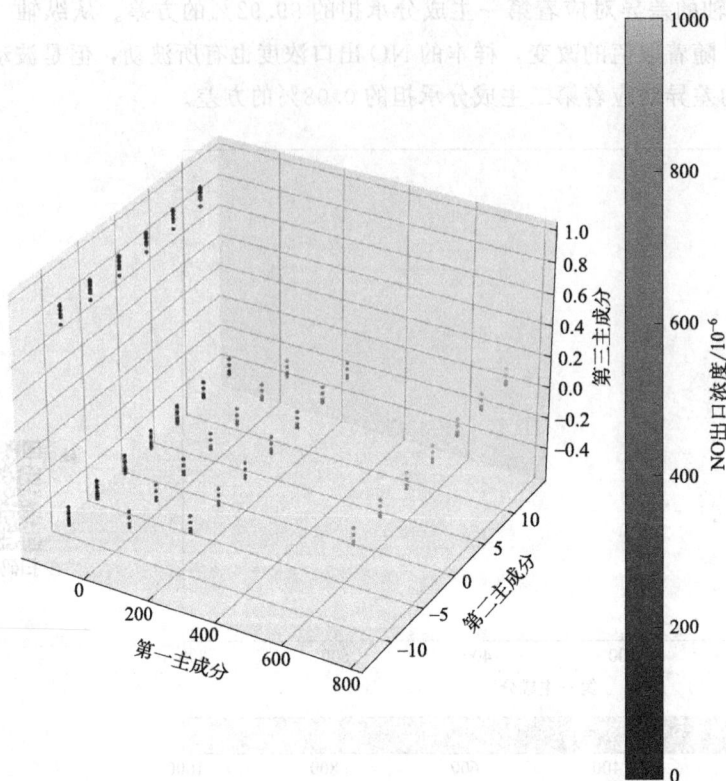

图 5-10　输入特征的三维可视化

扫码看彩图

本书使用 Scikit-Learn 的 Gaussian Mixture 类对数据集进行处理。在前述中使用了 PCA 算法将数据映射到三维空间中，观察到数据分为明显的 5 个聚类，故设定高斯混合模型的高斯分布叠加数为 5，迭代总数为 10。运行结果为：算法在 8 次之后收敛，5 个高斯分布的权重为 0.4766、0.0872、0.0872、0.2617、0.0872。将概率密度阈值定义为 2.00%，获得的概率密度值低于阈值的样本就是算法获得的异常样本，见表 5-4。

表 5-4　异常样本

样本序号	N_2 含量 /%	Ar 含量 /%	NO 初始浓度 /10^{-6}	氧含量 /%	烟气停留时间/s	放电功率/W	NO 出口浓度 /10^{-6}	NO_2 浓度 /10^{-6}	N_2O 浓度 /10^{-6}	NO_x 浓度 /10^{-6}
44	98.99	0.00	100	1.00	0.1531	32	24.2040	17.3300	14.4433	55.9773
73	81.99	0.00	100	18.00	0.0765	16	5.4860	133.5320	10.1520	149.1700
101	81.99	0.00	100	18.00	0.0612	16	2.5273	145.9700	8.0040	156.5013
122	96.99	0.00	100	3.00	0.0612	16	0.0000	97.3380	4.5060	101.8440
129	81.99	0.00	100	18.00	0.0437	16	0.0000	160.2940	5.6080	165.9020
147	96.99	0.00	100	3.00	0.0437	16	39.8855	70.2100	4.7100	114.8055
261	0.00	81.99	100	18.00	0.0765	16	0.8515	46.0703	0.0000	46.9218

下面对数据集进行清洗，即在原数据集中去除被标为异常的样本。异常样本为 7 个，原数据集共 321 个样本，清洗后剩 314 个样本。为了评估清洗数据集的效果，使用固定超参数的随机森林模型对原数据集和清洗后数据集进行建模回归，获得它们的拟合表现（表 5-5、

表 5-6），并进行对比。

表 5-5　原数据集的拟合表现

项目	训练集				测试集			
	NO 出口浓度	NO_2 浓度	N_2O 浓度	NO_x 浓度	NO 出口浓度	NO_2 浓度	N_2O 浓度	NO_x 浓度
RMSE	9.4024	6.3615	0.5500	7.0981	16.3636	12.8321	1.4717	14.5313
MAE	6.3886	4.4494	0.3937	4.9096	11.4036	9.9118	0.9611	10.432
R^2	0.9986	0.9874	0.9955	0.9994	0.9955	0.9492	0.9714	0.9973

表 5-6　清洗后数据集的拟合表现

项目	训练集				测试集			
	NO 出口浓度	NO_2 浓度	N_2O 浓度	NO_x 浓度	NO 出口浓度	NO_2 浓度	N_2O 浓度	NO_x 浓度
RMSE	11.0589	8.7050	0.8237	8.8668	14.0836	9.1167	1.0159	12.2176
MAE	7.4249	5.7473	0.5076	5.7972	9.3535	6.8131	0.6289	8.4211
R^2	0.9981	0.9773	0.9899	0.9991	0.9966	0.9724	0.9870	0.9980

对比表 5-5 和表 5-6 可以看出，清洗后的数据集在训练集上的表现略弱于原数据集，而在测试集上的表现则比在原数据集更优。这表明，数据清洗有降低模型过拟合的效果。

5.3.3.2　数据集分割

将数据集划分为训练集和测试集。首先分别以四个输出特征为基准，计算各特征与各个输出特征的线性相关度，见表 5-7。

表 5-7　各特征与各个输出特征的线性相关度

项目	N_2 含量	Ar 含量	NO 初始浓度	氧含量	烟气停留时间	放电功率	NO 出口浓度	NO_2 浓度	N_2O 浓度	NO_x 浓度
NO 出口浓度	0.3128	−0.3337	0.9504	0.2137	−0.1860	0.1990	1.0000	0.5230	0.0916	0.9841
NO_2 浓度	0.3803	−0.4575	0.5806	0.6432	−0.2529	−0.1521	0.5230	1.0000	0.1582	0.6639
N_2O 浓度	0.7561	−0.7789	−0.0731	0.3231	0.7012	0.1740	0.0916	0.1582	1.0000	0.1414
NO_x 浓度	0.3726	−0.4071	0.9474	0.3261	−0.1932	0.1490	0.9841	0.6639	0.1414	1.0000

从表 5-7 中容易看出，对于本书最关注的输出特征 NO 出口浓度这一项来说，最重要的输入特征是 NO 初始浓度。数据集在 NO 初始浓度上分布不均匀，某些 NO 初始浓度存在样本数量过少的情况。切分训练集与数据集时对这些 NO 初始浓度划分不均匀，将使得取样偏置过大，导致模型无法正确学习这些 NO 初始浓度，降低模型泛化能力。本书采取分层抽样（stratified sampling）的方式切割数据集。

以不同的 NO 初始浓度为标签进行分层抽样，结果获得样本量为 219 的训练集与样本量为 95 的测试集。训练集与测试集在不同 NO 初始浓度的比例见表 5-8。

表 5-8　训练集与测试集在各 NO 初始浓度的样本比例

NO 初始浓度/10^{-6}	100	300	500	1000
训练集	0.7306	0.0913	0.0913	0.0868
测试集	0.7368	0.0947	0.0842	0.0842

5.3.3.3　模型拟合结果与评价

（1）支持向量机的拟合效果

支持向量机的建模仅仅依靠支持向量的位置（不同的超平面选择涉及的支持向量不同），这意味着训练集中只有少量的样本对模型产生影响。所以比起普通的分类算法，支持向量机所需的样本数量更少（但是同样需要样本对特征空间有一个很好的覆盖），非常适合小样本问题的学习。同时，由于核函数的应用，支持向量机能够解决高维的、非线性的问题。这与本书研究的问题非常契合。

本研究开发了一个支持向量机模型，选取高斯核函数。使用网格搜索的方式寻找模型的最优超参数。经过搜索，最佳的超参数 (γ, C) 取值为 $(0.1, 70)$。本书中的支持向量机模型是基于 Scikit-Learn 库开发的。最终，调参后的支持向量机模型的拟合表现见表 5-9。

表 5-9　支持向量机模型的拟合效果

项目	训练集				测试集			
	NO 出口浓度	NO_2 浓度	N_2O 浓度	NO_x 浓度	NO 出口浓度	NO_2 浓度	N_2O 浓度	NO_x 浓度
RMSE	20.0224	12.4042	0.7057	18.1541	20.5656	11.3811	0.8377	18.8515
MAE	16.5602	8.4365	0.5843	15.0289	15.9804	8.0164	0.6394	16.0206
R^2	0.9937	0.9539	0.9926	0.9960	0.9928	0.9569	0.9912	0.9953

（2）随机森林的拟合效果

随机森林模型拥有强大的应用能力和广泛的应用范围，是论文与数据分析赛事中的常用算法。随机森林模型没有数据维度与数据类型的限制。

本研究使用随机森林模型拟合数据集，并以 MSE 为节点划分指标函数。本节中的随机森林模型是基于 Scikit-Learn 库开发的。最终。调参后的随机森林模型的拟合表现见表 5-10。使用网格搜索的方式寻找模型的最优超参数，设定超参数 n_estimators（子树数量）的取值范围为 $[0, 1000]$，max_depth（子树最大深度）的取值范围为 $[0, 25]$。经过搜索，最佳的超参数（n_estimators，max_depth）取值为 $(400, 12)$。

表 5-10　随机森林模型的拟合效果

项目	训练集				测试集			
	NO 出口浓度	NO_2 浓度	N_2O 浓度	NO_x 浓度	NO 出口浓度	NO_2 浓度	N_2O 浓度	NO_x 浓度
RMSE	11.0589	8.7050	0.8237	8.8668	14.0836	9.1167	1.0159	12.2176
MAE	7.4249	5.7473	0.5076	5.7972	9.3535	6.8131	0.6289	8.4211
R^2	0.9981	0.9773	0.9899	0.9991	0.9966	0.9724	0.9870	0.9980

随机森林模型通过计算有多少节点利用某个特征分类进行分类，返回该特征在所有节点的占比，作为其对预测的影响权重。图 5-11 为随机森林得出的各输入特征影响权重。可以看出，NO 初始浓度是影响预测目标值最重要的参数，其次是氧含量，再次是放电功率，最不重要的是 Ar 含量。

（3）神经网络的拟合效果

神经网络中的超参数较多。通过多次试验，最终获得的神经网络模型各层的神经元数目依次为 $(6, 60, 4)$。隐藏层神经元的激活函数为 "selu"，神经元初始器为 "lecun_normal"，学习率为 0.0002。神经网络模型基于 Tensorflow 中的 Keras 模块开发。最终，调参后的神经网络模型的拟合表现见表 5-11。

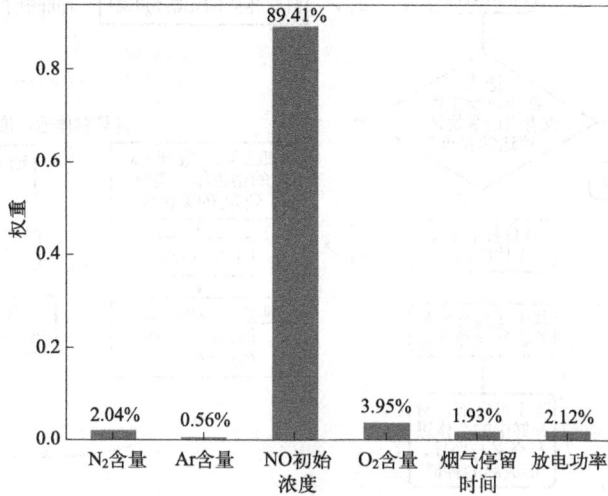

图 5-11　各输入特征的影响权重

表 5-11　神经网络模型的拟合效果

项目	训练集				测试集			
	NO 出口浓度	NO_2 浓度	N_2O 浓度	NO_x 浓度	NO 出口浓度	NO_2 浓度	N_2O 浓度	NO_x 浓度
RMSE	21.0697	15.2350	1.2308	16.1686	19.1725	15.2718	1.3190	16.7365
MAE	15.4314	11.9247	0.9717	11.9795	15.1656	12.5727	0.9866	13.1339
R^2	0.9930	0.9305	0.9773	0.9969	0.9937	0.9225	0.9781	0.9963

由三种模型的拟合效果可以看出，除去 N_2O 浓度以外，随机森林模型在其余输出特征的表现都有明显优势。

（4）三种模型集成的混合模型

下面使用遗传算法对三种模型进行集成。采用的集成方法为线性集成，即最优的混合模型可以表示为

$$\min P = \omega_1 P_{RF} + \omega_2 P_{ANN} + \omega_3 P_{SVM} \qquad (5-5)$$
$$\text{s.t} \quad \omega_1 + \omega_2 + \omega_3 = 1$$

式中，P 为混合模型的拟合表现；P_{RF}，ω_1 为随机森林模型的拟合表现及其线性占比；P_{ANN}，ω_2 为神经网络模型的拟合表现及其线性占比；P_{SVM}，ω_3 为支持向量机模型的拟合表现及其线性占比。

接着采用遗传算法求解该优化问题。图 5-12 展示了遗传算法的具体细节，具体描述如下。

初始化种群：生成一个 200×48 的矩阵。算法中将个体基因长度设置为 48，种群大小设置为 200 个，矩阵代表种群，矩阵中的每一行代表一个个体。

计算适应度：首先将矩阵奇数列和偶数列分开，分为两个 200×24 的矩阵，代表每个个体 x 与 y 参数的基因。然后将二进制字符串转换为十进制，再除以 24 位二进制字符串的量程（$2^{24} - 1$）转化为 $0 \sim 1$ 的数。接着返回 ω_1、ω_2、ω_3。这样的做法是为了保证返回的三个参数之和等于 1，满足公式(5-5)的约束。最后计算三个模型训练集预测结果的加权和与真

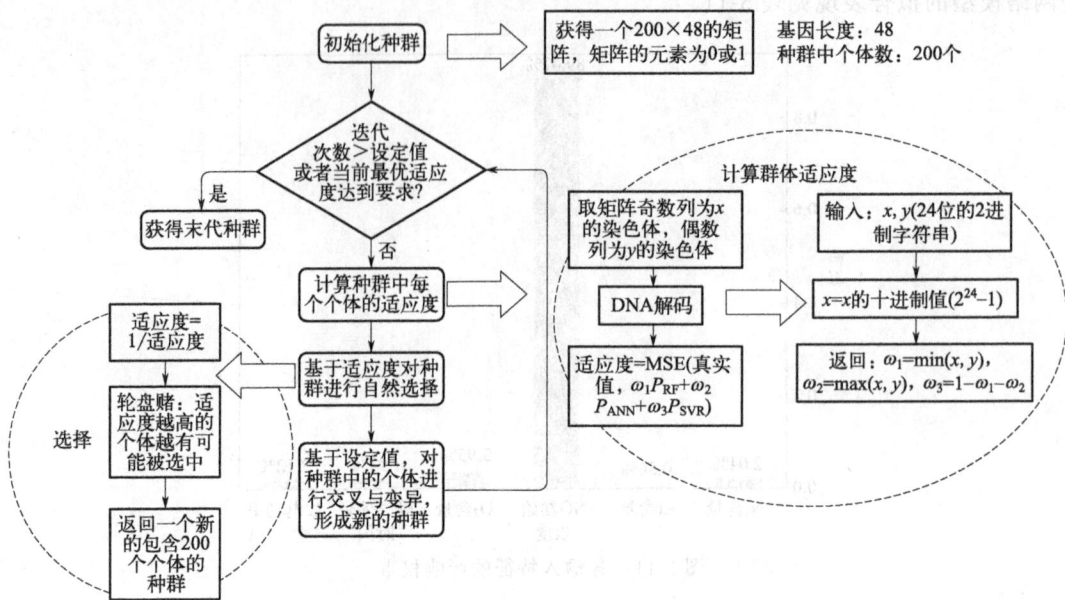

图 5-12　遗传算法的详细流程

实目标值的 MSE 作为适应度。

选择：适应度为加权预测值与真实值之间的 MSE，适应度越小代表个体的适应表现越好。首先取适应度的倒数，现在适应度越大代表个体的适应表现越好。然后对当前种群进行轮盘赌选择（以适应度作为概率值）。轮盘赌选择的原理为，概率值越高的个体被选中的概率越大。轮盘赌选择的结果为，返回一个乱序的矩阵，适应度值越高的个体出现的次数越多。

遗传算法中交叉与变异的流程如图 5-13 所示。图中交叉概率如式(5-6) 所示[28]。该公式表达的思想为：在世代数低的时候，种群中优质个体的占比较小，为了避免优质个体的基因受到污染，此时的交叉概率设定较小，减少交叉次数；相反，当世代数高的时候，种群中优质个体的占比较大，此时的交叉概率设定较大，增加交叉次数。根据该公式可以看出，当前世代数越大，R 越大，发生交叉的概率越大。

$$R = \frac{G + 2\sqrt{g}}{3G} \tag{5-6}$$

式中，R 为遗传算法的交叉概率；G 为总世代数（generations），算法设定为 50；g 为当前世代数。

设置种群中的个体数为 200 个，种群迭代数为 50 次，运行获得总共 10000 个个体数据，求解结果如图 5-14 所示。从图中可以看到，最终混合模型中三个模型线性组合的最佳权重为：$\omega_1 = 64.28\%$，$\omega_2 = 22.54\%$，$\omega_3 = 13.18\%$。

混合模型的拟合效果如表 5-12 所示。与随机森林模型的拟合效果（表 5-10）相比，除去 NO_2 浓度的 RMSE、R^2，NO_x 浓度的 MAE 三项外，混合模型在其余项上的效果都优于随机森林模型。从 RMSE 的角度来看，混合模型拟合 NO 出口浓度、NO_2 浓度、N_2O 浓度、NO_x 浓度的效果分别提升 10.73%、−2.19%、10.68%、9.04%；从 MAE 的角度来看，混合模型拟合 NO 出口浓度、NO_2 浓度、N_2O 浓度、NO_x 浓度的效果分别提升

4.94%、2.05%、5.13%、-1.24%；从 R^2 的角度来看，混合模型拟合 NO 出口浓度、NO_2 浓度、N_2O 浓度、NO_x 浓度的效果分别提升 0.07%、-0.13%、0.27%、0.03%。可以看出，混合模型对四个目标特征的泛化能力有一定的提升。

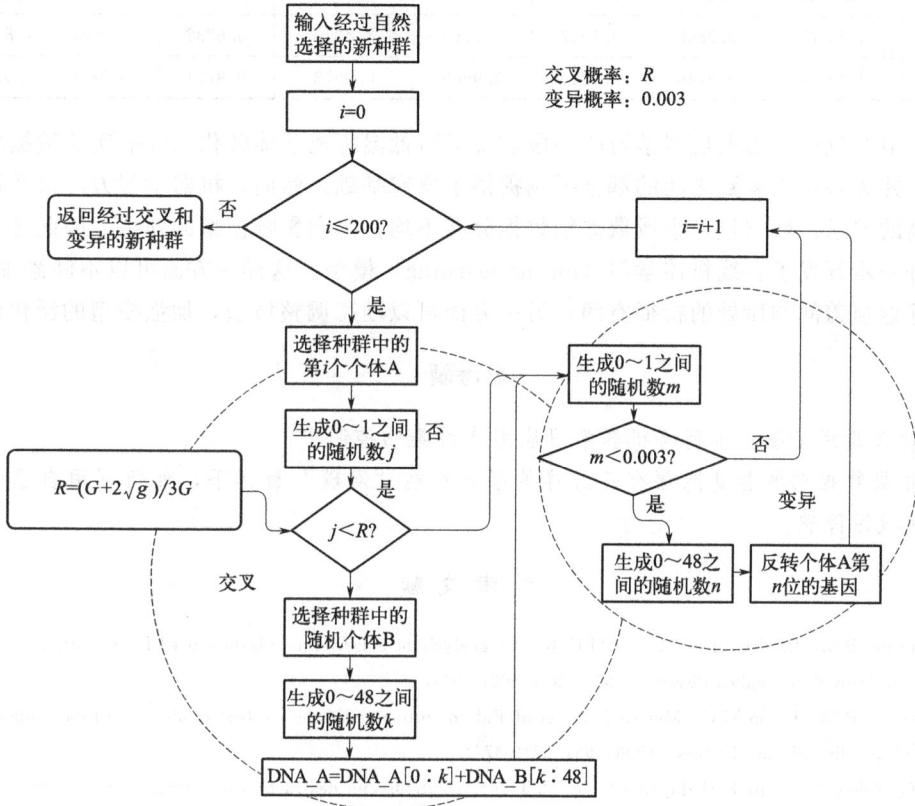

图 5-13　遗传算法中交叉与变异的详细流程

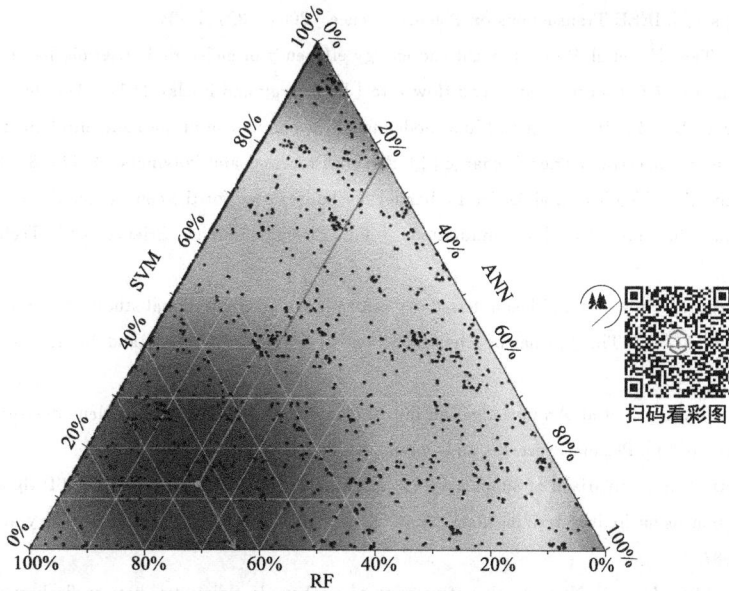

扫码看彩图

图 5-14　遗传算法的计算结果

表 5-12　混合模型的拟合效果

项目	训练集				测试集			
	NO 出口浓度	NO_2 浓度	N_2O 浓度	NO_x 浓度	NO 出口浓度	NO_2 浓度	N_2O 浓度	NO_x 浓度
RMSE	11.8107	9.1747	0.7492	9.5134	12.5722	9.3165	0.9074	11.1126
MAE	8.5836	6.3866	0.4937	7.0165	8.8916	6.6732	0.5966	8.5253
R^2	0.9978	0.9748	0.9916	0.9989	0.9973	0.9711	0.9896	0.9984

在本节案例中,借助机器学习的手段实现了对低温等离子体转化 NO 的实验数据更准确地预测,并为各输入参数之间的耦合影响提供了研究基础。然而,机器学习方法对数据的质量有很高的要求。数据量太小或数据集数据分布不均,都会影响模型的训练。因此基于本书案例,进一步开发了在线机器学习(online learning)模型。这样一方面可以不断添加数据,从而更好地覆盖问题所处的特征空间,另一方面可以动态调整模型,加强模型的泛化能力。

思考题

1. 什么是污染物?如何将机器学习应用在污染物控制中?

2. 污染物控制和智慧能源有着怎样的联系?在"双碳"目标下,如何利用自己的专业知识实现减污降碳?

参 考 文 献

[1] Penetrante B M, Bardsley J N, Hsiao M C. Kinetic analysis of non-thermal plasmas used for pollution control [J]. Japanese Journal of Applied Physics, 1997, 36: 5007-5017.

[2] Penetrante B M, Hsiao M C, Merritt B T, et al. Pulsed corona and dielectric-barrier discharge processing of NO in N_2 [J]. Applied Physics Letters, 1996, 68: 3719-3721.

[3] Hu X, Zhang J J, Mukhnahallipatna S, et al. Transformations and destruction of nitrogen oxides—NO, NO_2 and N_2O—in a pulsed corona discharge reactor [J]. Fuel, 2003, 82: 1675-1684.

[4] Kim Y, Kang W S, Park J M, et al. Experimental and numerical analysis of streamers in pulsed corona and dielectric barrier discharges [J]. IEEE Transactions on Plasma Science, 2004, 32: 18-24.

[5] Wang J, Yi H, Tang X, et al. Products yield and energy efficiency of dielectric barrier discharge for NO conversion: effect of O-2 content, NO concentration, and flow rate [J]. Energy and Fuels, 2017, 31: 9675-9683.

[6] Bie C D, Verheyde B, Martens T, et al. Fluid modeling of the conversion of methane into higher hydrocarbons in an atmospheric pressure dielectric barrier discharge [J]. Plasma Processes and Polymers, 2011, 8 (11): 1033-1058.

[7] Bie C D, Martens T, Dijk J V, et al. Dielectric barrier discharges used for the conversion of greenhouse gases: modeling the plasma chemistry by fluid simulations [J]. Plasma Sources Science and Technology, 2011, 20 (2): 024008.

[8] Snoeckx R, Aerts R, Tu X, et al. Plasma-based dry reforming: a computational study ranging from the nanoseconds to seconds time scale [J]. The Journal of Physical Chemistry C Nanomaterials and Interfaces, 2017, 117 (10): 4957-4970.

[9] Aerts R, Tu X, Bie C D, et al. An investigation into the dominant reactions for ethylene destruction in non-thermal atmospheric plasmas [J]. Plasma Processes and Polymers, 2012, 9 (10): 994-1000.

[10] Shao Y, Lunetta R S. Comparison of support vector machine, neural network, and CART algorithms for the land-cover classification using limited training data points [J]. ISPRS Journal of Photogrammetry and Remote Sensing, 2012, 70: 78-87.

[11] Liu S, Mei D, Shen Z, et al. Nonoxidative conversion of methane in a dielectric barrier discharge reactor: prediction of reaction performance based on neural network model [J]. The Journal of Physical Chemistry C, 2014, 118:

10686-10693.

[12] Shaahmadi F, Anbaz M A, Bazooyar B. Analysis of intelligent models in prediction nitrous oxide (N$_2$O) solubility in ionic liquids (ILs) [J]. Journal of Molecular Liquids, 2017, 246: 48-57.

[13] Asfaram A, Ghaedi M, Azqhandi M A, et al. Statistical experimental design, least squares-support vector machine (LS-SVM) and artificial neural network (ANN) methods for modeling the facilitated adsorption of methylene blue dye [J]. RSC Advances, 2016, 6: 40502-40516.

[14] Amar M N, Ghriga M A, Seghier M E A B, et al. Predicting solubility of nitrous oxide in ionic liquids using machine learning techniques and gene expression programming [J]. Journal of the Taiwan Institute of Chemical Engineers, 2021, 128: 156-168.

[15] Wang Y, Liao Z, Mathieu S, et al. Prediction and evaluation of plasma arc reforming of naphthalene using a hybrid machine learning model [J]. Journal of Hazardous Materials, 2021, 404: 123965.

[16] 万聪. 工业硅炉窑低温等离子体 NO 转化研究 [D]. 杭州: 浙江大学, 2021.

[17] Mehrani M J, Bagherzadeh F, Zheng M, et al. Application of a hybrid mechanistic/machine learning model for prediction of nitrous oxide (N$_2$O) production in a nitrifying sequencing batch reactor [J]. Process Safety and Environmental Protection, 2022, 162: 1015-1024.

[18] Fernández-Delgado M, Cernadas E, Barro S, et al. Do we need hundreds of classifiers to solve real world classification problems [J]. The Journal of Machine Learning Research, 2014, 15: 3133-3181.

[19] Cortes C, Vapnik V. Support-vector networks [J]. Machine Learning, 1995, 20: 273-297.

[20] 周志华. 机器学习 [M]. 北京: 清华大学出版社, 2016.

[21] Vapnik V. The nature of statistical learning theory [M]. Berlin: Springer Science and Business Media, 2013.

[22] Breiman L. Random forests [J]. Machine Learning, 2001, 45: 5-32.

[23] Breiman L, Olshen R, Stome C. Classification and regression trees [M]. London: Routledge, 2017.

[24] Géron A. Hands-on machine learning with Scikit-Learn, Keras, and TensorFlow [M]. Sevastopol: O'Reilly Media, 2022.

[25] McCulloch W S, Pitts W. A logical calculus of the ideas immanent in nervous activity [J]. Bulletin of Mathematical Biophysics, 2006, 5 (4): 115-133.

[26] 邱锡鹏. 神经网络与深度学习 [M]. 北京: 机械工业出版社, 2020.

[27] Holland J H. Adaptation in natural and artificial systems [M]. Ann Arbor: The University of Michigan Press, 1975: 32.

[28] Katoch S, Chauhan S S, Kumar V. A review on genetic algorithm: past, present, and future [J]. Multimedia Tools and Applications, 2021, 80: 8091-8126.

[29] Shlens J. A tutorial on principal component analysis [J]. International Journal of Remote Sensing, 2014, 51: 2.

[30] Fabisch A. GMr: gaussian mixture regression [J]. Journal of Open Source Software, 2021, 6: 3054.

第 6 章

智慧电网

6.1　风电、光伏等新能源技术基础知识

6.1.1　新能源的定义和分类

新能源指除常规化石能源和大中型水力发电、核能发电之外的一次能源。与传统化石能源相比，新能源以新技术为基础，具有分布广、环境污染少、储量丰富、可持续性强等优点，具体体现为：①清洁环保，使用中损害生态环境的污染物排放较少或几乎没有；②除非常规化石能源之外，其他能源均可以再生，并且储量丰富、分布广泛，可供人类永续利用；③应用灵活，因地制宜，既可以大规模集中式开发，又可以小规模分散式利用。

各类新能源技术大致可分为 4 类：①动力发电技术，如风力发电、波浪发电、潮汐发电和水力发电（包括小型和径流式电站）；②光和热的能量转换技术，如太阳能光伏发电，太阳能热和地热等；③生物质和生物燃料技术，如生物柴油、沼气等；④废弃物可再生能源部分，包括家庭和工业废弃物发电。部分新能源由于技术、经济或能源品质等因素而未能大规模使用，有的甚至还处于研发或试用阶段。

6.1.2　光伏发电系统的组成

光伏发电系统的组成主要包括光伏电池、储能蓄电池、保护和控制系统、逆变器。

（1）光伏电池

光伏电池是利用光伏效应将太阳能直接转换为电能的器件，也叫太阳能电池，由很多单体光伏电池构成。单体光伏电池是指具有正、负电极，并能把光能转换成电能的最小光伏电池单元。根据功率需要，不仅可以将多个光伏单体电池串、并联并封装在一起，组成一个能单独作为电源使用的最小单元，即光伏电池组件，还可以把多个光伏电池组件再次串、并联并装在支架上，组成光伏电池阵列。

（2）储能蓄电池

光伏发电系统输出功率不稳定、不连续，独立工作时常需要配备储能装置，以保证对用户的可靠供电。阳光充足时，剩余的能量给蓄电池充电。日照缺乏的情况下，由蓄电池向用户补充供电。常用的蓄电池有铅酸蓄电池、硅胶蓄电池和碱性镉镍蓄电池。其中铅酸蓄电池功率价格比最优、应用最广。

（3）保护和控制系统

在小型或独立运行的光伏发电系统中，保护和控制系统主要是对蓄电池进行保护，防止过充电和过放电。在大中型或并网运行的光伏发电系统中，保护和控制系统具有平衡、管理系统能量，保护蓄电池及整个系统正常工作和显示系统工作状态等重要作用。

（4）逆变器

光伏电池和蓄电池输出的都是直流电。逆变器是将直流电变换为交流电的电力电子设备，是光伏电池普及应用的关键技术之一。

6.1.3 光伏发电系统的特点

我国的太阳能资源分布是西部多于东部，北部多于南部（除西藏、新疆以外）。这主要是大气云量以及山脉分布的影响造成的。

光伏发电系统的优点为：

① 运输、安装容易。光伏组件结构简单、体积小、质量轻，规模可大可小，运输、安装都相对容易。

② 运行、维护简单。容易启动，可随时使用；没有机械磨损和消耗，故障率低。

③ 安全、可靠、寿命长。

④ 清洁、环境污染少。不产生噪声，不发生化学变化，对环境的直接污染很小。

光伏发电系统的缺点主要是太阳能资源本身的弱点造成的，具体如下：

① 能量密度低，占地面积大，材料用量多。

② 能量不稳定，受天气、气候、季节因素影响，太阳辐射具有波动性、随机性。

③ 能量不连续，昼夜交替使得太阳辐射具有不连续性。

6.1.4 风电系统的组成

（1）风力机及其控制系统

各种类型的风力机都至少包括叶片（有些称为桨叶）、轮、转轴、支架（有些称为塔架）等部分。其中由叶片和轮毂等构成的旋转部分又称为风轮。

按转轴与风向的关系，风力机大体上可分为两类：①水平轴风力机（风轮的旋转轴与风向平行）；②垂直轴风力机（风轮的旋转轴直于地面或气流方向）。

（2）发电机及其控制系统

恒速恒频式风力发电系统（CSCF）：在有效风速范围内，发电机组的运行转速变化范围很小，近似恒定；发电机输出的交流电能频率恒定。

变速恒频式风力发电系统（VSCF）：在有效风速范围内，允许发电机组的运行转速变化；发电机定子输出的交流电能频率恒定。

变速变频式风力发电系统（VSVF）：在有效风速范围内，发电机组的转速和定子侧产生的交流电能的频率都是变化的。

（3）辅助部件

包括传动结构（例如轮箱）、对风系统（偏航系统）、限速和制动装置。

6.1.5 风电系统的特点

风能资源的利用，取决于有效风能密度和可利用风能年积累小时数。按照有效风能密度大小和 3~20m/s 风速全年出现的累积小时数，我国可划分为风能资源分布的 4 类区域：丰富区、较丰富区、可利用区和贫乏区。其中风能丰富区是指一年内风速 3m/s 以上超过半年，6m/s 以上超过 2200h 的地区，主要包括"三北"地区（东北、华北、西北）。另外，某些沿海地区及附近岛屿也是我国风能资源丰富的地区。

风电系统的优点为：

① 没有直接污染排放。因没有燃料的燃烧，不会产生二氧化碳。

② 不需要水参与发电过程。

③ 经济性好。

风电系统的缺点为：

① 风力机的噪声大。

② 风力机引起的电磁干扰。这主要取决于叶片和塔架的材料与形状。

③ 视觉影响。

④ 风电场具有单机容量小、机组数目多的特点，会对土地的使用、动植物的生态环境产生一定影响。

6.1.6 抽水蓄能电站

抽水蓄能电站既是发电厂，又是用户，主要由可逆式水轮机、上游水库、下游水库和引水系统组成。

抽水蓄能电站启动迅速，运行灵活、可靠，除调峰填谷外，还适合承担调频、调相、事故备用等任务。其特点为：

① 抽水蓄能电站实现了电能的有效存储，并且可以在时间上对电能重新分配，有效调节了电力系统生产、供应、使用之间的动态平衡。

② 抽水蓄能电站是以水为介质的清洁能源电源，并具备启停迅速、运行灵活可靠、响应负荷变化快速的优势。

③ 抽水蓄能电站一般与火电机组、核电机组、风电机组等配合运行，因其具有调峰、填谷和承担旋转备用的作用，可减少火电机组的开停机次数，节省额外的燃料消耗，提高系统对风电、太阳能发电等波动性电源的消纳能力，充分利用清洁的可再生能源。

④ 抽水蓄能电站造价不高。根据电力系统负荷、电源的分布情况，合理配置抽水蓄能电站可减小电网潮流，在降低系统事故率、提高供电可靠性的同时，节省电力系统的总运行费用。

⑤ 抽水蓄能具有多重效益。抽水蓄能电站不仅具有调峰填谷的静态效益，而且由于启动迅速、运行灵活，特别适合在电力系统中承担调频、调相、负荷备用和事故备用等"动态"任务，因此可以满足系统运行需要，从而产生动态效益。

6.1.7 生物质能发电系统

生物质能发电系统是利用生物质直接燃烧或转化为某种燃料后燃烧产生的热量发电，其主要分为锅炉和汽轮发电机组两部分。生物质能发电的流程大致分两个阶段：第一个阶段，一般先把各种可利用的生物原料收集起来，然后通过一定程序的加工处理将其转变为可以高效燃烧的燃料。第二个阶段，把燃料送入锅炉中燃烧，产生高温高压蒸汽，驱动汽轮发电机组发出电能。生物质能发电系统的发电环节与常规火力发电是一样的，所用的设备也没有本质区别。

生物质能发电系统的特点：

① 适合分散建设、就地利用。与常规发电方式及风电等其他可再生能源发电相比，生物质能发电系统更适合分散建设、就近利用，尤其适合居住分散、人口稀少、用电负荷较小的农牧业区及山区。因为生物质能大多采用就地化利用，所以生物质系统的容量通常相对较小。

② 技术基础较好，建设容易。生物质的组织结构与常规的化石燃料相似，其利用方式也与化石燃料类似。其可以借鉴常规能源的利用技术，发展快。

③ 仍有碳排放，但比化石燃料少。与风电、太阳能发电等可再生能源发电方式相比，生物质能发电仍会产生碳排放，但要比常规火电厂少很多。更重要的是，由于生物质来源于二氧化碳（光合作用），燃烧后仍产生二氧化碳，在其自然循环周期内并不会增加大气中的二氧化碳含量。

④ 变废为宝，更加环保。生物质能发电，除了自身产生的环境污染少之外，还可实现废物利用，顺便解决了废物、垃圾的处置问题，对环境具有清理的作用。

6.1.8 潮汐电站

广义的潮汐发电，按能量利用的形式分为两种：一种是利用潮汐时流动的海水所具有的动能驱动水轮机带动发电机发电，称为潮流发电；另一种是在河口、海湾处修筑堤坝形成水库，利用水库与海水之间的水位差所蓄积的势能来发电，称为潮位发电。根据水轮机的布置和结构型式，潮汐电站所用的水轮发电机组可分为立轴定桨式、轴伸贯流式、竖井贯流式、灯泡贯流式和全贯流式。

潮汐电站对水轮发电机组特殊的要求为：满足潮汐低水头、大流量的水力特性；在海水中工作时，防腐、防污、密封和发电机防潮；需要性能好的开关设备，以适应机组随潮汐涨落而频繁启动和停止。

潮汐电站的优点为：①潮汐能源可循环再生；②潮汐变化有规律，发电输出没有季节性；③靠近用电中心，不消耗燃料，运行费用低；④潮汐发电不排放有害物质，不会污染环境；⑤潮汐电站建设不需要淹地、移民，还可以综合利用。

潮汐电站的缺点为：①发电出力具有间歇性；②水头低，发电效率不高；③潮汐电站多建于河口、港湾地区，水工建筑物尺寸大，土建投资大，电站水头低，发电机组多，工程复杂，机电投资也大；④潮汐电站的水库会出现泥沙淤积的问题，可能缩短电站寿命。

6.1.9 地热能发电系统

地热能发电系统与传统的发电系统本质上没有区别。蒸汽型地热能发电系统是把高温地热田中的干蒸汽直接引入汽轮发电机组发电。但在引入汽轮发电机组前，要先把蒸汽中所含的岩屑、矿粒和水滴分离出去。蒸汽型地热能发电系统分为背压式汽轮机和凝汽式汽轮机两种。

热水型地热能发电是目前的主要方式，适用于中低温地热资源。低温热水或湿蒸汽不能直接送入汽轮机，需经一定手段，把热水变成蒸汽或利用其热量产生别的蒸汽。

热水型地热能发电主要有两种方式：①闪蒸地热能发电（减压扩容法）；②双循环地热能发电（低沸点工质法）。

地热能发电不需要额外的燃料，也不排放温室气体，有利于可持续发展。但是我国投入使用的地热能电站极少，多数地热能电站因为储量较小、地热温度不达标等因素不能提供稳定的热源。另外，地热能源流体中含有大量腐蚀性物质，影响发电装置的使用寿命。

6.1.10 海洋能发电系统

海洋能发电系统的组成包括采集系统、能量转换系统、发电系统。其利用方式主要包括波浪发电、海流发电、温差发电、盐差发电等。

（1）波浪发电

波浪发电系统的组成包括：①波浪能采集系统，捕获波浪的能量。②机械能转换系统，把捕获的波浪能转换为某种特定形式的机械能。波浪能的转换方式大体上可分为4类，即机械传统式、空气涡轮式、液压式、蓄能水库式。③发电系统，与常规发电装置类似，即用空气涡轮机或水轮机等设备把机械能传递给发电机转换为电能。典型的波浪发电系统包括振荡水柱式、振荡浮子式、点头鸭式、海蛇式、摆式等。

（2）海流发电

海流能是流动海水的动能，与流速的平方和流量成正比。相对于波浪能而言，海流能的变化平稳且有规律。海流发电又可分为：①轮叶式海流发电。其原理和风力发电类似，即利用海流推动轮叶，带动发电机发电。轮叶的转轴有与海流平行的，也有与海流垂直的。②降落伞式海流发电。其原理是将多个"降落伞"式的轮叶串联在环形的铰链绳上。当海流流过设备时，海流会迫使"降落伞"张开或收拢，进而使得铰链绳转动，从而带动绞盘并驱动发电机发电。

（3）温差发电

海洋温差发电，就是利用海洋表层暖水与底层冷水之间的温度差来发电。通常所说的海洋温差发电，大多是指基于海洋热能转换（OTEC）的热动力发电技术。其工作方式分为开式循环、闭式循环、混合式循环3种。

（4）盐差发电

盐差发电的方法包括渗透压法、蒸汽压法、浓差电池法。其中，渗透压法包括压力延滞渗透发电、水压塔渗压发电等。

（5）海洋能发电系统的特点

① 蕴藏量丰富。海洋水体中蕴藏的能量数额巨大，而且可以持续再生，取之不尽，用之不竭。

② 能量密度低。各种形式的海洋能分散在广阔的海域，除盐差能外，能流密度都相当低。要想实现较大规模的能量利用，就需要对大量的海水进行作用。

③ 稳定性较好或者变化有规律。海洋能作为自然能源是随时变化的，但海洋是庞大的蓄能库，可将太阳能及其派生的风能等以热能、机械能等形式储蓄在海水里，不像陆地和空中那样容易散失。海洋能中的温差能和海流能比较稳定，24h不间断，昼夜波动小，只稍有季节性变化。潮汐能虽然变化，但其变化有规律可循。目前对潮位、潮速、方向等潮流动态特性都可以准确预测。盐差能变化较慢，也是比较稳定的。

④ 清洁无污染。海洋能属于清洁能源，其开发利用过程对环境污染影响很小。

6.1.11 提高新能源渗透率的方法

风、光等新能源出力具有随机性和波动性，其大规模消纳一直是世界性难题。由于我国的资源禀赋特点、电力系统条件和市场机制问题，消纳新能源面临更大的挑战。

当前，我国新能源以集中式的基地模式开发为主，主要布局在东北、西北、西南等地区。本地消纳能力有限、灵活调峰能力不足、电网跨区输送能力不够、市场机制不完善等已成为我国新能源高质量发展的重要影响因素。要想破解新能源发展难题，需要从电源、电网、用户、市场等多个环节入手，多措并举、综合施策。在电源侧要加强调峰能力建设，提高抽蓄、燃机等灵活调节电源比例，推动火电机组调峰能力改造，提高供热机组调峰深度。在电网侧要加快跨区跨省通道建设，扩大新能源配置范围，统筹发挥大电网配置及平衡能力。在用户侧要推进电能替代，加快微电网、储能、"互联网＋"智慧能源等技术攻关，用市场办法引导用户参与调峰调频、主动响应新能源出力变化。在体制机制方面要完善火电调峰补偿机制，加快构建全国统一电力市场，建立有利于打破省间壁垒、促进清洁能源跨区跨省消纳的电价机制和新能源配额制度。

6.2 电网控制技术

6.2.1 电力系统三级安全稳定标准

电力系统承受大扰动能力的安全稳定标准分为三级。第一级标准，保持稳定运行和电网的正常供电；第二级标准，保持稳定运行，但允许损失部分负荷；第三级标准，当系统不能保持稳定运行时，必须防止系统崩溃并尽量减少负荷损失。安全稳定标准具体内容如下。

第一级安全稳定标准：正常运行方式下的电力系统受到单一元件故障扰动后，保护、开关及重合闸正确动作，不采取稳定控制措施，必须保持电力系统稳定运行和电网的正常供电，其他元件不超过规定的事故过负荷能力，不发生连锁跳闸。

第二级安全稳定标准：正常运行方式下的电力系统受到较严重的故障扰动后，保护、开关及重合闸正确动作，应能保持稳定运行，必要时允许采取切机和切负荷等稳定控制措施。

第三级安全稳定标准：电力系统因严重故障导致稳定破坏时，必须采取措施，防止系统崩溃，避免造成长时间大面积停电和对最重要用户（包括厂用电）的灾害性停电，使负荷损失尽可能减少到最小，电力系统应尽快恢复正常运行。

6.2.2 电力系统稳定控制要求

根据 GB 38755—2019《电力系统安全稳定导则》，保证电力系统安全稳定运行的基本要求共有 6 点。

① 为保证电力系统运行的稳定性，维持电网频率、电压的正常水平，系统应有足够的静态稳定储备和有功、无功功率备用容量。备用容量应分配合理，并有必要的调节手段。在正常负荷波动和调节有功、无功潮流时，均不应发生自发振荡。

② 合理的电网结构是电力系统安全稳定运行的基础。在电网的规划设计阶段，应当统筹考虑，合理布局；在运行阶段，运行方式安排也要注重电网结构的合理性。

③ 在正常运行方式下（含计划检修方式）下，系统中任一元件（发电机、线路、变压

器、母线）发生单一故障时，不应导致主系统非同步运行，不应发生频率崩溃和电压崩溃。

④ 在事故后经调整的运行方式下，电力系统仍应有规定的静态稳定储备，并满足再次发生单一元件故障后的暂态稳定和其他元件不超过规定事故过负荷能力的要求。

⑤ 电力系统发生稳定破坏时，必须有预定的措施，以防止事故范围扩大，减少事故损失。

⑥ 低一级电压电网中的任何元件（包括线路、母线、变压器等）发生各种类型的单一故障，均不得影响高一级电压电网的稳定运行。

6.2.3 频率控制

（1）频率控制方法

① 预留调整容量。根据日负荷计划，预留出足够的调频容量。在负荷增长时期，主要预留上调空间；在负荷下降期间，主要预留下降空间。当可调容量不够时，应当修改电厂出力、开停机组，保留足够的可调容量。

② 指定主调频厂。主调频厂负责频率调整，在水火电厂并存的电网中，一般以水电厂为主调频厂，大型火电厂中的高效率机组带基荷，效率低的机组作为辅助调频厂。在水电大发季节，为多发水电，一般由水电厂带基荷，而火电厂调频。

③ 利用自动发电控制（AGC）进行调频。自动发电控制不但调频速度快，可以保持电网频率在额定值上、下允许范围内运行，而且可以按照最优原则分配参与二次调整的各台机组的功率，使电网潮流分布经济、安全，同时对联络线功率的控制也很有利。

（2）AGC 目标

AGC 作为现代电网调度运行必备的重要手段，是通过控制区域内发电设备的有功功率，使本区域发电功率跟踪频率、负荷和联络线交换功率变化，从而实现电力供需的实时平衡。AGC 主要实现下列目标：

① 维持系统频率与额定值的偏差在允许的范围内。

② 维持对外联络线净交换功率与计划值的偏差在允许的范围内。

③ 在满足频率和对外净交换功率计划的情况下，按经济原则安排受控机组出力，使整个系统运行最经济。

6.2.4 电压控制

（1）电压控制措施

① 调整发电机、调相机的无功出力。

② 投退电容器、电抗器及动用其他无功储备。

③ 调整潮流，转移负荷。

④ 在不影响系统稳定水平的前提下，按预先安排断开轻载线路或投入备用线路。

⑤ 电压严重超下限运行时，按规定切除相应地区部分用电负荷。

⑥ 改变变压器变比。

⑦ 当无功功率缺乏时，提高电压应在高峰负荷到来前完成。

（2）调压措施应用原则

从改善电压质量和减少网损考虑，必须尽量做到无功功率的就地平衡，减少无功功率长距离和跨电压等级的传送，这是实现有效的电压调整的基本条件。利用发电机调压不需要增加费用，是发电机直接供电的小系统的主要调压手段。当系统的无功功率供应比较充足时，各变电所的调压问题可以通过选择变压器的分接头来解决。但在系统的无功功率不足的条件下，不宜采用调整变压器分接头的办法来提高电压。因为当某一地区的电压由于变压器分接头的改变而升高后，该地区所需的无功功率也增大了，这就可能扩大系统的无功功率缺额，从而导致整个系统的电压水平进一步下降。对无功功率不足的系统，首要问题是增加无功功率电源，因此采用并联电容器、调相机或静止补偿器为宜。

（3）自动电压控制系统

自动电压控制（AVC）系统的建设和应用，完善了对电网无功电压的综合决策、调度和管理，实现电网了内合理的无功电压分布，不仅可以提高电压质量和系统的安全运行水平，而且可以有效降低电网网络损耗。其优势主要体现在：

① 提升电压品质及电压合格率，保持系统电压稳定。

② 优化电网潮流的无功分布，实现无功功率供需就地平衡，减少跨区域的无功功率流动，降低网络传输损耗。

③ 提高管理和社会效益，极大地减轻运行人员频繁调整电压和无功功率的工作量。

6.2.5 电网负荷调整

（1）负荷调整的基本原则

① 保证电网安全。

② 统筹兼顾。

③ 保住重点。

④ 个性化对待。

⑤ 兼顾生活习惯。

⑥ 明确限电和其他负荷调整手段的关系。

（2）负荷调整的方法

① 通过电价手段调整：比如容量电价、峰谷电价、分时电价、季节性电价、可中断负荷电价等。

② 改变电力用户用电方式：主要有削峰、填谷、移峰填谷等技术手段。

③ 拉闸限电：是有效预防和快速处置电网紧急事件，保证电网安全稳定运行的有效手段。拉闸限电必须按照限电序位表规定执行。

6.2.6 批量控制操作

批量控制操作包括顺序控制操作和群控操作。

（1）顺序控制操作

根据预先定义的控制设备序列，按次序执行遥控操作。在执行过程中，若发生执行失败的情况，则本轮控制操作终止。

（2）群控操作

在预先定义的控制序列中，不同厂站间实行"并行"控制操作，即"并行"下发遥控操作，同一厂站间执行"顺序"控制操作。整个操作过程不会因为某一步骤执行失败而终止，但具备暂停/继续等流程管控操作。

程序化控制和负荷批量控制是批量控制操作的典型应用。

程序化控制：目前已投运的智能变电站普遍具备了程序化控制功能。智能调度控制系统的程序化控制操作以子站现场操作的典型票为原本，由主站发起，采用主站拓扑防误和子站防误校验协同防误的程序化控制方案。

负荷批量控制：省地一体化负荷批量控制由省调发起并向各地调下发切除负荷的目标值，地调负荷批量控制程序接收目标值并根据目标值自动选择控制序列，将控制序列上传省调，省调确认后地调系统执行控制操作，根据固定的策略直接切除目标负荷值，并将控制结果反馈给省调。主要流程如下：

① 各地区实时可切负荷监视。

② 各地区批量控制目标值的确定。

③ 各地区批量控制目标值的下发。

④ 各地区控制序列的一次选择与实时可切容量的上送。

⑤ 各地区实时可切容量的安全分析及结果反馈。

⑥ 各地区控制序列的二次调整与可切容量的再次上送。

6.2.7 潮流控制

（1）潮流分布的特点

电力网的功率分布和电压分布称为潮流分布。合理的潮流分布特点为：

① 运行中的各种电工设备承受的电压应保持在允许范围内，各种元件通过的电流应不超过其额定电流，以保证设备和元件的安全。

② 应尽量使全网的损耗最小，达到经济运行的目的。

③ 正常运行的电力系统应满足静态稳定和暂态稳定的要求，并有一定的稳定储备，不发生异常振荡现象。

（2）辐射形网络的潮流调整方法

① 改变网络结构，投入备用线路，断开运行线路。

② 增加辐射形网络上的机组出力。

③ 转走或转入负荷，或采取拉闸限电、负荷控制、避峰错峰等办法调整负荷。

④ 升高或降低电压。

（3）环形网络的潮流调整方法

① 改变电源出力。

② 改变负荷分布。

③ 改变网络结构。

④ 调整电压。按照负荷电压特性，降低电压能够降低负荷，从而达到调整潮流的目的。同时，调整电压还能调整环流或强制循环功率，从而改变潮流分布。

⑤ 采用附加装置进行调整。主要手段有串联电容、串联电抗和附加串联加压器、综合潮流控制器等。

6.2.8 合解环与并解列操作

（1）合解环操作

合环操作：将线路、变压器或断路器串构成的网络闭合运行的操作。同期合环是指通过自动化设备或仪表检测周期后自动或手动进行的合环操作。

解环操作：将线路、变压器或断路器串构成的闭合网络开断运行的操作。

合、解环操作注意事项如下：

① 合环操作必须相位相同，电压差、相角差应符合规定。

② 应确保合、解环网络内，潮流变化不超过电网稳定、设备容量等方面的限制。

③ 继电保护、安全自动装置应与解、合环操作后的电网运行方式配合。

④ 确知合、解环的系统属于同一系统，并且相序、相位信息已经核对正确。

⑤ 了解两侧系统的电压情况。

⑥ 对于消弧线圈接地的系统，应考虑合、解环后消弧线圈的正确运行。

⑦ 应使用开关进行合、解环操作。

⑧ 在合环后应检查和判断合环操作情况；解环时应检查合环系统，在合环运行状态后才能进行解环操作，防止误停电。

（2）并解列操作

并列操作：发电机（调相机）与电网或电网与电网之间在相序相同，且电压、频率允许的条件下并列运行的操作。

电力系统并列的方法有自同期法和准同期法。

解列操作：通过人工操作或保护及自动装置动作使电网中断路器断开、发电机（调相机）脱离电网或电网分成两个及以上部分运行的操作。

并解列操作注意事项如下：

① 地区电网与主电网并、解列时，操作前必须征得上级值班调度员同意。

② 解列时，将解列点有功潮流调整至零，电流调整至最小，如调整有困难，可使小电网向大电网输送少量功率，避免解列后小电网的频率和电压较大幅度变化。

③ 选择解列点时要考虑到在同期时找同期方便。

6.3 案例分析

6.3.1 时序生产模拟

时序生产模拟是一种模拟系统实际运行的仿真方法，在国内外被广泛用于电力系统调度、发电生产计划。该方法是通过模拟可再生能源出力特性和负荷特性的时间序列，以优先消纳可再生能源为原则建立电网的电力平衡模型，逐点模拟电网运行状况。根据其所模拟时间范围的不同，可分为短时间尺度和长时间尺度。通常短时间尺度为几小时到几十小时，长时间尺度可以是数月到数年。然而，当时序生产模拟的时间尺度为年时，跨度时间过大、模型复杂、变量过多、空间维度较多等，从而限制了该方法在新能源消纳中的应用。

由于风光等可再生能源的出力变化较大，本小节采用时序生产模拟仿真法，根据负荷和风光电的历史出力数据，考虑机组发电约束与运行条件，以每小时为单位模拟系统在运行周期内的出力过程，可以较为准确地计及负荷曲线和各能源场站出力在运行周期内的时序变化特性，进而得到可再生能源消纳量等指标。基于随机时序生产模拟技术，进行新能源生产模拟仿真，并对电力系统各电源出力进行优化，可使电力系统稳定运行的同时尽可能消纳新能源。

6.3.1.1　电网模型

为了对电网进行模拟仿真、对电网的实际数据进行预测和优化以及考虑电网的运行边界，根据实际的电网进行优化，结合文献［1］的方法，采用分区电网用于计算电力系统碳排放量。该方法根据电网新能源外送通道受阻情况对目标电网进行分区，并对分区内的负荷、新能源、常规电源、联络线进行归类。分区后可以有效降低电网的复杂性，提高计算速度。具体电网模型如图 6-1 所示。

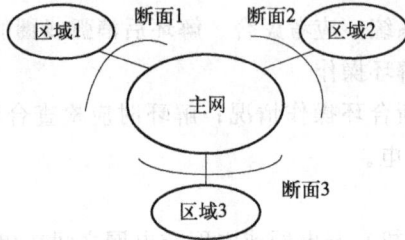

图 6-1　电网分区

考虑到实际电网覆盖面积大、电网结构复杂，建立详尽的物理模型来开展长时间尺度的时序生产模拟耗时巨大，而且很难应用于实际生产，同时设计的电网很难出现大量过载的情况。因此，本小节以一定的目标和要求对复杂的实际电网进行聚合形成一个或多个聚合电网，以此来适应实际仿真模拟所必要的实用性要求。

6.3.1.2　计及新能源不确定性的随机生产模拟碳排放量计算方法具体步骤

通过随机时序生产模拟方法实现新能源生产模拟仿真，使电力系统稳定运行的同时尽可能提高新能源消纳量，具体步骤包括：

① 获得目标电网的数据，包括火电机组的装机容量、新能源历史发电观测数据、负荷预测序列、网架结构信息和储能容量等，并把新能源历史数据输入随机场景生成模型中，得到依概率分布的新能源出力序列。

② 根据①中收集到的数据，搭建电网模型，设置系统安全稳定运行的约束条件，以可再生能源消纳量最大为目标建立优化计算模型，以依照概率分布的新能源出力序列、随机负荷预测序列、网架和储能数据为输入，以各常规机组和新能源机组的出力情况为决策变量，以新能源消纳量最大为目标进行优化计算，得到各发电机组出力时间序列。

③ 不断重复①和②，大量生成新能源随机发电序列，并对其进行优化得到大量机组出力序列；对计算的结果进行统计分析，得到依概率分布的新能源出力预测曲线，以及各机组出力、风力和光伏发电量、限电量的概率分布；根据概率分布，计算其期望值和方差。

6.3.1.3　通过目标电网数据得到新能源出力序列

（1）收集数据

收集目标电网的往年风力、光伏年度发电数据，火电机组出力上、下限，火电机组上、下坡速率，最小启停机时间；天然气发电出力上、下限；水电机组装机容量、水力发电量；外来电爬坡速率；储能容量、储能充放电速率等。

（2）随机场景生成

在随机场景生成模型中，首先输入风电装机容量、光伏装机容量和往年风光发电序列，进行随机场景生成，然后先对新能源理论出力进行概率建模，得到新能源理论出力离散概率分布，最后依照离散概率分布得到随机场景下的风电出力序列、光伏出力序列。下面以风光发电为例，详述随机场景生成步骤。

往年风电出力序列具有以下特征：风电出力总体波动性大、随机性强，在0到额定出力之间波动。将风电理论出力在其变化范围内分区，分别统计各离散区间风电理论出力出现的频率，作为对风电理论出力落入该离散化区间概率的估计值，并计算落入每个区间内所有风电理论出力数据的期望值。

使用一个$2 \times N_f$的矩阵表征风电理论出力P_f的离散概率分布，第一行表示P_f，第二行表示P_f出现的概率，即

$$\begin{bmatrix} P_{f1} & P_{f2} & P_{f3} & \cdots & P_{fn} \\ p_1 & p_2 & p_3 & \cdots & p_n \end{bmatrix} \tag{6-1}$$

式中，P_{fn}表示风电理论出力功率值；p_n表示这个功率值对应的概率。

往年光伏出力序列具有以下特征：光伏发电具有昼夜间歇性，需要进行昼夜分段建模。日间的光伏出力在0到额定出力之间波动，概率建模方法与风电相同；夜间的光伏出力为0，不参与新能源消纳计算。

6.3.1.4　搭建电网模型

（1）建立混合整数规划模型

为了尽可能提高新能源消纳能力，时序生产模拟法的具体目标函数如下：

$$f = \min \sum_{t=1}^{T} \left[\alpha P_f(t) + \beta P_o(t) + \gamma P_g(t) \right] \tag{6-2}$$

式中，α为火电机组出力的碳排放系数；β为外来电的碳排放系数；γ为天然气发电机组出力的碳排放系数；P_f为火电机组的出力；P_o为接纳的外来电电量；P_g为天然气发电机组的出力。

（2）设置约束条件

1）电力平衡约束

$$\sum_{i=1}^{n} P_f(t) + P_w(t) + P_{pv}(t) + P_h(t) + P_o(t) + P_g(t) + P_s(t) = P_L(t) \tag{6-3}$$

式中，n为电力系统中的常规机组数量；$P_f(t)$为t时刻火电机组的有功出力；$P_w(t)$为t时刻可消纳的总风电功率；$P_{pv}(t)$为t时刻可消纳的总光伏发电功率；$P_h(t)$为t时刻水电的有功出力；$P_o(t)$为t时刻外来电输送功率；$P_g(t)$为t时刻天然气发电的出力；$P_s(t)$为t时刻储能出力；$P_L(t)$为t时刻系统的总负荷。

图6-2的代码展示了时序生产模拟过程中，电力平衡约束的实现方法。通过一个程序循环将所设置时间内的电力平衡约束条件添加至约束中。thermal_power.variable为火电出力的变量；water_power.variable为水电出力的变量；wind_power.variable为风电出力的变量；photovoltaic_power.variable为光伏发电出力的变量；storage_power.variable为储能出力的变量；dc_power为直流输送功率的变量；fed_in_power为外来电输送功率的变量；data_fh为系统的总负荷变量。

2）新能源出力约束

$$0 \leqslant P_w(t) \leqslant P_{wmax} \tag{6-4}$$

$$0 \leqslant P_{pv}(t) \leqslant P_{pvmax} \tag{6-5}$$

式中，P_{wmax} 和 P_{pvmax} 分别为风电和光伏发电机组在 t 时刻的理论最大出力；P_{wmax} 和 P_{pvmax} 取自风电和光伏发电机组理论最大出力序列。

```
#电力平衡约束
for i in range(t0):
    constr += [cp.sum(thermal_power.variable[:, i+1]) +
               cp.sum(water_power.variable[:, i+1]) +
               cp.sum(wind_power.variable[:, i+1]) +
               cp.sum(photovoltaic_power.variable[:, i+1]) +
               cp.sum(gas_power.variable[:, i+1]) +
               cp.sum(storage_power.variable[:, i+1]) +
               cp.sum(dc_power[:,i+1]) +
               fed_in_power[:, i+1]    == data_fh[i+1] ]
```

图 6-2　电力平衡约束代码

图 6-3 的代码展示了时序生产模拟中，新能源出力约束的实现方法。即在不同新能源对象所属的类中定义约束条件。其中，Wind_Power 为风电所属的类，Photovoltaic_Power 为光伏所属的类。实现过程中，需要风电及光伏发电读入其最大装机容量 max_power 及数量 n，构建 variable≥0 和 variable≤max_power 的约束条件。

```
class Wind_Power:
    def __init__(self, max_power, n,T):
        self.max_power = max_power
        self.n = n
        self.T = T
        self.constr = []
        self.variable = cp.Variable((self.n,self.T+1))

    @property
    def constriant(self):
        self.constr += [self.variable >= 0]
        self.constr += [self.variable <= self.max_power]
        return self.constr
#光伏
class Photovoltaic_Power:
    def __init__(self, max_power,  n,T):
        self.max_power = max_power
        self.n = n
        self.T = T
        self.constr = []
        self.variable = cp.Variable((self.n,self.T+1))

    @property
    def constriant(self):
        self.constr += [self.variable >= 0]
        self.constr += [self.variable <= self.max_power]

        return self.constr
```

图 6-3　新能源出力约束代码

3）火电机组出力约束

$$P_{fmin} \leqslant P_f(t) \leqslant P_{fmax} \tag{6-6}$$

式中，P_{fmin} 为火电机组最小技术出力；P_{fmax} 为火电机组最大技术出力。

图 6-4 的代码展示了时序生产模拟中，火电所属类的整体定义和方法，包含机组初始化和约束条件构建。

图 6-5 的代码展示了时序生产模拟中，火电机组出力约束的实现方法。即在火电所属的类中定义约束条件。其中，max_power 和 min_power 分别为火电机组最大技术出力和火电机组最小技术出力；variable 为火电机组当前出力；X 表示火电机组启停状态，1 为启动状

态，0 为停运状态。

```
class Thermal_Power:
    def __init__(self, max_power, min_power, n, T, climb ):
        self.max_power = max_power
        self.min_power = min_power
        self.n = n
        self.T = T
        self.climb = climb
        self.constr = []
        self.value = np.array([1290, 1290])
        self.history = {}
        self.variable = cp.Variable((self.n, self.T+1))
        self.X = cp.Variable((self.n, self.T+1) ,integer = True)
        self.Y = cp.Variable((self.n, self.T+1) ,integer = True)
        self.Z = cp.Variable((self.n, self.T+1) ,integer = True)

    @property
    def constriant(self):
        self.constr += [self.variable >= 0]
        self.constr += [self.variable <= self.max_power * self.X]
        self.constr += [self.variable >= self.min_power * self.X]
        self.constr += [self.variable[:, 0] == self.value]
        self.constr += [self.X >= 0]
        self.constr += [self.Y >= 0]
        self.constr += [self.Z >= 0]
        self.constr += [self.X <= 1]
        self.constr += [self.Y <= 1]
        self.constr += [self.Z <= 1]

        for j in range(self.T):
            self.constr += [self.X[:,j+1] - self.X[:,j]-self.Y[:,j+1] + self.Z[:,j+1]  == 0]
            self.constr += [-self.X[:,j+1] - self.X[:,j] + self.Y[:,j+1] <= 0]
            self.constr += [self.X[:,j+1] + self.X[:,j] + self.Z[:,j+1]  <= 2]
            self.constr += [-self.X[:,j+1] - self.X[:,j] + self.Z[:,j+1]  <= 0]
            self.constr += [self.X[:,j+1] + self.X[:,j] + self.Z[:,j+1]  <= 2]

        for i in range(self.T):
            self.constr += [self.variable[:, i+1] - self.variable[:, i] <= self.up]
            self.constr += [self.variable[:, i] - self.variable[:, i+1] <= self.down]

        return self.constr
```

图 6-4　火电所属类的整体定义和方法代码

```
self.constr += [self.variable <= self.max_power * self.X]
self.constr += [self.variable >= self.min_power * self.X]
```

图 6-5　火电机组出力约束代码

4）火电机组爬坡约束

$$P_f(t+1) - P_f(t) \leqslant P_{up} \tag{6-7}$$

$$P_f(t) - P_f(t+1) \leqslant P_{down} \tag{6-8}$$

式中，P_{up} 为上爬坡率；P_{down} 为下爬坡率。

图 6-6 的代码展示了时序生产模拟中，火电机组爬坡约束的实现方法。即在火电所属的类中定义约束条件。其中，variable 为火电机组出力；up 和 down 分别为上爬坡率和下爬坡率。

```
for i in range(self.T):
    self.constr += [self.variable[:, i+1] - self.variable[:, i] <= self.up]
    self.constr += [self.variable[:, i] - self.variable[:, i+1] <= self.down]
```

图 6-6　火电机组爬坡约束代码

5）火电机组最小启停时间约束

本文通过加入描述机组运行状态的 3 类 0-1 变量 $X(t)$、$Y(t)$、$Z(t)$ 来描述机组最小启停时间约束、机组启停机逻辑约束，并以碳排放量最小为优化目标，采用可以提高新能源消纳水平的优化机组启停机方式。

$$Y(t) + \sum_{j=1}^{T_{\text{on}}} Z(t+j) \leqslant 1 \qquad (6\text{-}9)$$

$$Z(t) + \sum_{j=1}^{T_{\text{off}}} Y(t+j) \leqslant 1 \qquad (6\text{-}10)$$

式中，$Y(t)$ 和 $Z(t)$ 分别表示火电机组在 t 时刻的启动、停机状态的二进制变量，$Y(t)$ 为 1 时，表示 t 时刻火电机组正在启动，$Y(t)$ 为 0 时，表示 t 时刻火电机组没有正在启动，$Z(t)$ 为 1 时，表示 t 时刻火电机组正在停机，$Z(t)$ 为 0 时，表示 t 时刻火电机组没有正在停机；T_{on} 表示火电机组的最小持续运行时间；T_{off} 表示火电机组的最小持续停机时间。

6）火电机组启停机运行状态逻辑约束

$$X(t) - X(t-1) - Y(t) + Z(t) = 0 \qquad (6\text{-}11)$$

$$-X(t) - X(t-1) + Y(t) \leqslant 0 \qquad (6\text{-}12)$$

$$X(t) + X(t-1) + Y(t) \leqslant 2 \qquad (6\text{-}13)$$

$$-X(t) - X(t-1) + Z(t) \leqslant 0 \qquad (6\text{-}14)$$

$$X(t) + X(t-1) + Z(t) \leqslant 2 \qquad (6\text{-}15)$$

图 6-7 的代码展示了时序生产模拟中，火电机组启停机运行状态逻辑约束的实现方法。即在火电所属的类中定义约束条件。

```
#启停逻辑约束
for j in range(self.T):
    self.constr += [self.X[:,j+1] - self.X[:,j]-self.Y[:,j+1] + self.Z[:,j+1]  == 0]
    self.constr += [-self.X[:,j+1] - self.X[:,j] + self.Y[:,j+1] <= 0]
    self.constr += [self.X[:,j+1] + self.X[:,j] + self.Y[:,j+1]  <= 2]
    self.constr += [-self.X[:,j+1] - self.X[:,j] + self.Z[:,j+1] <= 0]
    self.constr += [self.X[:,j+1] + self.X[:,j] + self.Z[:,j+1]  <= 2]
```

图 6-7 火电机组启停机运行状态逻辑约束代码

7）水电机组出力约束

$$E_{\text{hmin}} \leqslant \sum_{i=1}^{n} P_{\text{h}}(t) \leqslant E_{\text{hmax}} \qquad (6\text{-}16)$$

式中，E_{hmin} 为水电机组在一个周期内的最低发电量；E_{hmax} 为水电机组在一个周期内的最高发电量。

图 6-8、图 6-9 的代码展示了时序生产模拟中，水电机组和抽水蓄能机组相关类的定义方法，包含机组初始化和约束条件构建。

图 6-10 的代码展示了时序生产模拟中，水电机组出力约束的实现方法。即在水电相关类中定义约束条件。

8）旋转备用约束

$$\sum_{i=1}^{n} P_{\text{fmax}}(t) + P_{\text{w}}(t) + P_{\text{pv}}(t) + P_{\text{h}}(t) + P_{\text{o}}(t) + P_{\text{g}}(t) + P_{\text{s}}(t) - P_{\text{L}}(t) \geqslant P_{\text{Re}}$$

$$(6\text{-}17)$$

式中，P_{fmax} 为火电机组的有功出力上限；P_{Re} 为电力系统的正旋转备用。

```python
class Water_Power:
    def __init__(self, max_power, min_power, n, T, climb, plan):
        self.max_power = max_power
        self.min_power = min_power
        self.n = n
        self.T = T
        self.plan = plan
        self.climb = climb
        self.constr = []
        self.value = np.array([1, 1])#水电初始化
        self.history = {}
        self.variable = cp.Variable((self.n, self.T+1))

    @property
    def constriant(self):
        self.constr += [self.variable >= 0]
        self.constr += [self.variable <= self.max_power]
        self.constr += [self.variable >= self.min_power]
        self.constr += [self.variable[:, 0] == self.value]
        self.constr += [cp.sum(self.variable[i, 1:]) == self.plan[i] for i in range(self.n)]
        for i in range(self.T):
            self.constr += [cp.abs(self.variable[:, i+1] - self.variable[:, i]) <= self.climb]

        return self.constr
```

图 6-8　水电机组相关类的定义方法代码

```python
class Pumped_Storage_Power:
    def __init__(self, max_power, min_power, n, T):
        self.max_power = max_power
        self.min_power = min_power
        self.n = n
        self.T = T
        self.constr = []
        self.value = np.array([0])
        self.history = {}
        self.variable = cp.Variable((self.n, self.T+1))
        self.cs_state = cp.Variable((self.n, self.T+1), integer = True)
        self.fs_state = cp.Variable((self.n, self.T+1), integer = True)

    @property
    def constriant(self):
        self.constr += [self.cs_state >= 0 ]
        self.constr += [self.fs_state >= 0 ]
        self.constr += [self.fs_state <= 1 ]
        self.constr += [self.variable == self.max_power * self.fs_state + self.min_power * self.cs_state]
        self.constr += [self.variable[:, 0] == self.value]

        return self.constr
```

图 6-9　抽水蓄能机组相关类的定义方法代码

```python
self.constr += [self.variable <= self.max_power]
self.constr += [self.variable >= self.min_power]
```

图 6-10　水电机组出力约束代码

9）天然气发电机组约束

$$P_{gmin} \leqslant P_g(t) \leqslant P_{gmax} \tag{6-18}$$

式中，P_{gmin} 为天然气发电机组的最小技术出力；P_{gmax} 为天然气发电机组的最大技术出力。

图 6-11 的代码展示了时序生产模拟中，天然气发电机组约束的实现方法。即在天然气相关类中定义约束条件。

```
self.constr += [self.variable <= self.max_power]
self.constr += [self.variable >= self.min_power]
```

图 6-11 天然气发电机组约束代码

10) 外来电出力约束

$$-P_{omax} \leqslant P_o(t) \leqslant P_{omax} \tag{6-19}$$

式中，P_{omax} 为外来电输送容量上限；$-P_{omax}$ 为外来电输送容量下限。

设定外来电参考方向为输入电网为正方向，输出电网为负方向，所以 P_o 可以取正负值，用正负值代表外来电功率传输方向。

图 6-12 的代码展示了时序生产模拟中，外来电出力约束的实现方法。其中 fed_in_power_max 为外来电输送容量上限。

```
constr += [fed_in_power >= -fed_in_power_max]
constr += [fed_in_power <= fed_in_power_max]
```

图 6-12 外来电出力约束代码

综合目标函数[式(6-2)]和约束条件[式(6-3)～式(6-19)]，可得到基于时序生产模拟的电力系统碳排放量计算模型。输入设置好的目标函数和约束条件，可得到基于时序生产模拟的最大化可再生能源消纳优化模型。该模型求解的是复杂电力系统模型，涉及的变量众多，且包含机组启停优化，因此在数学上可归结为求解混合整数线性规划模型（MIP）。其核心算法是分支定界法，基本解法是对有约束条件的最优化问题的所有可行解空间进行搜索。因此，采用 Python 中稳定的 CPLEX 求解器进行求解。求解过程如下：把决策变量、约束条件和目标函数输入求解混合整数规划的 CPLEX 求解器中对决策变量和边界条件求解，得到使可再生能源消纳量最大的各机组出力序列。

图 6-13 的代码展示了时序生产模拟的求解方法。即在 obj 中设置目标函数，在 constr 中设置约束条件，在 prob 中设置求解问题，通过 CPLEX 求解器进行求解。

```
obj = cp.Minimize(cp.sum(thermal_power.variable) * 0.841 +
                  cp.sum(gas_power.variable) * 0.635 + cp.sum(fed_in_power) * 0.262)
prob = cp.Problem(obj, constr)
prob.solve(solver=cp.CPLEX)
```

图 6-13 时序生产模拟代码

6.3.1.5 计算期望

重复 6.2 节中所述步骤，生成大量依照概率分布的风电、光伏发电序列。这些新能源发电序列应以 1h 为间隔，包含 1 年的 8760 个数据。以新能源发电序列作为输入，设置电力系统边界条件，进行随机生产模拟，目标函数为新能源消纳量最大化，优化得到各个机组出力序列。对大量的机组出力序列结果进行统计学分析，得到依概率分布的新能源出力预测曲线以及各机组出力的概率分布，并通过概率分布计算期望[式(6-20)]。

$$E(x) = \sum xp \tag{6-20}$$

式中，x 表示各机组的出力；p 表示各机组出力情况对应场景的概率。

其随机生产模拟流程主要包括三个部分，即随机场景生成、随机生产模拟、迭代并统计结果，如图 6-14 所示。

首先对每一个新能源理论功率概率场景，统计每一次优化风电、光伏出力的发电量和限

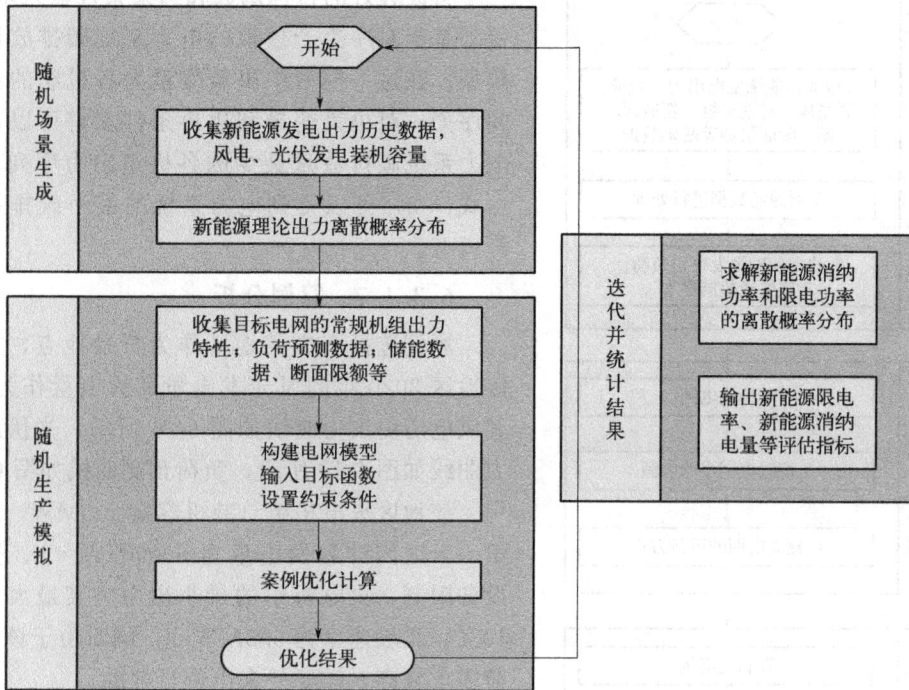

图 6-14　随机生产模拟流程

电量，得到风电、光伏出力的发电量和限电量概率分布，其次依照式（6-21）、式（6-22）计算得到概率场景下的风电消纳能力、光伏消纳能力，模拟电力系统消纳新能源的过程，求解新能源消纳功率和限电功率的离散概率分布，并计算该场景的概率，得到概率分布，最后计算概率分布的期望值得到全时段的消纳电量、限电电量和限电率等评估指标。

$$\eta_{w} = \frac{\sum P_{w}}{\sum P_{wmax}} \tag{6-21}$$

$$\eta_{pv} = \frac{\sum P_{pv}}{\sum P_{pvmax}} \tag{6-22}$$

依靠随机时序生产模拟技术，生成随机场景、设置边界条件、优化电网运行方式、对结果进行统计分析使电力系统在稳定运行的同时尽可能消纳可再生能源。通过该方法有利于在新能源出力随机性和波动性的情况下，更为准确地评估未来年/月电力系统的新能源消纳能力，指导优化新能源规划布局、指定新能源年/月发电量计划、量化评估新能源消纳措施，对促进可再生能源消纳具有重要作用。

6.3.1.6　基于时序生产模拟的电力系统碳排放量计算模型

本章使用时序生产模拟法对系统实际运行进行模拟计算，通过模拟新能源全年每小时出力特性和负荷特性时间序列，采用电力系统时序生产模拟方法以电力系统碳排放量最小为目标函数，求解各时刻的出力，满足电力平衡约束，机组爬坡约束和启停时间约束等，实现新能源出力最大的调度算法。该方法以小时为单位，仿真时间设为一年；根据系统内时序负荷、时序风电、时序光伏等，基于时序生产模拟法进行可再生能源消纳计算。整个时序生产模拟的计算流程如图 6-15 所示，主要包括数据准备、配置电网、案例计算和结果查看 4 个部分。

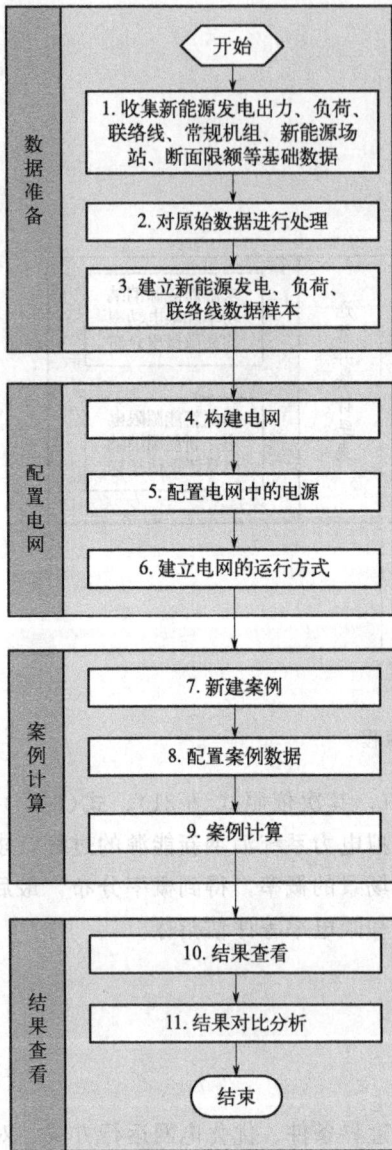

图 6-15 时序生产模拟的计算流程

将设置好的目标函数和约束条件输入求解器，得到基于时序生产模拟的电力系统碳排放量计算模型。在这一模型中决策变量为各机组的出力时间序列，对决策变量和边界条件求解可以得到使电力系统碳排放量最少的各机组出力序列，进而由式（6-2）可以得到电力系统的最小碳排放量计算模型。

6.3.1.7　算例分析

算例选择南方某地区作为背景地点，并选择该地区 2020 年的风光发电量和火电量作为代表。其风电历史出力曲线如图 6-16 所示，光伏历史出力曲线如图 6-17 所示，负荷预测曲线如图 6-18 所示。该地区火电机组总装机容量 200MW，水电机组一天之内计划发电量为 60000kW·h。受机组设备限制，火电机组的最小出力为其最大出力的 40%，爬坡速率为 0.3MW/h。同时由于该地区负荷需求较高，需要外来电进行辅助。

根据风电出力概率分布和光伏出力概率分布，生成随机风电、光伏理论出力序列，如图 6-19 和图 6-20 所示。

针对每一个随机的新能源理论出力序列，以式（6-2）所示的目标函数，以火电、水电、光伏、风电、外来电、储能六个决策变量进行混合整数规划，同时设置式（6-3）～式（6-19）所示的电力平衡约束、新能源出力约束、火电机组出力约束、火电机组爬坡约束、火电机组最小启停时间约束、火电机组启停机运行状态逻辑约束、水电机组出力约束、旋转备用约束、天然气发电约束、外来电出力约束为约束条件。

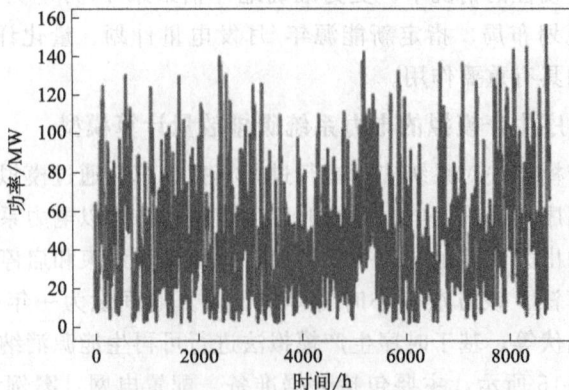

图 6-16　南方某地区风电历史出力曲线

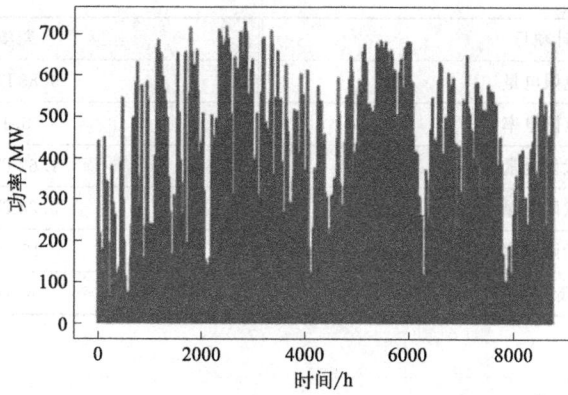

图 6-17 南方某地区光伏历史出力曲线

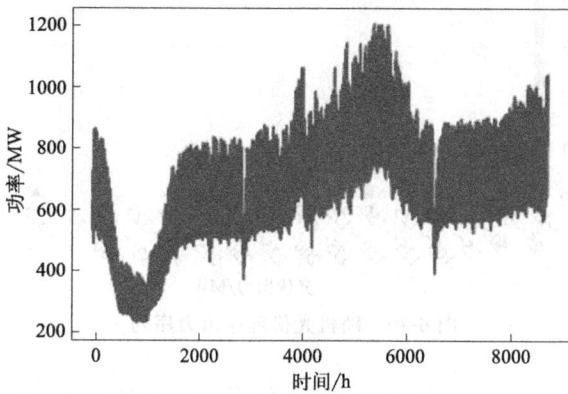

图 6-18 负荷预测曲线

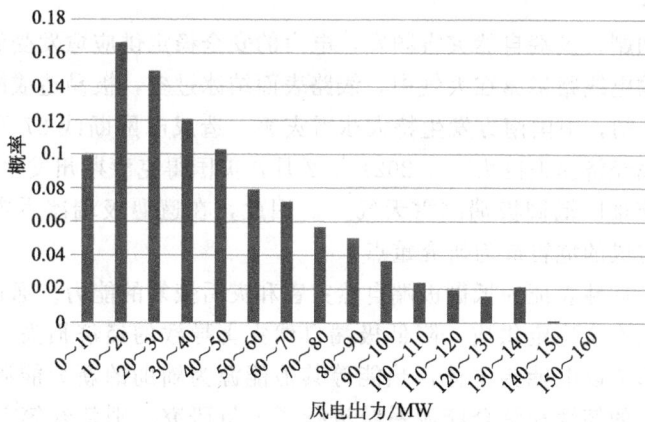

图 6-19 随机风电理论出力序列

对计算结果进行统计分析，得到表 6-1 所示的结果。

表 6-1 计算结果

统计项目	期望值
风电发电量	12.77TW · h

统计项目	期望值
风电限电量	0.83TW·h
风电限电率	6.1%
光伏发电量	1.62TW·h
光伏限电量	0.24TW·h
光伏限电率	13.08%
新能源限电率	6.94%

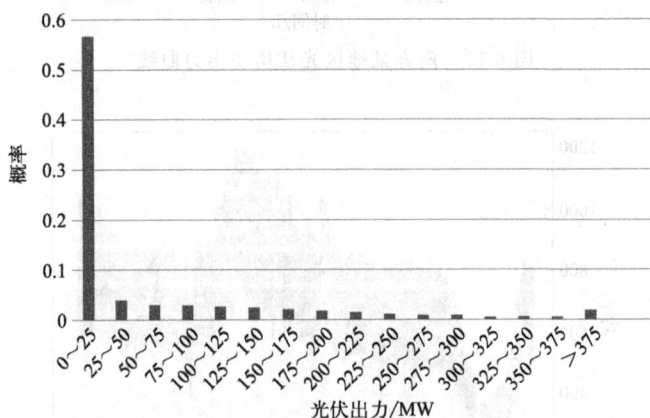

图 6-20　随机光伏理论出力序列

6.3.2　考虑热惯性的极端冰雪灾害下综合能源系统韧性提升

6.3.2.1　背景

全球气候变化加剧，极端自然灾害频发，电力的安全稳定供应愈发受到挑战。遭遇极端冰雪灾害时，由于输电线路暴露在大气中，线路表面结冰过多，极易造成断线事故，导致电力中断[2-4]。2008 年初，中国南方发生特大冰雪灾害，造成电网断线 37 万余处，电力供应受到极大威胁，国民经济损失巨大[5]。2021 年 2 月，美国得克萨斯州发生大规模停电事故，主要原因是电力设施难以抵御极端冰雪天气[6]。因此，在遭遇极端冰雪灾害时，如何最大限度降低电力断供造成的危害成为研究重点。

在电力系统中，韧性表征为抵御极端自然灾害和灾后恢复的能力。通过合理手段提升系统韧性有助于能源的安全稳定供应，降低极端自然灾害导致的经济损失[7]。随着综合能源系统的兴起，正在形成以电能为主体，热能等其他能源为辅助的新型能源供应体系[8]。国内外学者对电力系统的韧性和综合能源系统进行了大量研究。别朝红等[9]定义了弹性电网和恢复力的概念，并刻画了恢复力在灾害不同阶段的具体表现；陈磊等[10]提出了配电网韧性的概念，给出了不同维度下的韧性指标；Panteli 等[11]指明了韧性曲线在不同阶段的特征；陈碧云等[12]从吸收率、适应率和恢复速度三个方面评估了断线场景下电网的韧性；李雪等[13]采用快速性指标评估了海岛综合能源系统的整体韧性；吴熙等[14]基于 Q 学习算法对综合能源系统进行决策，实现了综合能源系统韧性的提升；张焕青等[15]采用主动防御的调度策略减少了灾害发生期间的失负荷量；梁海平等[16]通过制定灾前预防检修计划提升了系统灾时韧性；周晓敏等[17]、周士超等[18]、王晗等[19]研究了元件加固、储能配置和分布式电源接入等手段对韧性提升的影响。

在以往的研究中，韧性提升手段主要集中在电力系统中，通过热能等其他形式能源的特性提升电力系统韧性的研究还较为匮乏。在综合能源系统中，热能主要由电能供给，热负荷的变化将直接导致电负荷的波动。极端冰雪灾害发生时，气温较低，热能供应不可或缺。灾害前，通过控制电锅炉等热源的电功率，改变热源的热出力，提升建筑物室内温度，利用建筑物的热惯性配置建筑物的储热量，可以有效降低灾害后建筑物的热负荷需求，缓解极端冰雪灾害导致的电力供应受阻，从而实现综合能源系统的韧性提升。同时，热网的慢动态特性也为灾害后配电网故障抢修提供了时间。

对此，本案例在综合能源系统中充分挖掘热能的潜力，考虑热能的特性对电力系统抵御极端冰雪灾害能力的影响，提出了一种综合能源系统韧性提升策略。

6.3.2.2　方案

（1）冰雪场景下线路故障建模

冰雪灾害发生时，输电线路中绝缘子和输电杆塔的覆冰载荷相较于其自身重量可忽略不计。因此，这里只考虑输电线路的覆冰模型。

冰雪灾害的发生具有随机性，利用统计学方法可以科学预测线路结冰的厚度。相关研究表明，在潮湿环境中线路覆冰增长率与环境温度、降水量和风速有关。考虑到导线输电热效应（单位时间内输电线路的发热量与电流的平方正相关），这里给出了线路覆冰增长率的修正公式[20]，即

$$A = a_0 + a_1 T + a_2 V + a_3 P + a_4 I^2 \tag{6-23}$$

式中，A 为线路覆冰增长率，即单位长度、单位时间内的线路覆冰载荷变化量；T 为线路环境温度；V 为风速；P 为降水率；I 为线路电流；$a_0 \sim a_4$ 为方程系数。

线路覆冰载荷不仅与线路覆冰增长率有关，还与冰雪灾害的影响范围和移动路径有关。线路距离冰雪灾害中心越近，其覆冰载荷增长越快。配电网线路的覆冰载荷随时间变化的关系如下[21]：

$$L_{\text{ice}}(x_j, y_j, t) = \int_0^t A \exp\left\{-\frac{1}{2}\left[\left(\frac{x_j - \mu_x(t)}{\sigma_x}\right)^2 + \left(\frac{y_j - \mu_y(t)}{\sigma_y}\right)^2\right]\right\} \mathrm{d}t \tag{6-24}$$

式中，L_{ice} 为线路覆冰载荷；x_j 为线路所在位置横坐标；y_j 为线路所在位置纵坐标；μ_x 为冰雪灾害中心位置横坐标；μ_y 为冰雪灾害中心位置纵坐标；σ_x 和 σ_y 为线路载荷参数，其取值与冰雪灾害的影响范围有关。

冰雪灾害初期，覆冰载荷增长较快，线路故障率快速增大。覆冰载荷达到一定程度后，线路故障率趋于平稳。这里采用指数拟合线路覆冰载荷与线路故障率的关系[22]，具体如下：

$$P_{\text{ice}}^{\text{line}}(t) = a_{\text{line}} \mathrm{e}^{\frac{L_{\text{ice}}(t)/M_{\text{ice}}}{b_{\text{line}}}} - a_{\text{line}} \tag{6-25}$$

式中，a_{line} 和 b_{line} 为线路故障率修正系数；M_{ice} 为线路设计载荷；$P_{\text{ice}}^{\text{line}}$ 为线路故障率。

（2）考虑热惯性的综合能源系统建模

1）热网模型

相较于电网，热网在运行过程中传输延迟和传输损耗特性更为明显。热网以水为传播媒介，传播速度较慢。由于输热管道与外界环境存在热交换，热能传输过程中存在较大损耗。热网由供水管道和回水管道组成，其结构基本一致。

热能在供水管道传播时，受到水流量、环境温度、管道横截面积等多方面因素的影响。热网中的节点温度具有时间相关性和空间相关性。在热网中，每一时刻的管道末端温度与上一时刻的管道始端温度相关，管道不同位置处温度不同。极端冰雪灾害来临时，配电网断线故障的发生将导致电力供应受阻，电制热功率受限。由于热网存在热延迟特性，供回水管道中各节点温度的变化较为缓慢，为电力系统韧性提升创造了空间。热网结构如图 6-21 所示。热网中的热动力学特性可由偏微分方程表示[23]。基于 Lax-Wendroff 方法将该方程差分化，可以得到热能在热网管道中的传播模型表达式[24]，即

$$T_{t+1}^i + T_{t+1}^j - T_t^i - T_t^j + \frac{m_{ij}\Delta t}{\rho S_{ij} L_{ij}}(T_{t+1}^j + T_t^j - T_{t+1}^i - T_t^i) +$$

$$\frac{K_{ij}\Delta t}{2c\rho S_{ij}}(T_{t+1}^i + T_{t+1}^j + T_t^i + T_t^j - 4T^{amb}) = 0 \quad \forall i,j \in L_t \tag{6-26}$$

式中，T_t^i 和 T_t^j 为 t 时刻管道 ij 始端和末端的温度；T^{amb} 为环境温度；m_{ij} 为管道 ij 的水流量；ρ 为水的密度；S_{ij} 为管道 ij 的横截面积；L_{ij} 为管道 ij 的长度；K_{ij} 为管道 ij 的传热系数；c 为水的比热容；L_t 为热网节点集；Δt 为单位时间。

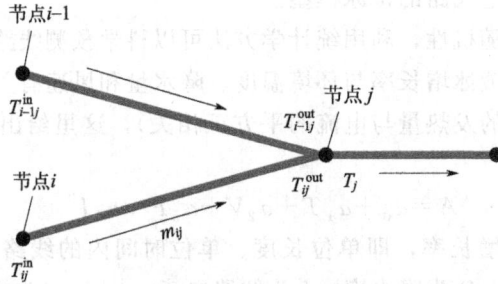

图 6-21 热网结构

热网中，各个节点的热能满足相应的平衡关系，节点输入热能等于节点输出热能。节点的温度平衡模型为

$$\sum_{i:i\to j} m_{ij} T_{ij}^{in} = \left(\sum_{j:j\to k} m_{jk}\right) T_{ij}^{out} \quad \forall i,j,k \in L_t \tag{6-27}$$

式中，T_{ij}^{in} 为管道 ij 入口供/回水温度；T_{ij}^{out} 为管道 ij 出口供/回水温度。

热能传输损耗与管道的传热系数和环境温度有关。供水管道的热损耗模型表达式如下：

$$T_{ij}^{in} = (T_{ij}^{out} - T^{amb}) e^{-\frac{K_{ij}L_{ij}}{cm_{ij}}} + T^{amb} \quad \forall i,j \in L_t \tag{6-28}$$

热源的热出力和热负荷主要表示为热源节点和热负荷节点的供回水温度差。热源节点和热负荷节点满足如下的能量关系：

$$H_{j,t}^{source} = cm_{j,t}(T_{j,t}^s - T_{j,t}^r) \tag{6-29}$$

$$H_{j,t}^{load} = cm_{j,t}(T_{j,t}^s - T_{j,t}^r) \tag{6-30}$$

式中，$T_{j,t}^s$ 为 t 时刻供水管道节点 j 的温度；$T_{j,t}^r$ 为 t 时刻回水管道节点 j 的温度；$H_{j,t}^{source}$ 为 t 时刻节点 j 的热出力；$H_{j,t}^{load}$ 为 t 时刻节点 j 的热负荷；$m_{j,t}$ 为 t 时刻通过节点 j 的水流量。

2）建筑物的热惯性模型

建筑物具有热阻，室内空气存在一定热容量，所以建筑物具有储热特性。灾害前，利用

建筑物的储热特性配置储热量可以有效降低灾害后建筑物的热负荷需求。建筑物本身存在，利用其存储热能不需要新建额外装置。因此，极端冰雪灾害下通过建筑物存储热能提升综合能源系统的韧性具有很好的经济价值。建筑物的热惯性模型可以表达为

$$T_{i,t+1}^{w}=T_{i,t}^{w}\exp\left(-\frac{\Delta t}{R_i C_i^{air}}\right)+\left(\frac{R_i Q_{i,t}^{hl}}{B_i}+T^{amb}\right)$$

$$\left[1-\exp\left(-\frac{\Delta t}{R_i C_i^{air}}\right)\right] \quad \forall i \in H_L \tag{6-31}$$

式中，$T_{i,t}^{w}$ 为 t 时刻热负荷节点 i 的建筑物室内温度；R_i 为热负荷节点 i 的建筑物热阻；C_i^{air} 为热负荷节点 i 的建筑物室内空气热容量；B_i 为热负荷节点 i 的建筑物数量；$Q_{i,t}^{hl}$ 为 t 时刻热负荷节点 i 的建筑物供暖热功率；H_L 为热负荷节点集。

3）配电网模型

由于配电网阻抗不可忽略不计，这里采用 LinDistFlow 模型对配电网进行建模，具体如下：

$$\left|V_{i,t}-V_{j,t}-\frac{R_{ij}P_{ij,t}+X_{ij}Q_{ij,t}}{V_0}\right| \leqslant (1-z_{ij,t})M \quad \forall i,j \in L_e \tag{6-32}$$

$$P_{i,t}^{in}-P_{i,t}^{out}+P_{i,t}^{s}-\sum_{j\in B}P_{ij,t}=0 \quad \forall i \in B \tag{6-33}$$

$$Q_{i,t}^{in}-Q_{i,t}^{out}+Q_{i,t}^{s}-\sum_{j\in B}Q_{ij,t}=0 \quad \forall i \in B \tag{6-34}$$

$$0\leqslant P_{i,t}^{s}\leqslant P_{i,t}^{d} \quad \forall i \in B \tag{6-35}$$

$$0\leqslant Q_{i,t}^{s}\leqslant Q_{i,t}^{d} \quad \forall i \in B \tag{6-36}$$

式中，$V_{i,t}$、$V_{j,t}$ 分别为 t 时刻节点 i、j 的电压幅值；R_{ij}、X_{ij} 分别为线路 ij 上的电阻和电抗；$P_{ij,t}$、$Q_{ij,t}$ 分别为 t 时刻线路 ij 上的有功负荷和无功负荷；V_0 为电压幅值的基准值；$z_{ij,t}$ 为 t 时刻线路的连接状态，取 1 为连接，取 0 为断开；$P_{i,t}^{in}$、$P_{i,t}^{out}$ 分别为 t 时刻节点 i 的流入、流出有功功率；$Q_{i,t}^{in}$、$Q_{i,t}^{out}$ 分别为 t 时刻节点 i 的流入、流出无功功率；$Q_{i,t}^{s}$ 为 t 时刻节点 i 的无功功率的损失值；$Q_{i,t}^{d}$ 为 t 时刻节点 i 的无功负荷；$P_{i,t}^{s}$ 为 t 时刻节点 i 的电负荷损失值；$P_{i,t}^{d}$ 为 t 时刻节点 i 的电负荷；B 为配电网节点集合；L_e 为电网线路集合。

相关建模代码如图 6-22 所示。

（3）综合能源系统韧性提升模型

1）韧性描述

韧性是指电力系统面对极端自然灾害（如冰雪、飓风、地震等）、人为事件（如网络攻击或设备故障）等发生频率较低、造成影响较大的极端事件时的适应能力、抗击能力以及快速恢复能力。电力系统发生极端事件前后的韧性曲线见图 6-23[25]。

图 6-23 中，$F(t)$ 为电力系统的性能函数；F_0 为电力系统正常运行时的性能；F_1 为电力系统故障后维持阶段的性能。极端事件发生前后，电力系统的韧性主要经历正常阶段、抵御阶段、维持阶段和恢复阶段。

由于热惯性的存在，建筑物可以存储一部分热能，其损耗与建筑物热阻和建筑物室内空气热容量有关。极端冰雪灾害来临前，适当提高建筑物的室内温度，存储一部分热能，极端冰雪灾害发生时，即使电制热功率适当减小，建筑物的室内温度依然可以满足需求。因此，

```
# 热网部分
#供热能量守恒约束对于热源节点
for k in range(N):
    for t in range(T):
        m.addConstr(cp / 1000 * sum(M_ts[node_type1[0][0].astype(int) - 1][j][0] for j in range(n_node)) * \
                    (ts[k][t][node_type1[0][0].astype(int) - 1] - tr[k][t][node_type1[0][0].astype(int) - 1]) ==
                    p_chp[k][t])#功率单位是MW
    #供热能量守恒约束对于热负荷节点
    for t in range(T):
        m.addConstrs(cp / 1000 * sum(M_ts[j][node_type2[i][0].astype(int) - 1][0] for j in range(n_node)) * \
                     (ts[k][t][node_type2[i][0].astype(int) - 1] - tr[k][t][node_type2[i][0].astype(int) - 1]) ==
                     h1[t][i]+Qi_h1[k,t,i]/1000 for i in range(node_type2.shape[0]))#功率单位是MW

#供热管道延时约束
for t in range(T):
    for i in range(n_node):
        m.addConstr(sum(M_ts[j][i][0] * ts_pipe_final[k,t, j, i] for j in range(n_node)) ==
                    sum(M_ts[j][i][0] for j in range(n_node)) * ts[k,t,i])
        for j in range(n_node):
            # 若节点i和节点j之间存在管道连接，则添加管道热损耗约束和传输时延约束
            if M_ts[i][j][0] != 0:
                # 添加管道热损耗约束
                m.addConstr(ts_pipe_final[k,t, i, j] == (ts_pipe[k,t, i, j] - t_amb) * M_ts[i][j][1] + t_amb)
                if t<23:
                    m.addConstr((ts_pipe[k,t+1, i, j] + ts[k,t+1, i] - ts_pipe[k,t, i, j] - ts[k,t, i] + \
                    M_ts[i][j][2] * (ts_pipe[k,t+1, i, j] + ts_pipe[k,t, i, j] - ts[k,t+1, i] - ts[k,t, i]) \
                    + M_ts[i][j][3] * (ts_pipe[k,t+1, i, j] + ts_pipe[k,t, i, j] + ts[k,t+1, i] + ts[k,t, i] \
                    - 4 * t_amb)) * M_ts[i][j][0] == 0)
#回水管道延时约束
for t in range(T):
    for i in range(n_node):
        m.addConstr(sum(M_tr[j][i][0] * tr_pipe_final[k,t, j, i] for j in range(n_node)) ==
                    sum(M_tr[j][i][0] for j in range(n_node)) * tr[k,t,i])
        for j in range(n_node):
            # 若节点i和节点j之间存在管道连接，则添加管道热损耗约束和传输时延约束
            if M tr[i][j][0] != 0:
```

图 6-22　建模代码

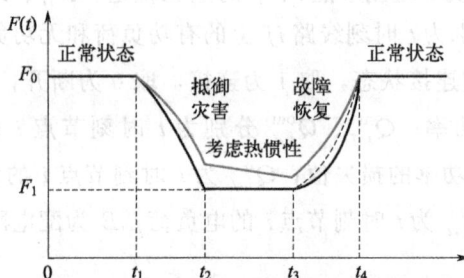

图 6-23　电力系统的典型韧性曲线

在遭受极端冰雪灾害过程中考虑热惯性的电力系统韧性曲线高于不考虑热惯性的电力系统韧性曲线。但由于建筑物存储热能存在损耗，维持阶段的曲线呈下降趋势。

① 正常阶段：$0 \sim t_1$ 期间，极端冰雪灾害还未发生，电力系统在正常状态下运行，其性能维持在正常水平。

② 抵御阶段：$t_1 \sim t_2$ 期间，电力系统正在遭遇极端冰雪灾害，但由于电力系统自身具有抗灾能力，电力系统的性能降低到 F_1，维持在较低水平。

③ 维持阶段：$t_2 \sim t_3$ 期间，正在进行电力系统抢修资源调度，但抢修还未开始，电力系统的性能维持在 F_1。

④ 恢复阶段：$t_3 \sim t_4$ 期间，通过抢修故障线路或元件，电力系统的性能得到恢复。在不同的抢修顺序下，虽然性能恢复量一致，但恢复速率不同，电力系统遭受的损失也不同。

2）韧性评估指标

配电网的韧性评估主要包括抵御灾害能力和故障恢复能力两个方面。这里考虑维持性指标、抵抗性指标和恢复性指标[26]。

① 维持性指标。维持性指标主要反映极端冰雪灾害发生前后，电力系统各阶段的性能情况。

$$R_{SI} = \frac{100}{t_4 - t_1 + 1} \sum_{t=t_1}^{t_4} \sum_{i \in B} (P_{i,t}^d - P_{i,t}^s)/P_{i,t_1}^d \tag{6-37}$$

式中，R_{SI} 为维持性指标；t_1 为抵御阶段开始时间；t_4 为恢复阶段结束时间。

② 抵抗性指标。抵抗性指标主要表现为极端冰雪灾害发生后电力系统中的负荷保有量与极端冰雪灾害发生前电力系统中的负荷量的对比。

$$R_{RI} = \frac{100}{t_2 - t_1 + 1} \sum_{t=t_1}^{t_2} \sum_{i \in B} (P_{i,t}^d - P_{i,t}^s)/P_{i,t_1}^d \tag{6-38}$$

式中，R_{RI} 为抵抗性指标；t_2 为抵御阶段结束时间。

③ 恢复性指标。恢复性指标主要考虑负荷恢复量和负荷恢复速度两个方面。

$$R_{RC} = \frac{100}{t_4 - t_3 + 1} \sum_{t=t_3}^{t_4} \sum_{i \in B} (P_{i,t}^d - P_{i,t}^s)/P_{i,t_1}^d \tag{6-39}$$

式中，R_{RC} 为恢复性指标；t_3 为恢复阶段开始时间。

3）目标函数

采用两阶段分布鲁棒优化模型（distributionally robust optimization，DRO），旨在寻找最恶劣场景概率分布下的灾害前建筑物储热量最优配置方案和灾害后各场景故障修复策略。建筑物的储热量来自电锅炉产生的热能，即利用建筑物的热惯性将电锅炉产生的热能存储在建筑物中。当电锅炉的产热量增加时，建筑物室内温度升高，储热量增多，反之建筑物室内温度降低，储热量减少。第一阶段 min 问题以灾害发生前 4h 的电制热耗电成本为决策变量，实现经济性最优。第二阶段 max-min 问题寻找灾害发生后使得切负荷成本最小值最大的场景概率分布，并得到故障后修复策略。其表达式如下：

$$f = \min_x \left(f_1(x) + \max_{p_k \in \Omega} \sum_{k=1}^{K} p_k \min_{y_k \in U(x,\xi_k)} f_2(x,\xi_k,y_k) \right) \tag{6-40}$$

$$\begin{cases} f_1(x) = \sum_{t=1}^{4} \eta_1 P_{EB,t} \\ f_2(y) = \sum_{i=1}^{B} \sum_{t=1}^{T} \eta_2 P_{i,t}^d \lambda_{i,t} \end{cases} \tag{6-41}$$

式中，x 为第一阶段变量；y_k 为第 k 个场景下的第二阶段变量；y 为第二阶段变量；K 为离散场景个数；p_k 为各离散场景发生概率；ξ_k 为第 k 个场景；f_1 为灾害发生前 4h 的电制热成本；f_2 为灾害发生后的切负荷成本；Ω 为范数模糊集；$U(x,\xi_k)$ 为 x 和 ξ_k 确定后，y_k 的可行域；η_1 为电制热成本系数；$P_{EB,t}$ 为 t 时刻的电制热功率；$\lambda_{i,t}$ 为 t 时刻节点 i 的负荷损失率；η_2 为切负荷成本系数。

为了使各离散场景发生概率在合理范围内变化，需要以各离散场景初始概率为中心增加范数约束，对各离散场景发生概率加以限制。这里采用∞-范数。

$$\|p_k - p_k^0\|_\infty = \max_{1 \leqslant k \leqslant K} |p_k - p_k^0| \leqslant \theta_\infty \tag{6-42}$$

式中，$\|\cdot\|_\infty$ 为 ∞-范数；p_k^0 为离散场景初始概率；θ_∞ 为 ∞-范数约束下离散场景发生概率的允许变化值。

在置信水平为 95% 的情况下，θ_∞ 可由下式计算[27]。

$$\theta_\infty = \frac{1}{2K} \ln \frac{2K}{1-\alpha_\infty} \tag{6-43}$$

式中，α_∞ 为置信水平。

4）约束条件

① 支路功率约束。配电网发生断线故障后，联络开关闭合，功率流经线路发生变化。由于支路功率容量存在限制，可能发生功率过载情况，导致负荷损失。

$$-z_{ij,t} P_{ij,\max} \leqslant P_{ij,t} \leqslant z_{ij,t} P_{ij,\max} \quad \forall i,j \in L_e \tag{6-44}$$

$$-z_{ij,t} Q_{ij,\max} \leqslant Q_{ij,t} \leqslant z_{ij,t} Q_{ij,\max} \quad \forall i,j \in L_e \tag{6-45}$$

式中，$P_{ij,\max}$ 为线路 ij 的有功功率限值；$Q_{ij,\max}$ 为线路 ij 的无功功率限值。

② 节点电压约束。

$$V_{i,\min} \leqslant V_{i,t} \leqslant V_{i,\max} \quad \forall i \in B \tag{6-46}$$

式中，$V_{i,\max}$、$V_{i,\min}$ 分别为节点 i 电压幅值的上界、下界。

③ 联通和辐射状约束。

$$\beta_{ij,t} + \beta_{ji,t} = z_{ij,t} \quad \forall i,j \in L_e \tag{6-47}$$

$$z_{ij,t} = z_{ji,t} \quad \forall i,j \in L_e \tag{6-48}$$

$$\sum_{j \in N_i} \beta_{ij,t} = 1 \quad i = 2, \cdots, n \tag{6-49}$$

$$\beta_{1j,t} = 0 \quad j \in N_1 \tag{6-50}$$

$$\beta_{ij,t} \in \{0,1\} \quad \forall i,j \in L_e \tag{6-51}$$

式中，$\beta_{ij,t}$ 为 0-1 变量，表示 t 时刻节点 i 和节点 j 的父子关系（若节点 j 为节点 i 的父节点，则 $\beta_{ij,t} = 1$；若节点 i 和节点 j 不相连，则 $\beta_{ij,t} = \beta_{ji,t} = 0$）；$n$ 为电网节点数量；N_i 为与节点 i 相邻的节点集合。

④ 抢修约束。

$$z_{ij,t_2} = 0 \quad \forall i,j \in E \tag{6-52}$$

$$z_{ij,t} \leqslant z_{ij,t+1} \quad \forall i,j \in E, \forall t \geqslant t_2 \tag{6-53}$$

$$\sum_E z_{ij,t+4} - \sum_E z_{ij,t} = 1 \quad \forall i,j \in E \tag{6-54}$$

式中，E 表示配电网损坏结束后的故障线路集合。

⑤ 管道温度约束。在热网中，供水管道和回水管道的温度需保持在一定范围内。供/回水管道温度约束如下：

$$\begin{cases} T_{\min}^s \leqslant T_{j,t}^s \leqslant T_{\max}^s \\ T_{\min}^r \leqslant T_{j,t}^r \leqslant T_{\max}^r \end{cases} \quad \forall j \in L_t \tag{6-55}$$

式中，$T_{\max}^s$ 为供水温度上限；$T_{\min}^s$ 为供水温度下限；$T_{\max}^r$ 为回水温度上限；$T_{\min}^r$ 为回水温度下限。

⑥ 室内温度约束。为保障居民供暖，室内温度应在一定范围内波动，且尽量维持在舒适值。建筑物室内温度约束如下：

$$\begin{cases} T_{\min}^{w} \leqslant T_{i,t}^{w} \leqslant T_{\max}^{w} \\ \sum_{t=1}^{24} T_{i,t}^{w} \Big/ 24 = T_{\mathrm{opt}}^{w} \end{cases} \forall i \in H_{\mathrm{L}} \tag{6-56}$$

式中，$T_{\max}^{w}$ 为室内最高温度；$T_{\min}^{w}$ 为室内最低温度；T_{opt}^{w} 为室内最舒适温度。

6.3.2.3 结论

采用 IEEE-33 节点配电网系统与 6 节点热网系统耦合搭建算例，该系统拓扑如图 6-24 所示。

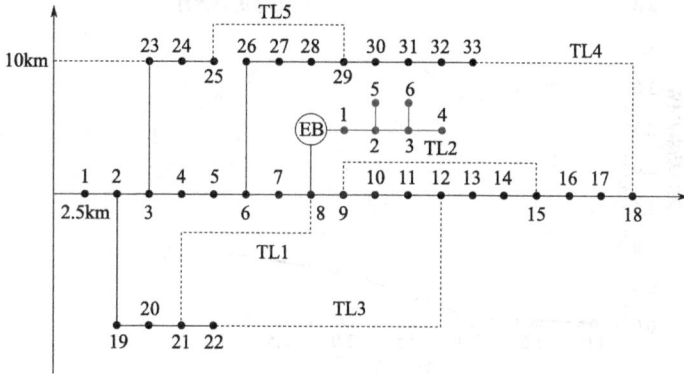

图 6-24 综合能源系统拓扑

假设配电网处于低温降水环境中，模拟极端冰雪灾害中心为（-130km，-130km），影响半径为 130km，以 8km/h 的速度与横坐标成 45°向原点移动。可以得出，线路覆冰载荷在冰雪灾害初期增加缓慢，随后快速增加，最后趋于不变，线路的故障率在此时也达到最大值。各线路的断线概率见图 6-25。

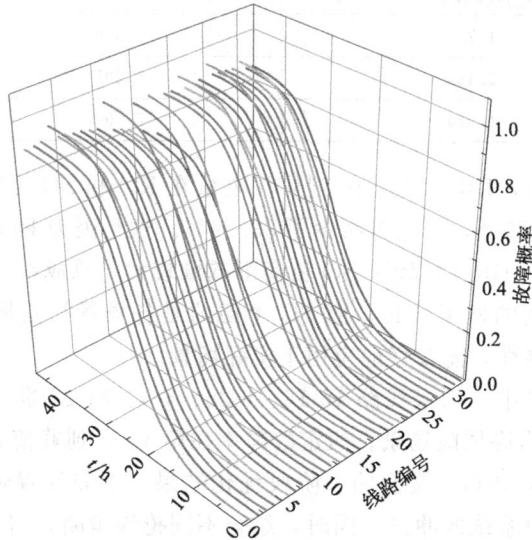

扫码看彩图

图 6-25 各线路的断线概率

取断线概率高于 90% 的线路进行随机组合构成断线模型，再从模型中选取断线概率大于 70% 的场景。将 13 种场景代入两阶段 DRO 模型进行优化，寻找最恶劣场景概率分布下的灾害前建筑物储热量最优配置方案和灾害后故障抢修方案。

优化模型以一天 24h 为时间尺度进行仿真，模型中两个决策点的时间间隔取 1h，既可以反映热网的慢动态特性，又符合配电网优化决策惯用时间。在灾害后，通过闭合联络开关进行配电网重构，降低配电网负荷损失。各断线模型初始概率相近，均取 7.69%。在图 6-26 中，可以得到考虑热惯性和不考虑热惯性的前 4h 电制热方案。

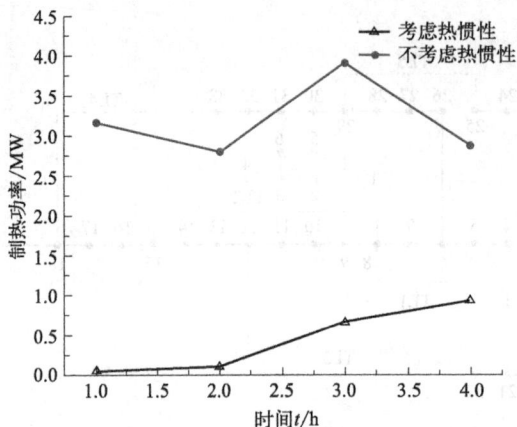

图 6-26 前 4h 制热功率变化

考虑热惯性后，前 4h 的制热功率明显降低，建筑物储热量配置成本也明显降低。

在考虑热惯性的前提下，将两阶段 DRO 模型与两阶段鲁棒优化模型（RO）和随机优化模型（SO）做比较，对比三种算法的差异，可以得到三种模型的结果，如表 6-2 所示。

表 6-2　不同算法结果对比

优化算法	前 4h 制热耗电量/MW·h	负荷削减量/MW·h	总成本/万元
DRO	1.757	3.369	664.384
RO	2.164	5.207	995.960
SO	1.424	2.500	499.744

由表中数据可以看出，DRO 的前 4h 制热耗电量在 RO 和 SO 之间。相较于 RO，DRO 的负荷削减量下降了 35.29%，总成本减少了 33.29%。这是因为 RO 考虑的是最恶劣场景，RO 相比 DRO 更为保守。DRO 相较于 SO 负荷削减量较大，总成本也较大。这是因为 DRO 考虑的是最恶劣场景出现的概率分布，而 SO 考虑的是各场景初始概率下的期望值。DRO 综合考虑了经济性和鲁棒性，能较好地应用于实际场景。

在极端冰雪灾害场景中，选取线路 15-16、6-26、4-5、21-22 发生断线。这些线路的断线概率超过 80%，可视为高风险场景。假定故障率在第 4h 达到峰值并触发断线事件，通过两阶段分布式鲁棒优化（DRO）模型的一阶段优化结果，事先配置建筑物的储热量，以利用热惯性缓解灾害对电力系统的冲击。同时，结合不同抢修策略，对比分析其对电力系统韧性的提升效果，揭示建筑物储热与抢修策略在抵御灾害中的关键作用。

情形 1：考虑建筑物的热惯性，最优抢修顺序；情形 2：不考虑建筑物的热惯性，最优抢修顺序；情形 3：考虑建筑物的热惯性，固定抢修顺序；情形 4：不考虑建筑物的热惯性，固定抢修顺序。

考虑热惯性后，故障抢修顺序也会发生改变。不考虑热惯性时，最优抢修顺序为 4-5、21-22、15-16、6-26，考虑热惯性后，最优抢修顺序为 4-5、6-26、15-16、21-22。固定抢修顺序为 4-5、15-16、21-22、6-26。

由图 6-27 可知，4h 时，断线故障发生，负荷保有量迅速下降。考虑建筑物的热惯性相当于考虑建筑物的储热特性，灾害后建筑物的热负荷处于较低水平，电制热功率也相对较低。因此，考虑热惯性后负荷保有量在故障阶段下降较少，但由于建筑物的储热损耗较大，降低较快。7h 后，抢修开始，建筑物的储热特性和热网的热延时特性影响了热负荷的变化趋势，最优抢修顺序根据是否考虑建筑物的热惯性而变化。

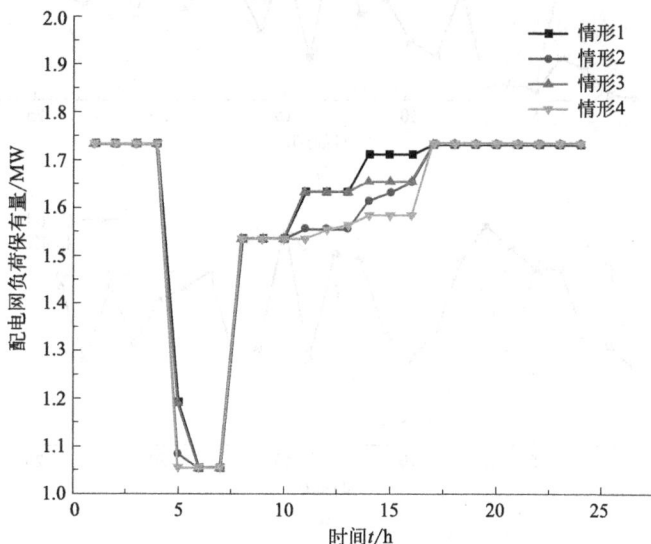

图 6-27　各情形下的电负荷保有量

由于各种抢修顺序先抢修的线路都是 4-5，因此各情形的负荷保有量在抢修前期相等。采用最优抢修顺序和固定抢修顺序虽然都能使负荷保有量恢复到正常水平，但采用最优抢修顺序的负荷保有量恢复速率更快，故障恢复期间切负荷量更少，极端冰雪灾害对电力系统造成的影响也更小。

表 6-3 给出了不同情形下的韧性指标。

表 6-3　各情形的韧性指标评估结果

韧性指标	情形 1	情形 2	情形 3	情形 4
R_{SI}	86.235	83.497	85.389	82.533
R_{RI}	63.474	61.478	63.474	60.835
R_{RC}	93.822	90.836	92.694	89.765

由表中数据可以看出，情形 1 相较于情形 4，维持性指标、抵抗性指标、恢复性指标分别提升了 4.486%、4.338%、4.520%。考虑建筑物的热惯性和采用最优的抢修顺序，系统维持性指标均有提升。考虑建筑物的热惯性，系统抵御灾害的能力优于不考虑建筑物的热惯性。故障抢修顺序对抵抗性指标也会有影响，这是因为最优抢修顺序下故障恢复更快。因

此，在故障前期可以适当降低制热功率，在恢复过程中再增加制热功率。考虑热惯性和采用最优抢修顺序都会使系统恢复性指标更好，这是因为考虑热惯性可以使热负荷适当降低，为故障恢复减轻了负担。

在遭受极端冰雪灾害时，情形 1 和情形 2 表现出不同的制热功率和建筑物室内温度变化趋势。该趋势反映了建筑物的热惯性和热网的慢动态特性，同时展现了热电耦合和热能特性提升电力系统韧性的潜力。图 6-28 给出了不同情形下的制热功率和建筑物室内温度变化。

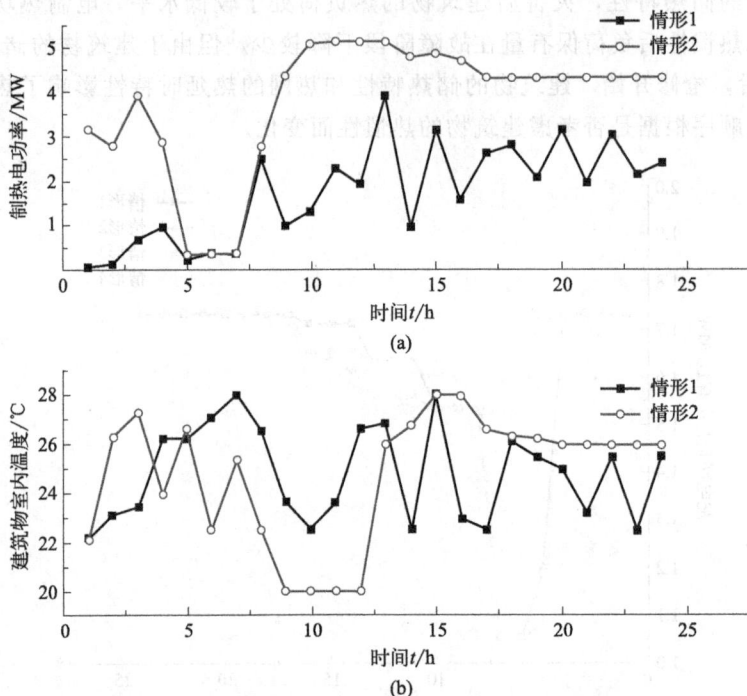

扫码看彩图

图 6-28　不同情形下的制热功率和建筑物室内温度变化

由于遭受极端冰雪灾害时环境温度较低，建筑物室内温度必须保持在一定范围内。4h 时，断线故障来临，此时抢修还未开始，为故障最恶劣时刻，无论是否考虑热惯性，制热功率都维持在较低水平。从图 6-28 中可以发现，建筑物室内温度变化相较于制热功率具有滞后性，但整体趋势相同。这是由于热网具有慢动态特性，制热功率降低后，建筑物室内温度并不会马上降低，为故障抢修提供了时间窗口。灾害来临前后，不考虑热惯性，制热功率需要维持在较高水平；考虑热惯性，制热功率上下波动且相对于不考虑热惯性较低。考虑热惯性后，较低的制热功率有效缓解了断线后的电力供应受阻。

思考题

1. 通过时序生产模拟、混合整数规划的方法对电力系统进行优化计算有什么优点？

2. 基于时序生产模拟的电力系统碳排放量计算模型有哪些改进之处？可以解决哪些实际问题？对电力系统有何指导意义？

3. 极端冰雪灾害对新能源机组出力、线路均会造成影响，如何考虑其不确定性并量化其造成的影响？

4. 在电力系统中，韧性表征为抵御极端自然灾害和灾后恢复的能力，综合能源系统中的韧性可以表征为什么？

5. 如果在综合能源系统中考虑气网，又能为韧性提升带来哪些手段？

参 考 文 献

[1] 黄煜, 徐青山, 许彪, 等. 采用图割算法的含风电电网动态分区备用配置 [J]. 中国电机工程学报, 2020, 40 (12): 3765-3775.

[2] 张恒旭, 刘玉田, 张鹏飞. 极端冰雪灾害下电网安全评估需求分析与框架设计 [J]. 中国电机工程学报, 2009, 29 (16): 8-14.

[3] 王建学, 张耀, 吴思, 等. 大规模冰灾对输电系统可靠性的影响分析 [J]. 中国电机工程学报, 2011, 31 (28): 49-56.

[4] 陈鹏云, 王羽, 文习山, 等. 低温雨雪冰冻灾害对我国电网损毁性影响概述 [J]. 电网技术, 2010, 34 (10): 135-139.

[5] 侯慧, 尹项根, 陈庆前, 等. 南方部分500kV主网架2008年冰雪灾害中受损分析与思考 [J]. 电力系统自动化, 2008, 32 (11): 12-15.

[6] 侯验秋, 丁一, 包铭磊, 等. 电-气耦合视角下德州大停电事故分析及对我国新型电力系统发展启示 [J]. 中国电机工程学报, 2022, 42 (21): 7764-7775.

[7] 高海翔, 陈颖, 黄少伟, 等. 配电网韧性及其相关研究进展 [J]. 电力系统自动化, 2015, 39 (23): 1-8.

[8] 王永真, 康利改, 张靖, 等. 综合能源系统的发展历程、典型形态及未来趋势 [J]. 太阳能学报, 2021, 42 (8): 84-95.

[9] 别朝红, 林雁翎, 邱爱慈. 弹性电网及其恢复力的基本概念与研究展望 [J]. 电力系统自动化, 2015, 39 (22): 1-9.

[10] 陈磊, 邓欣怡, 陈红坤, 等. 电力系统韧性评估与提升研究综述 [J]. 电力系统保护与控制, 2022, 50 (13): 11-22.

[11] Panteli M, Mancarella P. The grid: stronger, bigger, smarter? presenting a conceptual framework of power system resilience [J]. IEEE Power and Energy Magazine, 2015, 13 (3): 58-66.

[12] 陈碧云, 李翠珍, 覃鸿, 等. 考虑网架重构和灾区复电过程的配电网抗台风韧性评估 [J]. 电力系统自动化, 2018, 42 (6): 47-52.

[13] 李雪, 孙霆锴, 侯恺, 等. 地震灾害下海岛综合能源系统韧性评估方法研究 [J]. 中国电机工程学报, 2020, 40 (17): 5476-5493.

[14] 吴熙, 唐子逸, 徐青山, 等. 基于Q学习算法的综合能源系统韧性提升方法 [J]. 电力自动化设备, 2020, 40 (4): 146-152.

[15] 张焕青, 刘春明, 赵宇龙, 等. 一种提升电力系统韧性的新型主动防御策略 [J]. 电网技术, 2024, 48 (5): 2012-2021.

[16] 梁海平, 石皓岩, 王铁强, 等. 考虑韧性提升的输电网灾前预防检修多目标多阶段优化 [J]. 电测与仪表, 2024, 61 (2): 130-137.

[17] 周晓敏, 葛少云, 李腾, 等. 极端天气条件下的配电网韧性分析方法及提升措施研究 [J]. 中国电机工程学报, 2018, 38 (2): 505-513.

[18] 周士超, 刘晓林, 熊展, 等. 考虑韧性提升的交直流配电网线路加固和储能配置策略 [J]. 上海交通大学学报, 2021, 55 (12): 1619-1630.

[19] 王晗, 侯恺, 余晓丹, 等. 计及地震灾害不确定性的电气互联系统韧性评估与提升方法 [J]. 中国电机工程学报, 2022, 42 (3): 853-864.

[20] Farzaneh M, Savadjiev K. Statistical analysis of field data for precipitation icing accretion on overhead power lines [J]. IEEE Transactions on Power Delivery, 2005, 20 (2): 1080-1087.

[21] 晏鸣宇, 周志宇, 文劲宇, 等. 基于短期覆冰预测的电网覆冰灾害风险评估方法 [J]. 电力系统自动化, 2016, 40 (21): 168-175.

[22] 王守相, 黄仁山, 潘志新, 等. 极端冰雪天气下配电网弹性恢复力指标的构建及评估方法 [J]. 高电压技术, 2020, 46 (1): 123-132.

[23] Zheng J, Zhou Z, Zhao J, et al. Function method for dynamic temperature simulation of district heating network [J]. Applied Thermal Engineering, 2017, 123: 682-688.

[24] Zhang T, Zhang W, Zhao Q, et al. Distributed real-time state estimation for combined heat and power systems [J]. Journal of Modern Power Systems and Clean Energy, 2020, 9 (2): 316-327.

[25] Panteli M, Trakas D N, Mancarella P, et al. Boosting the power grid resilience to extreme weather events using defensive islanding [J]. IEEE Transactions on Smart Grid, 2016, 7 (6): 2913-2922.

[26] 陶然，赵冬梅，徐辰宇，等．考虑电-气-热-交通相互依存的城市能源系统韧性评估与提升方法 [J]．电工技术学报，2023，38 (22): 6133-6149.

[27] Zhao C, Guan Y. Data-driven stochastic unit commitment for integrating wind generation [J]. IEEE Transactions on Power Systems, 2015, 31 (4): 2587-2596.

第 **7** 章

智慧能源的先进控制

7.1 智能控制概述

智能控制是具有智能信息处理、智能信息反馈和智能控制决策的控制方式，是控制理论发展的高级阶段，主要用来解决那些用基础控制方法难以解决的复杂系统控制问题。

在经典的控制理论如 PID（比例、积分、微分）控制、状态反馈控制等的场景中，被控系统通常先简化为低阶线性动态系统，然后再依据线性控制理论设计。例如，在设计 PID 控制器时，先将工业过程对象简化一阶加纯滞后线性系统，然后再进行 PID 参数整定。这种线性化的假设仅在制造过程连续大批量、平稳运行时是合理的。此时，控制系统的任务也较为单一，只有抗扰或跟踪两种需求，即要求被控变量为定值的抗扰模式，或者要求被控变量跟踪期望运动轨迹的跟踪模式。

随着智能制造模式的发展，个性定制化生产逐步成为主流制造模式。在该模式下，制造过程特征将转换为间歇和周期化运行，迫切地要求控制系统能够满足或实现更复杂、更高级的任务要求。此时，被控对象运行不再稳定，稳定的工作点将随生产负荷变化，而生产负荷又随时间变化，成熟的线性控制理论正逐渐失去其应用场景，如何快速地克服被控系统非线性/时变动态的问题逐步显现。

另外，线性控制理论的多数方法假设被控对象的动态是时不变的，不考虑被控对象存在未知动态。被控对象的模型一般假设已知，或者可通过数据辨识方法从数据中获取。但是，随着系统运行模式的复杂化，对被控对象的认知不足造成系统存在严重不确定性的问题不可避免。模型不确定性包含两种形式：一是被控对象的模型结构未知或知之甚少；二是模型结构/参数随工况不同变化很大。

严重不确定性、高度非线性和复杂的任务需求促进了更高级控制方法的诞生，这就是智能控制。在抗扰和跟踪基础要求上，智能控制方法需要具有处理复杂任务的自主决策能力。例如，在智能机器人系统中，要求机器人具有自主规划和决策的能力，能够自动躲避障碍运动到目标位置。随着人工智能的兴起，智能控制作为控制领域的重要分支，迅速走向各种专业领域，应用于各类复杂被控对象的控制问题，包括自主无人机器人系统、工业生产过程、航空航天系统、交通运输系统、环保和能源系统等。

7.1.1 智能控制的定义

智能控制是驱动智能机器自主地实现其目标的过程，不需要人的干预。而智能机器则定义为，在结构化或非结构化、熟悉的或陌生的环境中，自主地或与人交互地执行人类规定的任务的一种机器。

智能控制的内涵和方法并不是固定不变的。自诞生以来，在不同的时期，智能控制有不同的代表性方法。因此，智能控制只是一个理念框架，而没有实指某个确定的控制算法。

智能控制的思想出现于 20 世纪 60 年代。1965 年，美国普渡大学的 K. S. Fu 教授首次把人工智能 AI 的启发式推理规则用在了学习控制系统；1971 年，他论述了 AI 与自动控制的交叉关系，智能控制作为一门新兴的交叉学科开始得到建立和发展。Lotfi Zadeh 于 1965 年发表了著名论文 *Fuzzy Sets*，开辟了模糊数学。此后，在模糊控制的理论和应用两个方面都取得了一批令人感兴趣的成果，被视为智能控制中十分活跃、发展也较为深刻的智能控制方法。基于 AI 的规则表示与推理技术，特别是基于规则的专家控制系统在 20 世纪 80 年代得到迅速发展，例如美国 G. M. Saridis 的机器人控制中的专家控制等。随着人工神经网络 NN 研究的再度兴起，控制领域的研究者们提出并迅速发展了充分利用人工神经网络良好的非线性逼近特性、自学习特性和容错特性的神经网络控制方法。1985 年 8 月，IEEE 在美国纽约召开了第一届智能控制学术讨论会，讨论了智能控制原理和系统结构。由此，智能控制作为一门新兴学科得到了广泛认同，并取得了迅速发展。

智能控制以控制理论、计算机科学、人工智能、运筹学等学科为基础，扩展了相关的理论和技术。其中应用较多的有模糊逻辑、神经网络、专家系统、遗传算法等理论，以及自适应控制、自组织控制和自学习控制等技术。

智能控制的特征或者基础理念是什么？

在经典的控制理论中，反馈控制获得了充分的重视，依赖负反馈实现了稳定无偏的自动控制，从而解放了生产过程中人类的手足。《控制论》的作者 Norbert Wiener 指出"反馈是一种控制系统的方法，该方法将系统的输出作用于系统的输入"。状态反馈控制器和 PID 控制器的设计都是离线完成，无法在线校正错误的对象认知，或者精确调整以适应对象的变化。

在人工智能蓬勃发展的当下，充分地吸收和融合人工智能的成果，发现人类与环境互动中信息传递与决策过程的规律，模拟人类智能活动应该是智能控制的核心理念。实现这一理念的方法技术有不同的层次：以被控系统研究为主，寻求跟随被控系统变化的自适应控制；以仿人智能研究为主，寻求模拟人决策的自学习控制。智能控制就是把人类具有的知识、经验和直觉，以推理形式加以模拟，并用于控制系统的分析与设计，使之在一定程度上实现智能化。

智能控制应具有足够的对专业人员控制策略的认知，具有被控对象及环境的有关知识以及运用这些知识的能力。智能控制系统能够集成各种知识表示模型，具有开/闭环、定性或定量、前馈/反馈结合等多种结构形式。智能控制系统具有变结构特点，能整体自寻优，具有自适应、自组织、自学习和自协调能力。设计良好的智能控制器应能根据被控对象的特征识别、学习并组织自身的控制模式，改变控制器结构和调整参数。

7.1.2 智能控制的应用领域

在复杂的生产过程中，智能控制的应用包括单元级和全厂级两种方式。单元级是指将智能控制引入生产过程中的某一单元。例如，设备级的智能 PID 控制器可通过人工智能方法实现参数自整定和自学习等功能，解决控制回路存在的非线性问题，提升控制性能。全厂级的智能控制主要针对整个生产过程的自动化，包括整个操作工艺的控制、能效优化、过程的故障诊断、规划过程操作处理异常等，通过全局的控制协同，实现运行效率的提升。

下面分别以工业空分网络系统[1]和智能自主无人系统[2]为例，说明在不同专业领域内智能控制应用的思路和待解决的问题。

（1）工业空分网络系统智能调控

典型的工业空分网络系统通常由多台空分装置、管网、压缩机、储罐和若干用氧用户组成，如图 7-1 所示。在工业空分网络系统中，位于供应侧的空分装置和需求侧的用氧用户的运行规律往往是不同的。例如，在钢铁企业中，需求侧的转炉用户，由于转炉是间歇（周期）操作的，其氧气需求有周期性特征；需求侧的炼铁用户，在高炉休风期间则会出现用氧量的剧烈波动。而在供给侧，为保证高效运行和产品纯度，空分装置一般设计在额定工况下稳定运行，其负荷只能在小范围内变化。另外，受限于低温精馏工艺，其负荷变化率较慢，一般不超过 0.25%/min。供应侧难以跟踪需求侧的快速变化是导致氧气放散现象的根本原因。

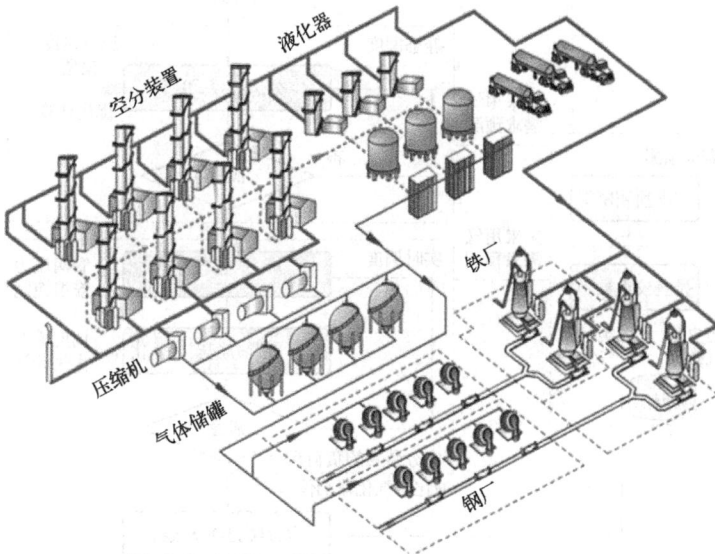

图 7-1　大型空分网络系统结构

为解决气体供需不平衡的问题，大型空分系统都在供给侧配备了气体缓冲系统（包括气体和液体储存两部分）。其中，气体储存部分由压缩机和管网（管道和球罐）组成，通过管网压力在一定范围内的变化来消纳氧气供需的不平衡。液体储存部分由氧气液化装置、低温液体储罐和气化器组成。在必要时，过剩的氧气可以由液化装置液化并送入低温液体储罐长时间储存；当氧气出现剧烈短缺时，气化器可以快速启动将液氧气化后送入管网，从而维持管网的压力。

大型空分系统的缓冲系统为气体供需平衡创造了可能，但受制于管网长度、储罐体积、液化装置能力、气化器能力等，其调整能力是有限的。若无法消纳下游用户氧气需求的波动，可能发生氧气放散现象。例如在钢铁企业中，炼钢工序的生产特点是工作日白天吹炼节奏慢，晚上和节假日加快节奏吹炼，形成了氧气工作日白天用量低，晚上和节假日用量高的特点。为了满足系统平衡，需要按照最大氧气用量来配置空分系统，这就造成了白天出现氧气放散情况。除正常生产时有规律地用氧外，日常生产中还有周检、月检和炉役等不同的定修要求，同时存在故障临时停氧情况，氧气需求相比正常时可能减少 5％～30％。仅依靠空分系统的缓冲能力不能够平衡氧气需求的变化，避免氧气放散问题。

　　减少氧气放散，一种可行的做法是将氧气液化为液氧储存起来。但这种方法的能力是有限的，须及时地启停某些空分装置或调整其生产负荷来实现气体供需的匹配。在现有管网缓冲系统（管网、液化装置、气化器）配置不变的前提下，为进一步拓展气体供应的调整能力，根据用户氧气用量的变化，动态地调整空分机组的氧气产量是最为经济的做法。

　　这需要为空分机组配备自动变负荷系统（ALC），实现在额定工况的 80％～105％ 范围内进行负荷调节。空分机组的实际变负荷范围和速率取决于设备自身特性。另外，目前氧气负荷指令还需要依靠人工决策，指令的准确性和及时性依赖于操作人员的经验和水平。由于氧气需求往往存在频繁、快速、大幅度的波动，而人工决策存在滞后性，在管网缓冲容量较小时，氧气放散的现象还是不可避免的，因此需要配置负荷指令自动调配系统（图 7-2）。

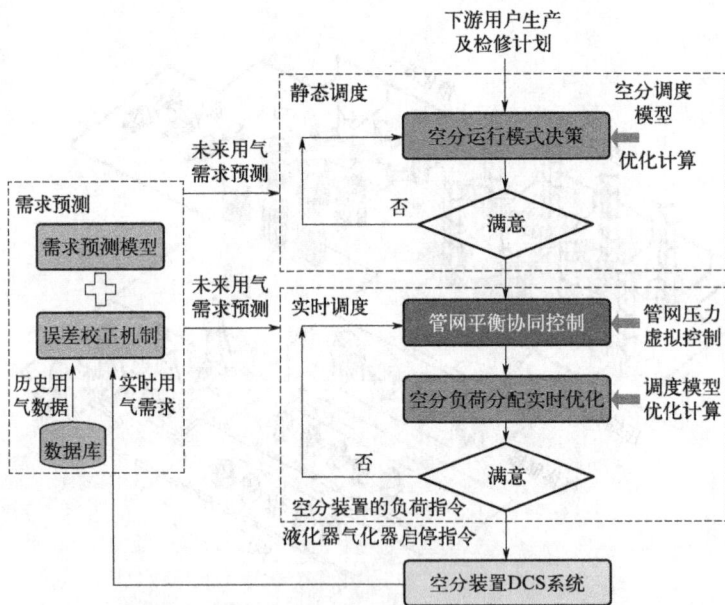

图 7-2　工业空分网络系统总体架构

　　（2）智能无人自主系统导航与避障

　　自动导引车（automated guided vehicle，AGV）的应用范围十分广泛，针对不同的需求，AGV 的外形结构和作业方式不尽相同。叉车式 AGV（图 7-3）是从叉车发展而来的，不仅能将物料搬运到生产车间的指定工位，还能执行出库入库的任务，将货物存放到货架上，或者在仓库内将物料堆垛码放整齐。

　　叉车式 AGV 的机械结构与普通叉车相仿，其主要功能模块如图 7-4 所示。其中，车载

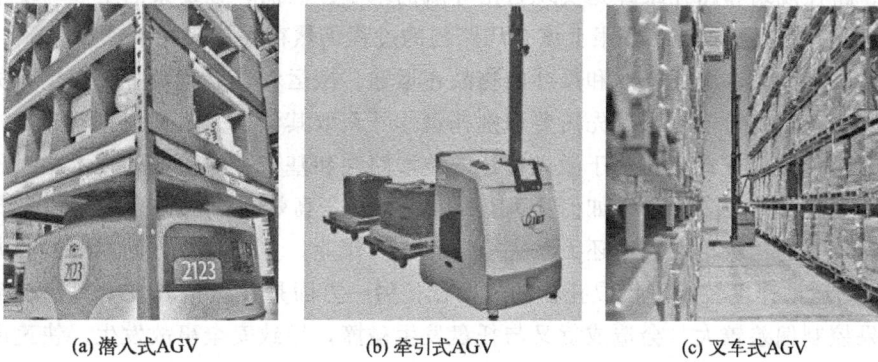

(a) 潜入式AGV   (b) 牵引式AGV   (c) 叉车式AGV

图 7-3 AGV 的类型

传感器为定位和感知提供了必要数据，一方面用于构建环境地图和实时估计自车的位姿，另一方面用于托盘定位，即检测托盘并估计托盘的位姿。任务调度系统据自动叉车 AGV 的状态为其分配任务，要求自动叉车将位于工厂某处的货物搬运到指定位置。为了转运货物，叉车式 AGV 需要先自主导航到货物附近，检测并拾取托盘实现柔性取货，再通过自主导航将货物运到指定位置。无论是柔性取货还是自主导航，叉车式 AGV 的作业过程都离不开对底盘和货叉的控制。

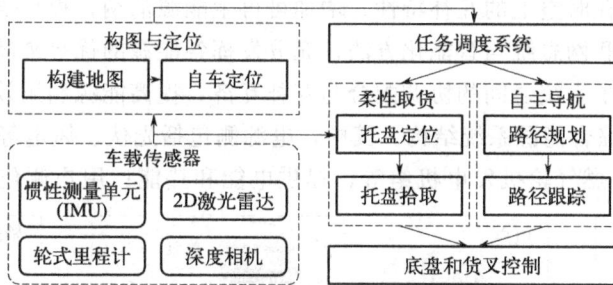

图 7-4 叉车式 AGV 的功能模块

在图 7-4 所示的功能模块中，自主导航和托盘拾取是叉车式 AGV 的核心技术。在工业现场中，叉车式 AGV 基于自主导航能够从取货点运动到放货点，完成搬运任务。在托盘拾取算法的作用下，叉车式 AGV 能够实现柔性拾取托盘，通过拾取托盘的方式装载货物。

从运动规划的角度，自主导航可分为定轨导航和自由导航。早期的 AGV 系统通常采用定轨的电磁导航方式，利用传感器检测电磁信号，并沿着预先铺设的电磁导轨行驶。这种导航技术的实现十分简单，不过当生产车间或物料仓库的布局改变时，要将原有电磁导轨拆除并铺设新的导轨。随着传感器技术的发展，只需在环境中布置反光板，AGV 便可根据激光雷达测得的到各个反光板的距离解算出此刻自身的位姿，并沿着事先存储的路线行驶。

自由导航无需人工标注路径，而是由路径规划模块自动生成行驶路径，这有助于叉车式 AGV 方便快速地部署到工业现场中。目前的叉车式 AGV 普遍采用激光导航或视觉导航进行定位。激光导航是基于高精度的激光雷达实现对自车的定位，稳定可靠；视觉导航是使用成本较低的相机作为传感器，根据环境中的人工信标估计自车当前的位姿。根据环境信息和定位数据，路径规划模块可规划出一条连接自车当前位置和目标位置的路径。

路径跟踪模块负责生成叉车式 AGV 的控制律，以使其能沿着该路径安全行驶到目标点进行作业。路径规划和路径跟踪是实现自由导航的基础。然而，在复杂的工业环境中快速规划全局路径，并让叉车式 AGV 跟上该全局路径的过程仍然存在许多技术难点。

在柔性取货方面，不同外形和尺寸的物品在运输、搬运和存储过程中被规整为货物单元放置到托盘上。货物拾取时，首先需要识别托盘，并获取其位姿。根据传感器分类，托盘检测和定位有两种实现方式，即基于激光雷达的技术路线和基于视觉检测的技术路线。

在获取到托盘的位姿之后，如何让叉车式 AGV 安全高效地拾取托盘是目前需要解决的关键问题。现有的托盘拾取技术还无法完全取代人工作业，主要有两方面原因：一方面是叉车式 AGV 的运动速度较慢，拾取托盘的效率低；另一方面是托盘拾取技术对控制精度要求很高，如果控制偏差较大，会造成货叉与托盘发生碰撞，导致安全事故发生。快速准确的托盘拾取技术是实现智能化物流运输必不可少的一环。

7.2　智慧能源与先进控制

由于不同能源的利用形式和管理规则存在较大差异，单能源系统往往单独规划、单独设计、独立运行和缺乏协调，容易产生资源利用率、自愈能力差、系统整体稳定性低等问题。综合能源系统采用多能互补方法，充分整合风能、太阳能、天然气、氢能以及其他类型能源，利用各能源之间在时空上的互补特性，增加可再生能源消纳，提高供电灵活性。而智慧能源系统强调运用互联网思维与智能化方法，充分发挥各能源的优势来满足区域内能源使用需求，实现不同能源子系统之间的协调配合与互补互济，提高能源利用效率。

图 7-5 为典型的综合能源系统结构。其中，电源侧包括光伏、风电等新能源系统，燃煤CHP 发电供热机组，燃气轮机发电机组等，提供电能和热能；用户侧包括电用户、热泵和

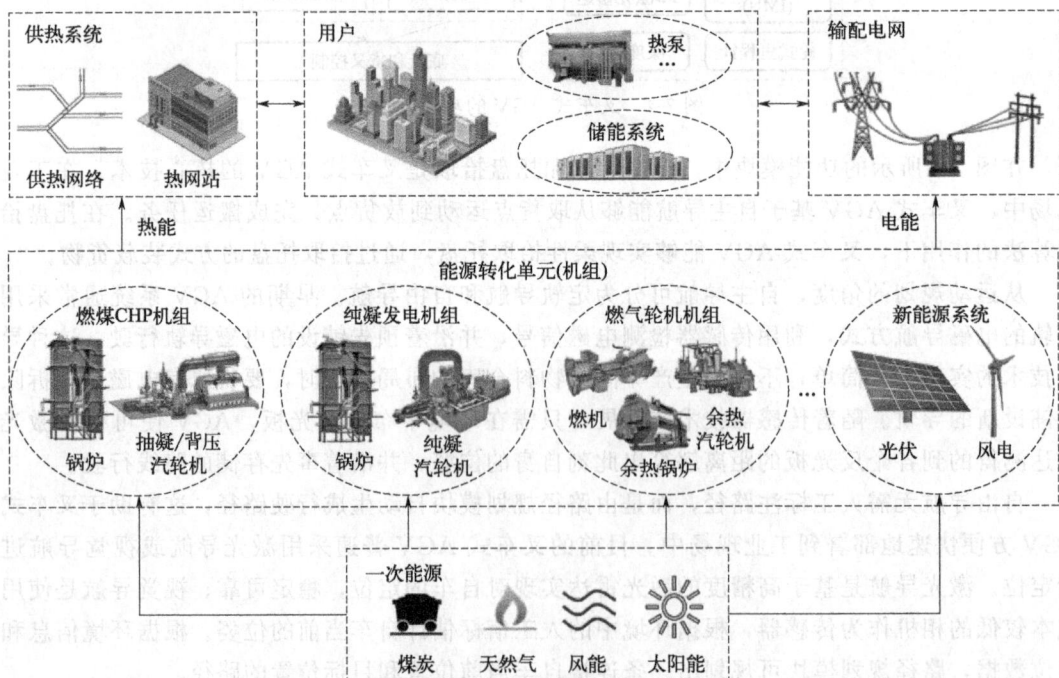

图 7-5　综合能源（电-热）系统结构

储能系统，供热网络系统等；一次能源为煤炭、天然气、风能和太阳能。综合能源系统的管控是通过对源-网-荷-储等环节实施有机协调与优化，满足系统安全性、灵活性和经济性要求。

基于"互联网＋"的智慧能源系统在综合能源系统的基础上采用了先进的通信、控制和人工智能技术，可以更好地协调和管理大规模、分布式能源系统，确保能源供应的稳定性和可靠性，降低碳排放。

7.2.1 能源管理技术

多能互补是能源管理技术的主要方法。它是利用风、光、水、生物质、地热、天然气等不同类型能源间的互补特性，通过多种能源互相补充，协调满足电、热、冷、气等多种用能需求。

多能互补的形式主要有三类：时间互补、热互补和热化学互补。从能源传递链来看，智慧能源系统内"源-网-荷-储"各环节存在多种协调互补的形式。

① 源端互补：电源侧不同类型的能源，按照其处理特性和要求进行互补，即风-光互补、风-光-水电互补、风-光-水-火电互补等；储能系统如电池储能系统、水泵抽水储能系统和氢能储能系统等可以储存电力供应过剩时的能量，并在需求高峰时释放，互补形式包括风-光-储能、风-储能以及光-储能等。

② 源网互补：将各类可再生能源接入电源侧，调整系统的灵活性和优化系统容量配置；将不同分布式电源互补特性纳入配电网进行协同规划。

③ 网荷互补：即需求响应技术，通过定价激励、用电时间安排来管理用户的电力需求，实现电网负荷的柔性调节，平滑用电峰谷差异。

④ 源荷互动：按照需要可在源和荷两种模式间切换。例如，V2G（车网互动）技术不仅将电动汽车作为用户，同时也视为移动储能单元发电，具有供需双向调节能力。

智慧能源系统管理主要有系统容量配置、系统运行策略和性能评估等方面。智慧能源系统集成了多种能源设备、转化单元，并担负了大量消纳新能源的任务。由于风电、光伏等新能源出力的间歇性、不确定性，其运行难度与要求也相应提高。在大比例新能源消纳下，例如风、光发电量占到整个电力系统发电量的 40％以上时，迫切需要能够解决电网安全性和稳定性的运行方法，克服新能源出力的不确定性影响。

7.2.1.1 面向不确定性的能源调度模型

风电、光伏等新能源出力的不确定性是智慧能源管理的关键问题。鲁棒随机优化方法通常用来处理能源系统"源-网-荷-储"各环节存在的不确定性问题。它首先通过蒙特卡罗采样机制构建各种不确定性发生场景的集合，进而对不确定集合中的所有场景求取具有普适性的最优解。面向不确定性的能源调度模型一般通过构建一个两阶段随机优化决策命题来描述。第一阶段决策仅考虑确定性决策，第二阶段决策则考虑不确定性下决策，在第一阶段的基础上根据实际发生的场景进行决策调整。

（1）两阶段随机优化

确定性优化命题一般表示为

$$\min c^T x \tag{7-1}$$
$$\text{s.t.} \quad Ax = b$$
$$Tx = h$$

$$x \geqslant 0$$

命题（7-1）中，x 表示决策变量。假设对于上述确定性优化命题，其中约束 $Tx = h$ 会受到不确定性的影响，那么采用两阶段随机优化模型时可以表示为

$$\min c^T x + Q(x) \tag{7-2}$$
$$\text{s.t.} \quad Ax = b$$
$$x \geqslant 0$$

其中，

$$Q(x) = E_\theta \{Q(x, \theta)\}$$
$$Q(x, \theta) = \min q(\theta)^T y(\theta)$$
$$\text{s.t.} \quad W(\theta) y(\theta) = h(\theta) - T(\theta) x$$

命题（7-2）中，x 表示第一阶段的决策变量，是观察到不确定性之前做出的决策；观察到不确定性的实现后，会对第一阶段的决策做出调整，y 表示第二阶段的决策变量；θ 表示不确定的参数，服从一定的概率分布；由于引进了补偿变量 $y(\theta)$，会产生相应的补偿代价 $Q(x, \theta)$，$Q(x)$ 即第二阶段补偿代价的期望值。

命题（7-2）可以改写为

$$\min c^T x + E_\theta \{\min q(\theta)^T y(\theta)\} \tag{7-3}$$
$$\text{s.t.} \quad Ax = b$$
$$W(\theta) y(\theta) = h(\theta) - T(\theta) x$$
$$x \geqslant 0, y(\theta) \geqslant 0$$

对式（7-3）采用离散化表达，不确定的参数被离散为 N 个可能发生的场景，不同场景发生的概率依旧服从一定的概率分布，如命题（7-4）所示。

$$\min c^T x + \sum_{s=1}^{N} p_s q_s^T y_s \tag{7-4}$$
$$\text{s.t.} \quad Ax = b$$
$$T_s x + W_s y_s = h_s \quad s = 1, 2, 3, \cdots, N$$
$$x \geqslant 0, y_s \geqslant 0$$

命题（7-4）中，x 表示第一阶段的决策变量，$Ax = b$ 为第一阶段的约束，不受不确定性的影响；y 表示第二阶段的决策变量，对于每个可能发生的场景 s 都有一个相应的 y_s，$W_s y_s$ 用来补偿不确定性引起的约束不满足；p_s 表示场景 s 发生的概率。采用两阶段随机优化模型时，其目标函数分为两部分，第一部分是由 $c^T x$ 表示的第一阶段的利润，第二部分是由 $\sum_{s=1}^{N} p_s q_s^T y_s$ 表示的第二阶段的利润期望值。

（2）条件风险价值理论

风险价值（value at risk，VaR）模型是菲利普·乔瑞于 1994 年提出的一种风险评估算法，表征的是在一定置信度水平下的资产损失最大值。条件风险价值（conditional value at risk，CVaR）模型表征的是损失额超过 VaR 部分的期望值，它具有凸性和次可加性，易于求解，并考虑了小概率事件发生的情况。两者的关系如图 7-6 所示。

$f(x, y)$ 为已知的损失函数，其中 x 为决策变量，y 为不确定的参数，属于可能引发价值损失的风险因素，服从一定的概率分布；$pdf(f(x, y))$ 为概率密度函数。$f(x, y)$ 的累积分布函数可表示为

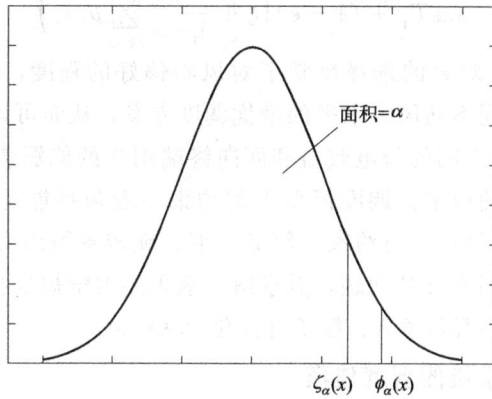

图 7-6 损失函数的概率分布

$$\psi(x,\zeta) = P\{y \mid f(x,y) \leqslant \zeta\} \tag{7-5}$$

$\zeta_\alpha(x)$ 是在置信水平 α 下关于决策的 x 一个 α-VaR 风险损失值，$\phi_\alpha(x)$ 是在置信水平 α 下关于决策的 x 一个 α-CVaR 损失值，具体如下：

$$\zeta_\alpha(x) = \min\{\zeta \mid \psi(x,\zeta) \geqslant \alpha\} \tag{7-6}$$

$$\phi_\alpha(x) = E\{f(x,y) \mid f(x,y) \geqslant \zeta_\alpha(x)\} \tag{7-7}$$

CVaR 模型要解决的问题是在已知损失函数下求解最小的 VaR 值和最小的 CVaR 值，用来刻画最小的风险，即

$$\text{VaR:} \min\zeta_\alpha(x) \tag{7-8}$$

$$\text{CVaR:} \min\phi_\alpha(x) \tag{7-9}$$

假设不确定参数在未来可能出现 $s(\in S)$ 种场景，每个场景发生的概率为 p_s，此时 CVaR 的最优化问题可以转化为下列线性规划问题：

$$\min_{x,\zeta,z} \zeta + \frac{1}{1-\alpha} \sum_s p_s z_s \tag{7-10}$$

$$\text{s.t. } z_s \geqslant f(x,y) - \zeta$$

$$z_s \geqslant 0$$

（3）考虑源荷不确定性的鲁棒调度模型

考虑自然因素的不可控性，风电、光伏出力的预测值总是与实际值存在误差，电网需购买或销售差额电量以保证线路功率平衡，因此电网会根据日前计划与实际购售电差额施加惩罚。如果需求侧不确定性也反映在面向电网的预测购电量与实际购电量偏差中，则在不确定性对系统造成的风险成本的离散型 CVaR 模型中，预期损失函数可以定义为

$$f(x,y) = \sum_{t=1}^{N} \lceil p_{\text{f},t} - p_{\text{a},t} \rceil \theta_e \tag{7-11}$$

式中，$p_{\text{f},t}$、$p_{\text{a},t}$ 分别为预测购电量与实际购电量，kW；θ_e 为电力系统的惩罚电价，元/kW；x 为调度决策变量；y 为不确定变量，具体包括源侧的不确定因素（如风机和光伏设备的发电功率预测值）以及荷侧的不确定因素（如用电需求预测值）。

在考虑新能源出力和用电需求双重不确定性的情况下，将两阶段随机优化模型与条件风险价值 CVaR 结合，在优化目标中引入风险成本，综合考虑经济性与风险性。不确定性调度模型的目标函数如下：

$$\max \varepsilon T_{\mathrm{p}} + (1-\varepsilon)\left(\zeta + \frac{1}{1-\alpha}\sum_{s \in S} p_s z_s\right) \tag{7-12}$$

式中，ε 为风险因子。对 ε 的选择反映了对风险偏好的程度，ε 越大，表示风险越高。通过设置不同的 ε 可以得到不同风险水平的最优调度方案，从而可以规避风险。

T_{p} 为利润，包括面向电网的售电收益和面向终端用户的能源售卖收益、面向电网的购电成本与其他一次能源消耗成本。调度模型中的约束一般包括能源设备的供能模型（发电量、供热量、制冷量等），设备运行约束、储能约束、旋转备用约束等[3]。构建的优化命题一般属于混合整数线性规划 MILP 问题，其求解一般采用数学规划类求解器 CPLEX、Grobi 或者智能优化算法，如遗传算法 GA、粒子群优化 PSO 等。

7.2.1.2　智慧能源系统的调度建模

传统能源系统中，热、电领域建模技术均相对成熟。例如，电网相关研究多基于潮流模型，以此为基础结合电磁学理论形成了成熟的网络潮流分析方法；供热、供冷网络相关研究基于热力、水力模型，遵循流体力学、传热学等理论定律，以此为基础可分析系统水力分布、热力分布等相关问题。此外，对独立能源转化单元的建模研究也十分丰富，如热泵机组、燃气轮机、CHP 机组等，在所得模型基础上可开展运行优化等相关工作。而热电综合能源系统具有多种能源介质整体化运行的特点，单一能流或设备建模难以兼顾系统整体特性。

苏黎世联邦理工大学（ETH）的 Goran Andersson 首先利用能量转化效率和连接矩阵关系提出了一个通用的综合能源系统稳态建模和优化框架，命名为能量枢纽（energy hub，EH)[4]。能量枢纽利用耦合矩阵关系描述了包含热、电在内的多种能源之间的静态转化关系，可为系统优化调度提供模型基础。

静态模型不能表达系统过渡过程特性，机理模型能够有效地描述系统过渡过程特性。但综合能源系统机理复杂，其动态过程需要通过偏微分方程或者微分代数方程描述，因此模型求解很难兼顾快速性与准确性。所以采用等效热阻概念，通过对供热网络中的温度变化过程进行等效变换，建立了一种可用于多能流联合优化的热网等效电路建模方法，简化了动态建模的过程。

在日内调度时间尺度下，调度周期为 15min，发电机组的输出功率可选择静态 EI 模型描述。但供热系统仍然具有相对明显的过渡过程，因此依然需要满足动态约束，建立供热系统动态模型。

7.2.1.3　面向灵活性的智慧能源调度

在智慧能源系统框架下，Chicco 将灵活性定义为"系统在满足多能源约束前提下，调节多能源供应、需求的技术能力"[5]。与电力系统的灵活性定义不同的是，来自其他子系统（如区域供热系统）的约束也被包括在内，因此问题研究的边界被大幅扩展。所以，智慧能源系统在提供更多操作选择（操作自由度）的同时也面临更高维度和更大难度的问题。

能源系统动力学特性差异对电力系统灵活性的影响如下：电力系统的灵活性需要在一定时间尺度下描述。由于电力系统相较于热力系统惯性更小、抗扰性更差，调节实时性要求更高，因此，加入灵活性时间尺度约束后，灵活性能力主要来自电力子系统。若抛开时间约束仅从调节容量角度考虑，热电联产 CHP 机组和调节能力较差的火电机组都可以提供大量的灵活负荷。但加入响应时间限制后，此类机组受到"以热定电"运行模式或机组自身变负荷能力的限制，通常只能维持稳定的电力输出（为系统提供基础负荷）而无法提供灵活性（无法参与 AGC）。

在智慧能源系统中，利用其他能源来弥补电力供需缺口，提高电力系统的灵活性是值得探索的方向。其中，利用区域供热网络、热用户、蓄热器的热容量来提供系统灵活性。例如，将建筑物、热网等效为蓄热单元用于对电负荷的缓冲，可大幅提升风电等新能源的消纳率；通过含蓄热罐的蓄热补偿策略设计，可减少 AGC 指令频繁波动下供热量的随动变化。通过策略优化使得电力和供热子系统两个动态特性差异巨大的子系统形成合作，促进了"以热定电"模式向"热电协同"模式转变，具有启发意义。

7.2.2 能源控制技术

智慧能源系统涉及冷、热、电等多种能源类型和各种特性的负荷，需要通过频繁的调控来应对源-荷两侧发生的不确定性。但是，智慧能源系统内冷、热、电等不同能流系统的动态响应存在显著时间差异，并通过耦合形成了复杂的多时间尺度特性，这给智慧能源系统的多能流协同控制带来了挑战。

7.2.2.1 能源耦合系统的多时标控制

冷热电三联供（CCHP）机组，即以天然气为主要燃料带动发电设备运行，产生的电力供应用户，发电后排出的余热通过余热回收利用设备向用户供热、供冷。CCHP 机组作为能源联供设备，涉及冷、热、电等三种能流子系统，各子系统间存在相互耦合现象。电力系统惯性小、能量传递速度快，其动态响应速度通常在秒级；而热能在管网中跟随工质流动传输，加之建筑物与水工质巨大的热惯性，供热系统的动态响应速度通常在分钟至小时级。由于热、电子系统的时标显著不同，当子系统耦合运行后，形成的系统被称为双时标系统[6]。

图 7-7 为抽凝式 CHP 系统。它通过采暖蒸汽量变化调节机组供热量，机组供热量通过热网传递至热用户。由于热用户与热网构成的供热系统具有巨大的热惯性，用户温度响应时间通常在数小时。但是，发电过程与供热过程不同，采暖蒸汽量变化可快速改变汽轮机低压

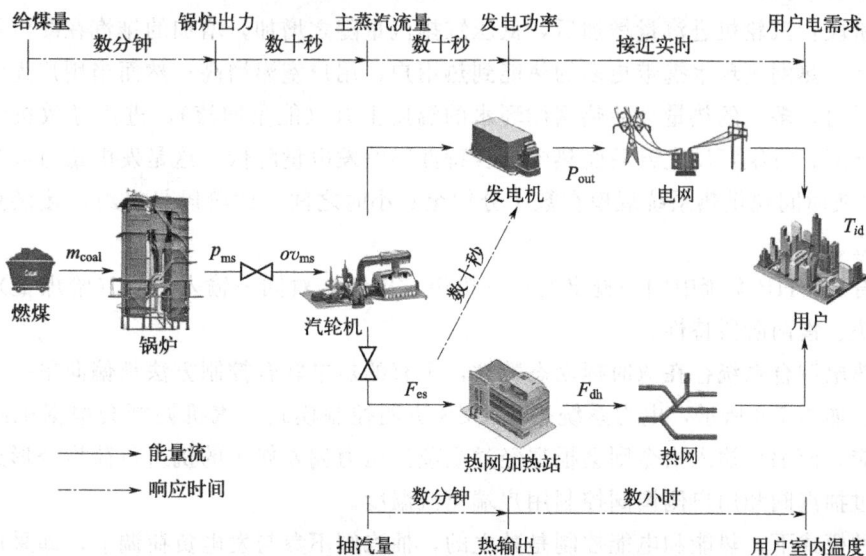

图 7-7 抽凝式 CHP 系统的流程与时标

缸进汽量，由于汽轮发电机组（汽轮机、发电机）转子的惯性较小，采暖蒸汽量变化将使机组发电功率发生快速变化，过程响应时间通常为数十秒。在抽凝式 CHP 机组中，输入变量（采暖蒸汽量）对不同输出变量（发电功率和用户温度）的响应存在明显的双时标特性。

图 7-8 为高背压 CHP 系统。高背压 CHP 机组通过调节低压缸排汽量调节机组供热量以及发电量，其热电供给具有强耦合性。下面以升负荷过程为例说明高背压 CHP 机组的双时标特性。

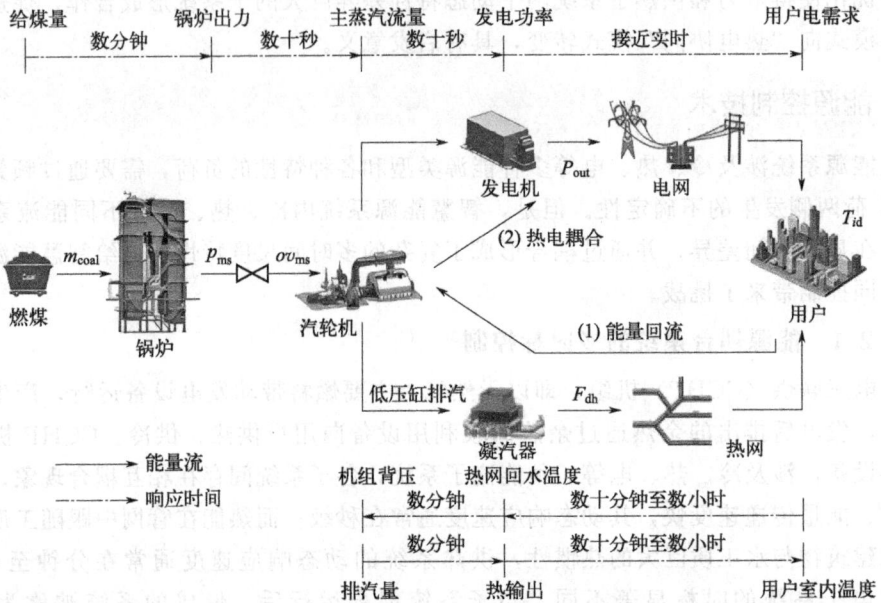

图 7-8　高背压 CHP 系统的流程与时标

第 1 阶段：当机组接收到发电升负荷指令后，给煤量增加，锅炉出力增加，汽轮机进汽量增加，机组发电量增加。这是发电量过渡过程的第 1 阶段，过渡时间视机组容量通常在数十秒到数分钟之间。

第 2 阶段：汽轮机进汽量增加后，低压缸排汽量随之增加，增加的排汽在凝汽器中加热热网循环水，热网循环水携带更多的热能到热用户，用户室温增高；然而当用户无法完全消纳全部热量时，多余的热量会使热网循环水的温度上升（能量回流），进而导致机组排汽的冷却能力下降，机组背压上升后受热电耦合特性影响发电量降低。这是发电量过渡过程的第 2 阶段，过渡时间视供热系统规模在数十分钟至数小时之间。此阶段是机组连接供热系统后的附加响应。

在高背压 CHP 系统中同一输出变量（机组发电量）对同一输入变量（给煤量）变化的响应具有快、慢两阶段特性。

由于热电耦合系统存在双时标动态特性，现有的热电联合控制方法都偏向单一系统性能指标控制。如图 7-9 所示，电力系统采用 CCS 协调控制模式，汽机调阀会根据机组负荷指令直接响应，而锅炉输入指令则会根据经过主蒸汽压力偏差修正的机组负荷指令形成；热网控制器通过抽汽阀和用户侧调阀控制用户端蒸汽温度。

在此种模式下，热能和电能控制是独立的，抽汽阀不参与发电负荷调节，即采用以热定电运行模式，牺牲了发电负荷快速响应能力。因此，需要借助双时标模型研究热、电系统协同控制方法，利用抽汽阀对电力系统的快速响应能力以及热网存储的热容量调节能力实现电力系统与供热系统的交互和协同，进一步提高能源系统的灵活性，平抑新能源系统造成的波动。

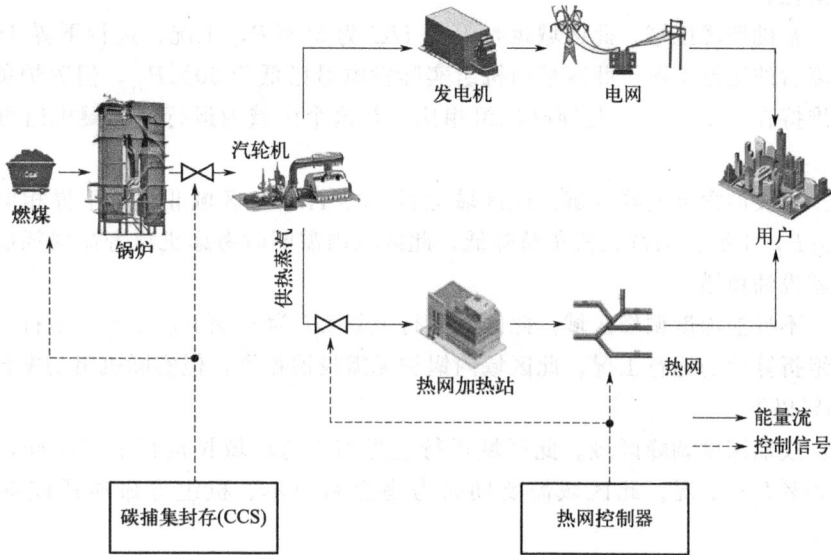

图 7-9　CHP 系统热电独立控制结构

7.2.2.2　多能源耦合系统的模态切换控制

在智慧能源系统中，关键能源转换设备需要在不同模式间切换或在稳态-暂态间频繁转换。例如，CCHP 机组的工作模式包括供冷、供热和供电，在不同时段需要切换不同的运行模式。如果 CCHP 机组参与电网深度调峰，其工作负荷范围至少需要覆盖 $100\% \sim 50\%$ 负荷，甚至需要降到 30% 负荷以下运行。以某 150MW 抽凝式 CHP 机组的深度调峰为例，可以划分为 5 个区域（模态），如图 7-10 所示。

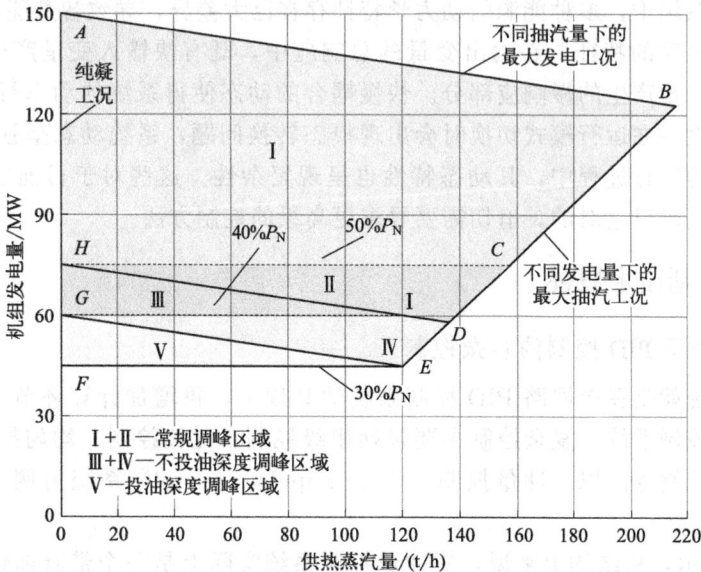

图 7-10　抽凝式 CHP 机组的工作区域

区域Ⅰ：基础调峰区域。此区域运行上界 AB 为不同采暖蒸汽量下的机组最大发电工况，运行下界 HC 为机组 $50\% P_N$（额定负荷）工况，运行边界 BC 为不同发电量下的最大抽汽工况，运行边界 AH 为无抽汽（纯凝）工况。此区域内机组无需投油稳燃，且无需考虑机组寿命损耗。

区域Ⅱ：基础调峰区域。此区域运行上界 HC 为 $50\% P_N$ 工况，运行下界 HD 为按照纯凝机组折算后的运行工况。此区域内机组实际发电量已低于 $50\% P_N$，但锅炉负荷、汽轮机进汽量均维持在 50% 以上。与纯凝机组相比，在这个区域内运行的抽凝机组可以节约寿命损耗成本。

区域Ⅲ：不投油深度调峰区域。此区域运行上界 HD 与区域Ⅱ运行下界相同，运行下界 GI 为 $40\% P_N$ 工况。因汽轮机负荷降低，此区域内需同时考虑机组寿命损耗成本与燃料成本，但无需投油稳燃。

区域Ⅳ：不投油深度调峰区域。此区域运行上界 GI 为 $40\% P_N$ 工况，运行下界 GE 为按照纯凝机组折算后的运行工况。此区域内锅炉无需投油稳燃，但实际机组功率已降低至额定负荷的 40% 以下。

区域Ⅴ：投油深度调峰区域。此区域运行上界 GE 与区域Ⅳ运行下界相同，运行下界 FE 为机组 $30\% P_N$ 工况。此区域需要同时考虑燃料成本、机组寿命损耗成本以及燃油成本。

在参与电网深度调峰时，CCHP 机组的运行可能需要跨越区域Ⅲ基础调峰、区域Ⅳ不投油深度调峰和区域Ⅴ投油深度调峰三种模态。在这三种模态下机组特性和控制手段存在差异，可以采用混杂分段映射 PWA 模型来描述。因此，如何克服模式间切换、大范围变负荷运行时系统呈现出的强非线性，保证系统运行安全平稳是必须解决的实际控制问题。

7.3 智慧能源先进控制的关键技术

在智慧能源系统中，多种能源的动力学特性存在巨大差异，导致智慧能源系统的动态行为表现出多时间尺度的特征。在输出变量的总响应中，既有快输入变量产生的快速响应部分，也有慢输入变量产生的慢响应部分。快慢耦合的动态使得系统的动态行为呈现复杂性。另外，能源转换设备在运行模式切换时会出现模态转换问题，系统动态呈强非线性的特征。在能源转换设备的运行过程中，其动态特性也呈现复杂性。这些对于目前以 PID 控制为主的能源控制系统是难以应对的，迫切需要寻求更高级的控制方法。

7.3.1 先进控制技术概述

7.3.1.1 基于 PID 控制的复杂控制

复杂控制系统就是在单回路 PID 控制系统的基础上，再增加计算环节、控制环节或者其他环节构成的控制系统。复杂控制主要包括串级控制、比值控制、均匀控制、分程控制、选择控制、前馈控制等。以三冲量控制（three impulse control）系统为例，说明复杂控制的控制逻辑与特点。

如图 7-11 所示，从结构上来说，三冲量控制系统实际上是一个带有前馈信号的串级控制系统。在这个系统中，汽包水位作为主信号（主冲量），其变化会触发调节器动作，进而改变给水流量，从而达到稳定水位的目的；给水流量作为副信号（副冲量），其变化会影响汽包水位的主信号，使得调节器能够及时响应并消除给水流量变化带来的扰动；蒸汽流量作为前馈信号，其变化会提前通知调节器，帮助调节器预测并预先调整给水流量，从而减少水位变化的可能性。三冲量的设计使得系统能够有效地克服给水压力（流量）波动的干扰，提高了对水位变化的响应速度和准确性。

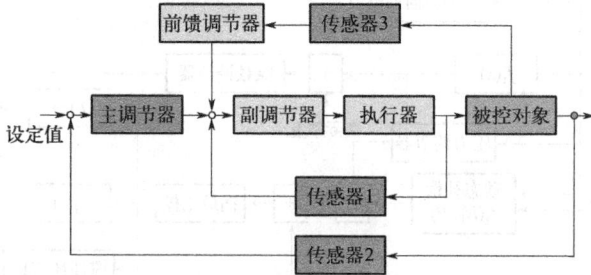

图 7-11 三冲量控制结构

复杂控制的一个典型案例是发电机组协调控制。协调控制系统的结构如图 7-12 所示。它是一个双入双出的多变量系统。其中，$G_{NT}(s)$ 是汽轮机调门开度 μ_T 对机组输出电功率 P_E 的传递函数；$G_{PT}(s)$ 是汽轮机调门开度 μ_T 对主蒸汽压力 p_T 的传递函数；$G_{NB}(s)$ 是燃烧率 μ_B 对机组输出电功率 P_E 的传递函数；$G_{PB}(s)$ 是燃烧率 μ_B 对主蒸汽压力 p_T 的传递函数。

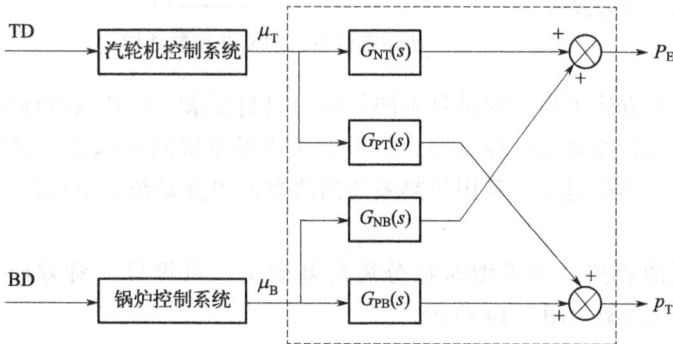

图 7-12 协调控制系统的多变量耦合结构

BD—燃烧率指令；TD—汽轮机指令

协调控制是将锅炉和汽轮机作为整体，包含动态前馈、闭锁、反馈调节等多个环节，能够满足发电负荷快速跟踪要求的复杂控制系统。

图 7-13 展示了一种协调控制设计方案。该方案采用了复杂控制策略，与常规 PID 控制策略相比，呈现多分支多模块的结构。在该方案中，设计了动态补偿和压力拉回模块来实现压力与负荷两个输出间的协调；通过动态前馈和惯性环节来加速系统的动态；设计了各种函数模块实现稳态能量和物料平衡。通过这些模块设计，既保证了单元机组有较快的负荷响应速率和一定的调频能力，又保证了主蒸汽压力偏差在允许范围内。

7.3.1.2 双时标模型预测控制

对于存在能流耦合的智慧能源系统，在控制不同能流的输出时，由于存在响应时间的时

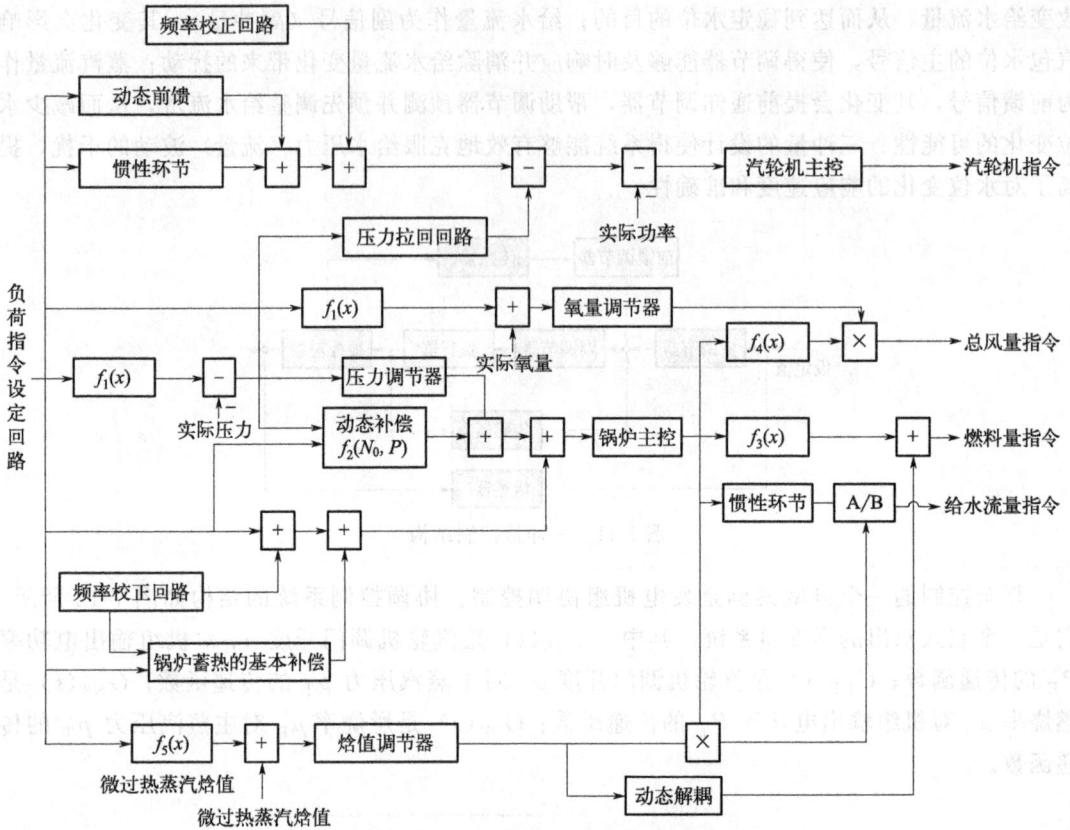

图 7-13　一种协调控制系统的复杂控制结构

标差异，单时标控制方法无法同时满足不同能流的控制要求。处理双时标问题的基本思想是按照快慢系统分离的思路来设计控制器，同时消除快慢系统间的耦合。对于热电耦合系统，可在满足用户舒适度的前提下，利用供热系统的热惯性提升系统电负荷的响应能力，实现热电能流的协同。

依据模型解耦的思路，在模型时标分离的基础上，可设计一种双时标模型预测控制（MPC）算法[7]。其框架如图 7-14 所示。

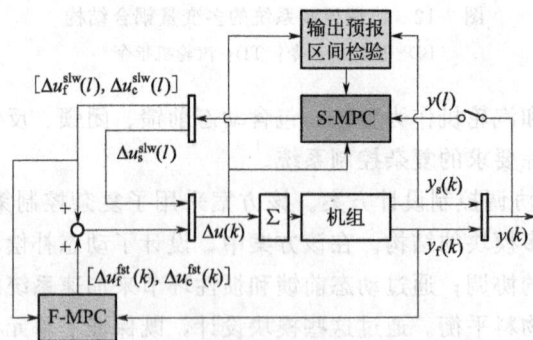

图 7-14　双时标模型预测控制算法

在慢时标运行的 S-MPC 的作用是稳定慢动态能流的输出，如热用户室内温度。在快时标运行的 F-MPC 的作用是保持快动态能流输出的稳定，如保证主蒸汽压力的稳定，并快速响应 AGC 指令。慢时标模型预测控制器（S-MPC）计算给出的控制作用包括三种：直接送至供热系统执行的慢输入 $\Delta u_{\mathrm{s}}^{\mathrm{slw}}(l)$；直接传递给快时标模型预测控制器（F-MPC）的输入 $\Delta u_{\mathrm{f}}^{\mathrm{slw}}(l)$ 和耦合输入 $\Delta u_{\mathrm{c}}^{\mathrm{slw}}(l)$。耦合输入 $\Delta u_{\mathrm{c}}^{\mathrm{slw}}(l)$ 与 F-MPC 的控制作用叠加后与 $\Delta u_{\mathrm{s}}^{\mathrm{slw}}(l)$ 一起作为双时标模型预测控制的最终控制作用。

在慢时标 S-MPC 下的控制系统为

$$\begin{bmatrix} y_{\mathrm{s}}(l) \\ y_{\mathrm{f}}(l) \end{bmatrix} = \underbrace{\begin{bmatrix} G_{\mathrm{ss}}(q_{\mathrm{s}}) & G_{\mathrm{sc}}(q_{\mathrm{s}}) & 0 \\ 0 & G_{\mathrm{fc}}(q_{\mathrm{s}}) & G_{\mathrm{ff}}(q_{\mathrm{s}}) \end{bmatrix}}_{G_{\mathrm{slw}}(q_{\mathrm{s}})} \begin{bmatrix} u_{\mathrm{s}}(l) \\ u_{\mathrm{c}}(l) \\ u_{\mathrm{f}}(l) \end{bmatrix} \tag{7-13}$$

q_{s}^{-1} 是慢速采样时间的单位延迟算子，$G_{\mathrm{slw}}(q_{\mathrm{s}})$ 为 S-MPC 的模型矩阵，子模型 $G_{\mathrm{ss}}(q_{\mathrm{s}})$、$G_{\mathrm{sc}}(q_{\mathrm{s}})$、$G_{\mathrm{fc}}(q_{\mathrm{s}})$、$G_{\mathrm{ff}}(q_{\mathrm{s}})$ 都是 q_{s}^{-1} 的多项式，通过模型可以预测输出。S-MPC 的预测方程如下：

$$\hat{\boldsymbol{Y}}_{\mathrm{PM}}^{\mathrm{slw}}(l) = \hat{\boldsymbol{Y}}_{\mathrm{P0}}^{\mathrm{slw}}(l) + \boldsymbol{A}_{\mathrm{u}}^{\mathrm{slw}} \Delta \boldsymbol{U}_{\mathrm{slw}}(l) + \boldsymbol{A}_{\mathrm{d}}^{\mathrm{slw}} \Delta \boldsymbol{d}_{\mathrm{slw}}(l) \tag{7-14}$$

式中，$\hat{\boldsymbol{Y}}_{\mathrm{P0}}^{\mathrm{slw}}(l)$ 和 $\hat{\boldsymbol{Y}}_{\mathrm{PM}}^{\mathrm{slw}}(l)$ 为预测初值和预测值；$\boldsymbol{A}_{\mathrm{u}}^{\mathrm{slw}}$ 为式（7-13）中各子模型的阶跃响应构成的动态矩阵；$\Delta \boldsymbol{U}_{\mathrm{slw}}(l)$ 为 S-MPC 的操纵变量向量。

S-MPC 的滚动优化命题可以表示为

$$\min_{\Delta U_{\mathrm{slw}}} J_{\mathrm{slw}} = \| \boldsymbol{\omega}_{\mathrm{slw}}(l) - \hat{\boldsymbol{Y}}_{\mathrm{PM}}^{\mathrm{slw}}(l) \|_{\boldsymbol{Q}_{\mathrm{slw}}}^2 + \| \Delta \boldsymbol{U}_{\mathrm{slw}}(l) \|_{\boldsymbol{R}_{\mathrm{slw}}}^2$$

$$\text{s. t.} \quad \underline{\Delta U_{\mathrm{slw}}} \leqslant \Delta U_{\mathrm{slw}} \leqslant \overline{\Delta U_{\mathrm{slw}}}$$

$$\underline{U_{\mathrm{slw}}} \leqslant U_{\mathrm{slw}} \leqslant \overline{U_{\mathrm{slw}}} \tag{7-15}$$

$$\underline{Y_{\mathrm{slw}}} \leqslant \hat{Y}_{\mathrm{PM}}^{\mathrm{slw}} \leqslant \overline{Y_{\mathrm{slw}}}$$

$$(P_{\mathrm{out,es},i}^{\mathrm{slw}}, F_{\mathrm{es},i}^{\mathrm{slw}}) \in \mathcal{F}_i, i = 1, \cdots, n_u$$

$$\Delta \boldsymbol{U}_{\mathrm{slw}}(l) = [\underbrace{\Delta u_{\mathrm{s},1}^{\mathrm{slw}}(l), \cdots, \Delta u_{\mathrm{s},n_t}^{\mathrm{slw}}(l)}_{\Delta \boldsymbol{u}_{\mathrm{s}}^{\mathrm{slw}}(l)^{\mathrm{T}}}, \underbrace{\Delta u_{\mathrm{c},1}^{\mathrm{slw}}(l), \cdots, \Delta u_{\mathrm{c},n_u}^{\mathrm{slw}}(l)}_{\Delta \boldsymbol{u}_{\mathrm{c}}^{\mathrm{slw}}(l)^{\mathrm{T}}}, \underbrace{u_{\mathrm{f},1}^{\mathrm{slw}}(l), \cdots, \Delta u_{\mathrm{f},2n_u}^{\mathrm{slw}}(l)}_{\Delta \boldsymbol{u}_{\mathrm{f}}^{\mathrm{slw}}(l)^{\mathrm{T}}}]^{\mathrm{T}}$$

$$\tag{7-16}$$

式中，$\overline{\Delta U_{\mathrm{slw}}}$ 和 $\underline{\Delta U_{\mathrm{slw}}}$、$\overline{U_{\mathrm{slw}}}$、$\underline{U_{\mathrm{slw}}}$ 分别为操纵变量的上下限约束和增量约束；$\overline{Y_{\mathrm{slw}}}$、$\underline{Y_{\mathrm{slw}}}$ 为被控变量的上下限约束；$\boldsymbol{\omega}_{\mathrm{slw}}(l)$ 为被控变量的控制要求向量；$\Delta \boldsymbol{U}_{\mathrm{slw}}(l)$ 包含 $\Delta u_{\mathrm{s}}^{\mathrm{slw}}(l)$ 慢输入、$\Delta u_{\mathrm{c}}^{\mathrm{slw}}(l)$ 耦合输入、$\Delta u_{\mathrm{f}}^{\mathrm{slw}}(l)$ 快输入等三个部分。

在快时标 F-MPC 下的控制系统为

$$y_{\mathrm{f}}(k) = \underbrace{[G_{\mathrm{fc}}(q_{\mathrm{f}}) \quad G_{\mathrm{ff}}(q_{\mathrm{f}})]}_{G_{\mathrm{fst}}(q_{\mathrm{f}})} \begin{bmatrix} u_{\mathrm{c}}(k) \\ u_{\mathrm{f}}(k) \end{bmatrix} \tag{7-17}$$

式中，$\boldsymbol{G}_{\mathrm{fst}}(q_{\mathrm{f}})$ 为 F-MPC 的模型矩阵，子模型 $G_{\mathrm{fc}}(q_{\mathrm{f}})$、$G_{\mathrm{ff}}(q_{\mathrm{f}})$ 分别为耦合输入 $U_{\mathrm{c}}(k)$ 和快输入 $U_{\mathrm{f}}(k)$ 对 F-MPC 输出 $y_{\mathrm{f}}(k)$ 的传递函数。

F-MPC 的预测方程为

$$\hat{\boldsymbol{Y}}_{\mathrm{PM}}^{\mathrm{fst}}(k) = \hat{\boldsymbol{Y}}_{\mathrm{P0}}^{\mathrm{fst}}(k) + \underbrace{\boldsymbol{A}_{\mathrm{u}}^{\mathrm{fst}} \Delta \boldsymbol{U}_{\mathrm{uc}}^{\mathrm{slw}}(k)}_{(a)} + \underbrace{\boldsymbol{A}_{\mathrm{u}}^{\mathrm{fst}} \Delta \boldsymbol{U}_{\mathrm{fst}}(k)}_{(b)} \tag{7-18}$$

式中，a 项和 b 项分别为耦合输入 $U_{\mathrm{c}}(k)$ 和快输入 $U_{\mathrm{f}}(k)$ 对 F-MPC 输出预测 $\hat{\boldsymbol{Y}}_{\mathrm{PM}}^{\mathrm{fst}}(k)$

的作用；$\hat{\boldsymbol{Y}}_{P0}^{fst}(k)$ 为预测初值；$\boldsymbol{A}_u^{fst}$ 为式(7-17) 中子模型的阶跃响应构成的动态矩阵。

F-MPC 的滚动优化命题可以表示为

$$\min_{\Delta U_{fst}} J_{fst} = \underbrace{\|\boldsymbol{\omega}_{fst}(k) - \hat{\boldsymbol{Y}}_{PM}^{fst}(k)\|_{Q_{fst}}^2 + \|\Delta \boldsymbol{U}_{fst}(k)\|_{R_{fst}}^2}_{(a)} + \underbrace{\|\boldsymbol{U}_{fst}(k) - \boldsymbol{U}_{cf}^{slw}(k)\|_{V_{fst}}^2}_{(b)}$$

$$\text{s. t.} \quad \underline{\Delta U_{fst}} \leqslant \Delta U_{fst} \leqslant \overline{\Delta U_{fst}}$$

$$\underline{U_{fst}} \leqslant U_{fst} \leqslant \overline{U_{fst}}$$

$$\underline{Y_{fst}} \leqslant \hat{Y}_{PM}^{fst} \leqslant \overline{Y_{fst}}$$

$$(P_{out,i}^{fst}, F_{es,i}^{fst}) \in \mathcal{F}_i, i = 1, \cdots, n_u$$

$$\Delta \boldsymbol{U}_{fst}(k) = [\underbrace{\Delta u_{c,1}^{fst}(k), \cdots, \Delta u_{c,n_u}^{fst}(k)}_{\Delta u_c^{fst}(k)^T}, \underbrace{u_{f,1}^{fst}(k), \cdots, \Delta u_{f,2n_u}^{fst}(k)}_{\Delta u_f^{fst}(k)^T}]^T \quad (7\text{-}19)$$

式中，$\overline{\Delta U_{fst}}$ 和$\underline{\Delta U_{fst}}$、$\overline{U_{fst}}$、$\underline{U_{fst}}$ 分别为操纵变量的上下限约束和增量约束；$\overline{Y_{fst}}$、$\underline{Y_{fst}}$ 为被控变量的上下限约束；$\boldsymbol{\omega}_{fst}(k)$ 为 F-MPC 被控变量的控制要求向量；$\Delta U_{fst}(k)$ 包含$\Delta u_c^{fst}(k)$ 耦合输入、$\Delta u_f^{fst}(k)$ 快输入等两个部分。

结合 S-MPC 和 F-MPC，双时标模型预测控制的控制作用为

$$\Delta u(k) = [\Delta \boldsymbol{u}_s(k)^T, \Delta \boldsymbol{u}_c(k)^T, \Delta \boldsymbol{u}_f(k)^T]^T \quad (7\text{-}20)$$

7.3.1.3 基于事件驱动的多模态 PWA-MPC 控制

能源转换设备往往表现出强非线性特性和多模态特性，如何用模型完全表征其非线性特性或多模态特性是首先需要解决的问题。多模型方法是采用多个线性子模型来近似描述非线性系统，子模型各自作用的区域不同，结合切换函数表征整体空间的动态特性。在多模型框架中，有很多的模型表示形式可以选择，例如分段仿射（piecewise affine，PWA）模型、T-S（Takagi-Sugeno）模型和线性变参数（linear parameter varying，LPV）模型等。其中，PWA 模型能够很好地逼近非线性动力学特性，具有结构简单、便于控制器设计等优点，因此，自 1981 年 Sontag 提出以来就在非线性系统和切换系统的辨识与控制中得到了广泛的讨论。在 PWA 模型的基础上，可以基于模型预测控制（model predictive control，MPC）设计切换算法，以满足切换过程稳定性和平滑性的要求。

（1）基于 Gap Metric 的多模态 PWA 模型辨识

分段仿射（PWA）模型的辨识问题主要分成两部分：一是模型参数辨识；二是模型有效区域划分。过去的方法是将两者分开进行，即先获取数据进行聚类，辨识出参数，然后再划分模型有效区域。但是，由于存在线性不可分问题的存在，会导致子模型参数和其对应区域不匹配，操作空间多面体划分的完备性和最优性缺乏保证。为此，可引入基于 Gap Metric 算子测度的聚类建模方法[8]。算法流程如图 7-15 所示。

该算法首先根据获取的输入输出数据构建局部数据集，并用最小二乘法辨识出局部模型；然后根据特征向量，即模型的参数向量和对应有效区域对局部模型聚类，采用加权最小二乘法辨识出子模型的参数；再然后用 Softmax 回归划分子模型有效区域；最后以模型输出误差最小为目标，采用粒子群算法（PSO）同时优化子模型边界和模型参数。

引入 Gap Metric 直接衡量模型之间的距离，将数据层面的度量提升到了模型层面。除此之外，聚类方法改为自上而下的分层聚类，以输出误差最小为目标，可自动计算最优的子模型数。这两处改进进一步提高了模型精度和辨识的稳定性。

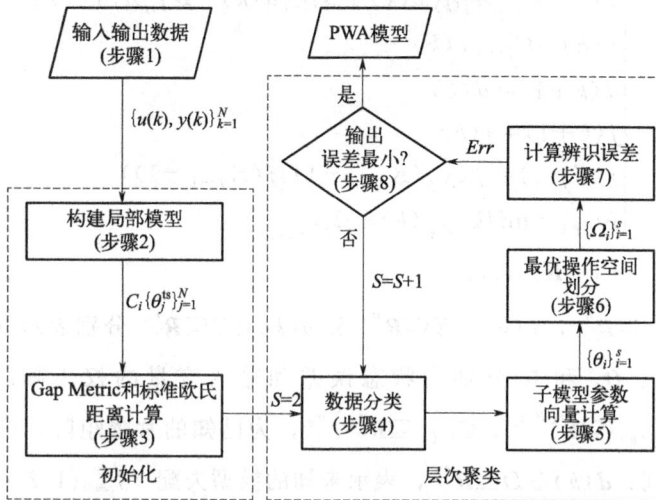

图 7-15　基于 Gap Metric 的高精度模型辨识算法流程

以动态系统之间的 gap 为测度，能更好地区分不同模态间的动态特性，与最优边界划分方法相比，不同模态间的边界划分更精准，模型输出动态拟合效果也更好，如图 7-16 所示。

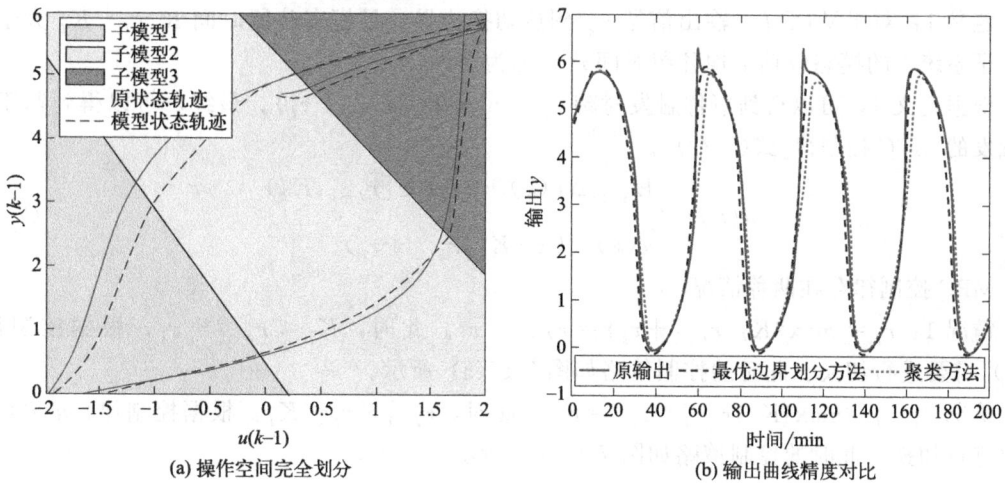

扫码看彩图

(a) 操作空间完全划分　　　　　(b) 输出曲线精度对比

图 7-16　操作空间完全划分以及输出曲线精度对比

（2）基于事件触发的 MPC 切换控制算法

在 PWA 模型的基础上，可设计一种基于事件触发的 PWA-MPC 切换控制方法，使得系统能够平滑地跟踪目标轨迹，并且在 PWA 子模型边界与真实对象存在偏差的情况下，保证鲁棒指数稳定。

考虑模型失配下，PWA 模型描述的非线性对象 MPC 控制优化命题[9]如下：

$$J(k) = \Delta \boldsymbol{x}^{\mathrm{T}}(k+N \,|\, k)\boldsymbol{Q}_1 \Delta \boldsymbol{x}(k+N \,|\, k)$$

$$+ \sum_{i=0}^{N-1} \left[\Delta \boldsymbol{x}^{\mathrm{T}}(k+i \,|\, k)\boldsymbol{Q}_2 \Delta \boldsymbol{x}(k+i \,|\, k) + \Delta \boldsymbol{u}^{\mathrm{T}}(k+i \,|\, k)\boldsymbol{R} \Delta \boldsymbol{u}(k+i \,|\, k) \right]$$

$$\Delta x(k \,|\, k) = \Delta \hat{x}(k) \tag{7-21}$$

$$\begin{cases} x(k+1)=\boldsymbol{A}_{j(k)}x(k)+\boldsymbol{B}_{j(k)}u(k)+\boldsymbol{B}_{d,j(k)}d(k) \\ y(k)=\boldsymbol{C}_{j(k)}x(k) \\ d(k+1)=d(k) \\ j(k+1)=j(k) \\ j(K_{l+1})=f(y_\phi(K_{l+1}-1),j(K_{l+1}-1)) \\ K_{l+1}=\inf\{k\,|\,y_\phi(k)\in\Omega_{j(K_{l+1})}\} \\ k\in[K_l,K_{l+1}) \end{cases}$$

式中，$u(k)\in U\subseteq\boldsymbol{R}^{n_u}$，$x(k)\in X\subseteq\boldsymbol{R}^{n_x}$ 和 $y(k)\in Y\subseteq\boldsymbol{R}^{n_y}$ 分别表示标称模型的状态变量和输出变量；$\boldsymbol{Q}_1$、$\boldsymbol{Q}_2$ 和 $\boldsymbol{R}$ 分别为状态误差和输入变量的权矩阵；$\boldsymbol{A}_{j(k)}\subseteq\boldsymbol{R}^{n_x\times n_x}$，$\boldsymbol{B}_{j(k)}\subseteq\boldsymbol{R}^{n_x\times n_u}$，$\boldsymbol{B}_{d,j(k)}\subseteq\boldsymbol{R}^{n_x\times n_d}$，$\boldsymbol{C}_{j(k)}\subseteq\boldsymbol{R}^{n_y\times n_x}$，为已知的常数矩阵，可通过系统辨识或机理建模等方法得到；$d(k)\in D\subseteq\boldsymbol{R}^{n_d}$，表示未知的模型失配；$J\triangleq\{1,2,\cdots,M\}$，表示模态的集合，$j(k)\in J$；$f:Y\times J\rightarrow J$，表示模态转移函数；$\Omega_j\subseteq Y$，表示 PWA 系统的子系统 j 的操作空间，$\Omega_i\cap\Omega_j=\varnothing$，$i,j\in J,i\neq j$；$\dim U=n_u$，$\dim X=n_x$，$\dim Y=n_y$，$\dim D=n_d$，$l,k\in\boldsymbol{N}^+$；$K_{l+1}$ 表示输出 y_ϕ 到达切换边界 $\Omega_{j(K_{l+1})}$ 的最短时间，$j(K_{l+1})=f(y_\phi(K_{l+1}-1),j(K_{l+1}-1))$ 表示 K_{l+1} 时刻 PWA 系统的模态由 $K_{l+1}-1$ 时刻的 $y_\phi(K_{l+1}-1)$ 和 $j(K_{l+1}-1)$ 共同决定，且当 $k\in[K_l,K_{l+1})$ 时，有 $j(k+1)=j(k)$。

定义 1：对于 $\forall j\in J$，输出信号 y_ϕ 到达切换边界，且模态驻留时间 $K_{l+1}-K_l$ 大于或等于子系统 j 的模态依赖平均驻留时间 τ_l，即为事件。

根据定义 1，可以得到事件触发时刻 $r_l=\max\{K_l,r_{l-1}+\tau_l\}$。最终，可以得到基于事件触发的 MPC 控制律[式(7-22)]。

$$u(k)=\begin{cases} H_{j(k)}\Delta\hat{x}(k)+\bar{u} & k\in[r_{l-1},K_l) \\ \tilde{u}(k) & k\in[K_l,r_{l-1}+\tau_l) \end{cases} \tag{7-22}$$

MPC 控制律存在两种情况：

情况 1：$r_l=\max\{K_l,r_{l-1}+\tau_l\}=r_{l-1}+\tau_l$。此时，$K_l<r_{l-1}+\tau_l$，根据控制律，$u(k)$ 需要进行切换。此时的控制策略如图 7-17(a) 所示。

情况 2：$r_l=\max\{K_l,r_{l-1}+\tau_l\}=K_l$。此时，$r_{l-1}+\tau_l<K_l$，根据控制律，$u(k)$ 不需要进行切换。此时的控制策略如图 7-17(b) 所示。

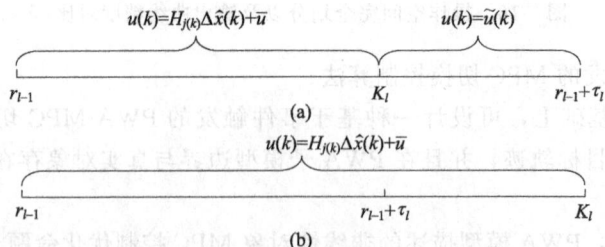

图 7-17 基于事件触发的 PWA-MPC 控制策略

采用式(7-22)设计的 PWA-MPC 算法，在模型不精准的情况下，仍然可以保证具有无余差和指数收敛的特性。它可使得偏差在有限时间趋于零，在模型失配下也可实现高精度的控制。

7.3.2 先进控制应用情况

7.3.2.1 面向深度调峰设计的复杂控制

深度调峰要求机组须具备宽负荷巡航的能力，目前的主流方案是通过更新或提升机组现有控制逻辑的智能，设计若干诸如高级焓值控制、干湿态自动转换、全程给水控制等智能控制模块来满足更高的控制性能要求。例如，智能控制系统（ICS）可以采用模型和数据联合驱动的策略，其架构以复杂控制算法为基础，辅以模型在线修正、控制参数在线自适应等技术，实现静态平衡、并行前馈、动态加速等高级优化控制功能。如果优化控制模块是基于复杂控制逻辑设计的，其优化计算可在工程师或 APP 站等专用控制器中进行，计算和信息的安全与可靠性均有保障。

下面以主汽温控制为例来说明智能控制系统的优化控制功能。图 7-18 是某厂商研发的 iFOC 智能控制系统的优化控制功能。图中，主汽温的主调节器接受蒸汽温度前置处理模块（STMTC）的输出信号，实现基于偏差的优化控制、闭锁及跟踪的抗积分饱和技术以及主回路的变参数 VAPID 控制。STMTC 模块通过对主调回路相关信号的分析计算出最优的被控变量偏差，同时实时计算该场景下的比例、积分参数，传递给主调节器实现变参数控制；QUAEQC（焓增模型计算）模块包含通过数据辨识获取的过热器焓增静态模型，在线计算时，与 CSTHT（蒸汽参数计算）模块协同完成焓增参数的更新，进而实现过热器焓增模型的自动修正。其主汽温控制逻辑本质上是依据能量平衡原理设计的前馈-反馈复杂控制逻辑，而不是依赖过热器出口温度测量的纯反馈系统。其控制逻辑的关键环节是焓增模型在线修正和过热器进口温度的估计。VAPID 控制通过实时监测和估算系统的参数变化，并相应地调整 PID 控制参数，实现了更好的控制效果和稳定性。

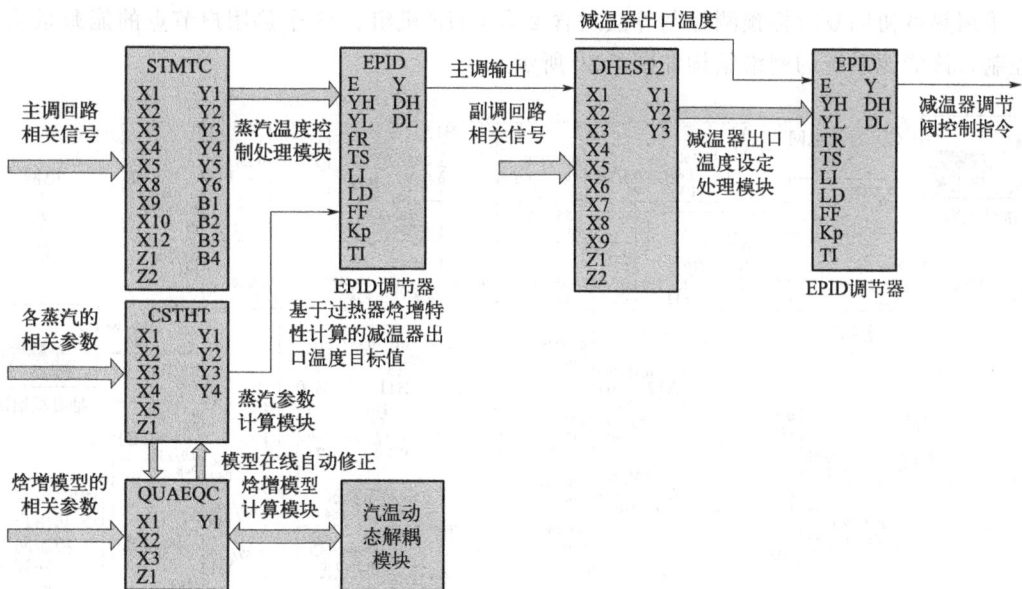

图 7-18 过热汽温复杂控制逻辑

7.3.2.2 热电耦合能源系统的协同控制

热电协同控制是一种多变量控制策略。在控制目标上，需要同时满足电力系统负荷指令和热力系统的用户舒适度要求，在控制手段上，可通过同时调节锅炉燃料量和供热系统的蒸汽量来提升电力系统负荷指令的响应能力，但是需要消除电力系统与热力系统的时标耦合问题。图 7-19 展示了热电协同双时标预测控制方案。快时标上采用 F-MPC，利用采暖蒸汽量对机组功率的快响应特性提高机组响应速度；慢时标上采用 S-MPC，利用供热系统惯性，采用区间控制策略进行质量同调。

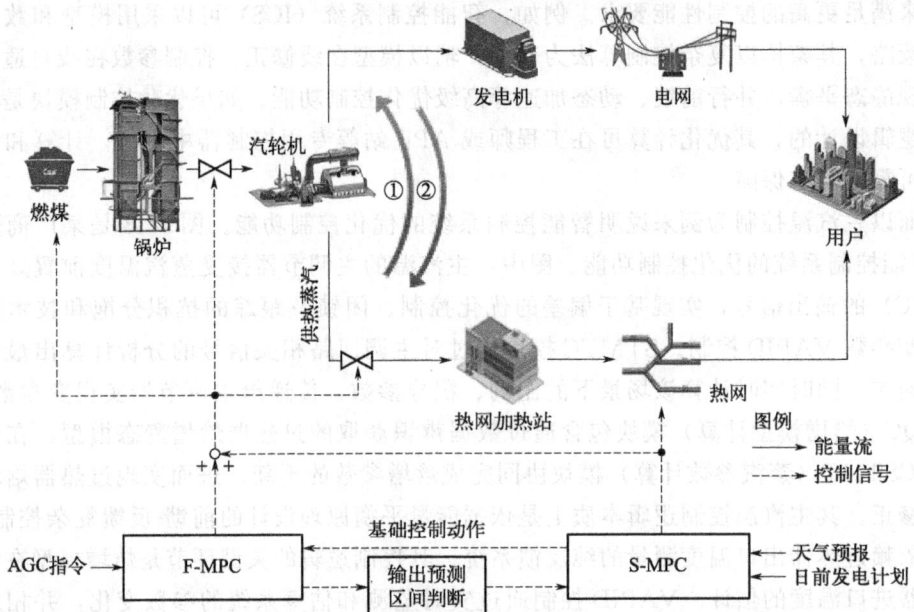

图 7-19　热电协同双时标预测控制方案

采用热电协同双时标预测控制算法对含 2 台 CHP 机组、28 个热用户节点的能源系统进行控制，该能源系统的网络结构如图 7-20 所示。

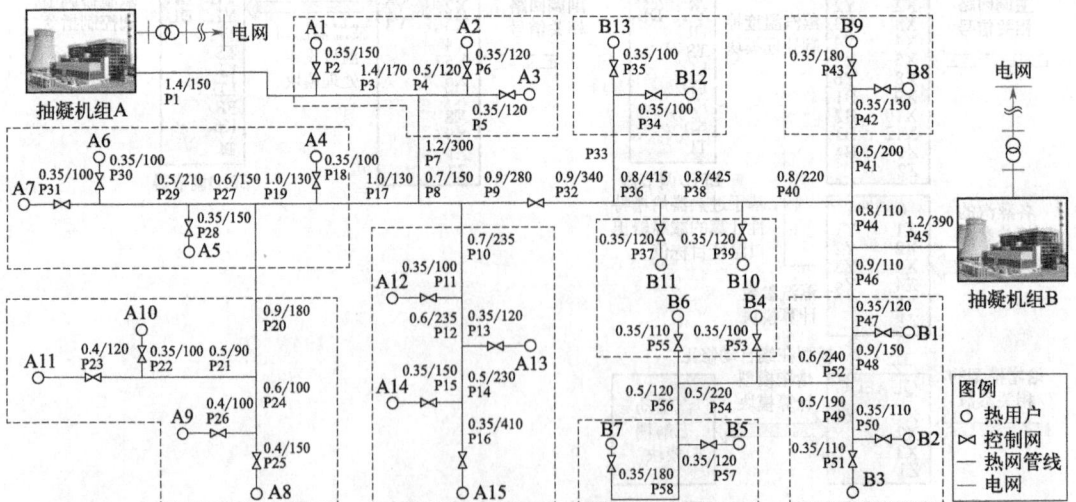

图 7-20　热电联产机组供热网络结构图

图 7-20 中，P1～P58 是管线编号，管线编号旁的数值是管线的参数，如"1.4/150"表示管径为 DN1400、管长为 150m；A1～A15 和 B1～B13 为热用户节点编号，通往热用户节

点的每条支路都有一个调节阀，用于调节支路流量。

冬季某日的 AGC 指令和室外温度如图 7-21 所示。其中预报负荷（实线）是调度中心提供的日前指令，实际指令（虚线）由调度中心实时下达的负荷指令；预报温度（实线）是当地气象部门日前给出的，实际温度如图中虚线所示，两者的偏差用来模拟预报信息误差。

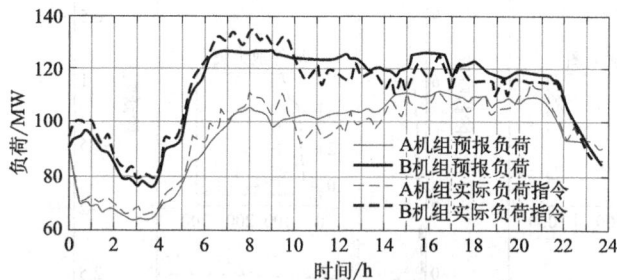

(a) 预报负荷和实际负荷

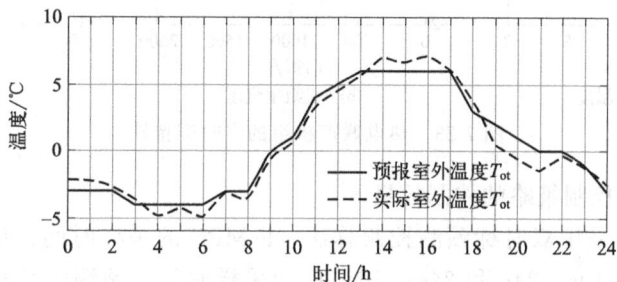

(b) 预报室外温度和实际室外温度

图 7-21　预报负荷和实际负荷以及预报室外温度和实际室外温度

图 7-22 给出了热电联产 CHP 机组的可行区域（或弹性区域）。两台机组的额定功率均为 150MW。A 机组经过供热改造后，最大采暖蒸汽量可达到 60kg/s（216t/h），B 机组的最大采暖蒸汽量为 45kg/s（162t/h）。两台机组协同供热并共同响应 AGC 指令。

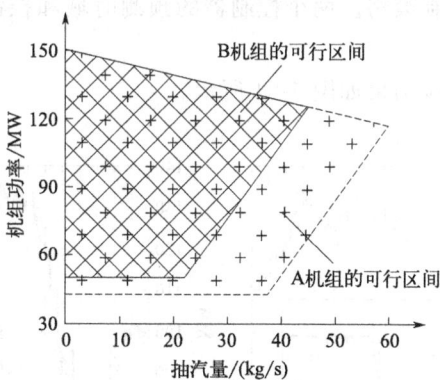

图 7-22　热电联产机组的可行区域

图 7-23(a) 给出了用户室内温度相关模型的阶跃响应。显然，用户室内温度对三个输入变量（机组供热采暖蒸汽量、回水温度、热网水流量）的响应很慢，响应时间在（1~2）×10^4s 之间。

图 7-23(b) 和（c）分别给出了 A 机组的主汽压和功率相关模型的阶跃响应，响应时间

在 40～1000s 之间，响应速度很快。结合工艺可知，A 机组的供热采暖蒸汽量作为耦合变量，它对 A 机组功率和用户室内温度的响应时间分别在分钟级和小时级两个时间尺度上。

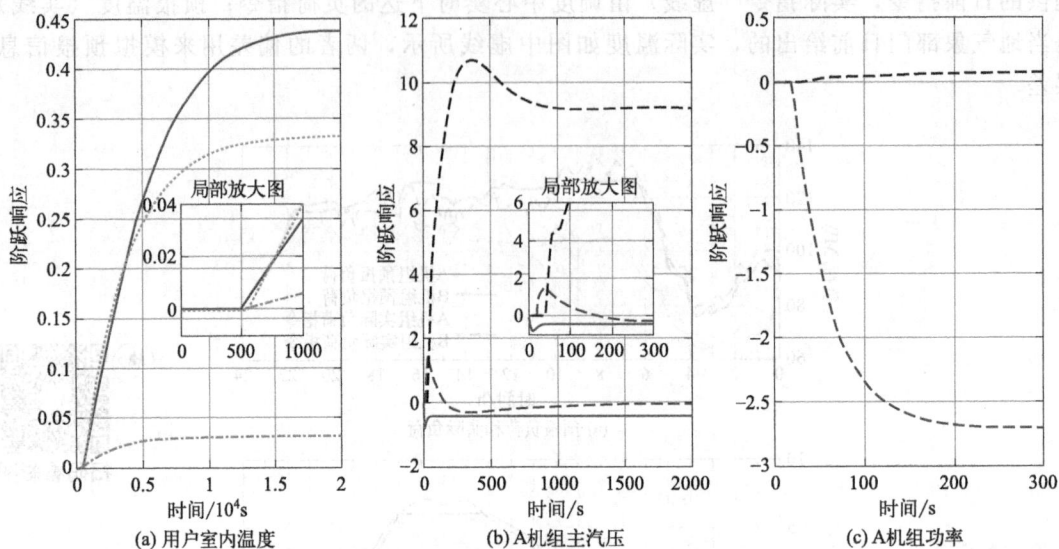

(a) 用户室内温度　　(b) A机组主汽压　　(c) A机组功率

图 7-23　热电联产机组的多时标特性

下面对比了三种控制策略的控制效果。

① 策略 1（S1）采用双时标预测控制算法。F-MPC 的采样时间、预测时域和控制时域分别为 10s、24s 和 24s；S-MPC 的采样时间、预测时域和控制时域分别为 15min、20min 和 10min。

② 策略 2（S2）采用双时标预测控制算法，并考虑热网蓄热对机组 AGC 响应性能的补偿作用。F-MPC 的设置与 S1 策略相同；S-MPC 采用设定值控制，控制间隔为 15min。两个控制器的预测时域和控制时域都与 S1 相同。

③ 策略 3（S3）采用传统 MPC 方案，即 F-MPC 和 S-MPC 独立工作。这也是现场中常用的控制策略。两个控制器的预测时域和控制时域都与 S1 相同。

热电联产机组的负荷响应结果如图 7-24 所示。

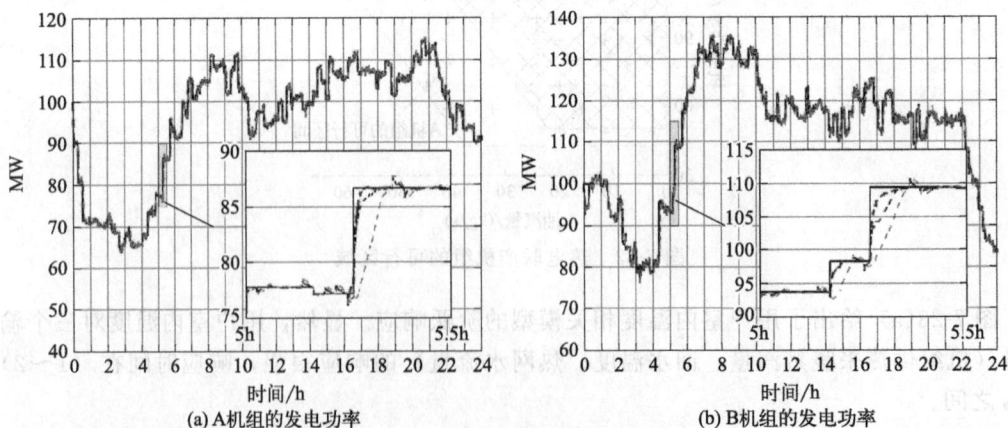

(a) A机组的发电功率　　　　　　(b) B机组的发电功率

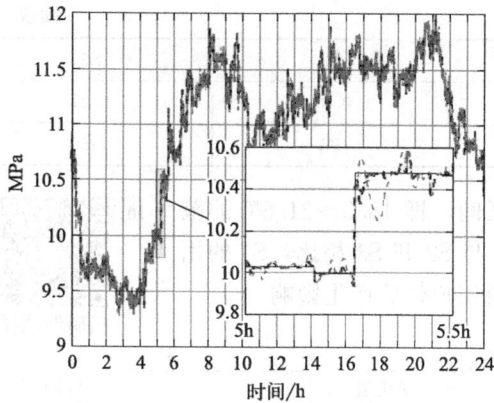

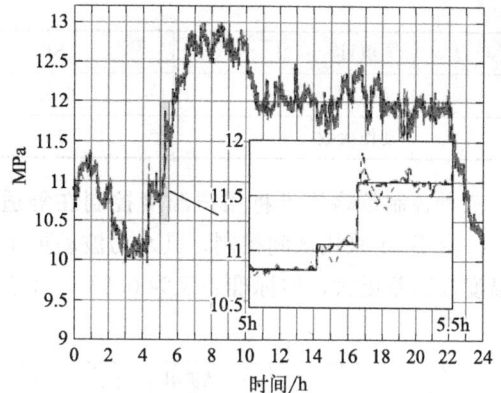

(c)A机组的主蒸汽压力　　　　　　　(d)B机组的主蒸汽压力

图 7-24　热电联产机组的负荷响应结果

—— 设定值　--- S1　--- S2　······ S3

选择变负荷速率、机组负荷标准差、负荷响应延迟、主蒸汽压力标准差等四个指标对 F-MPC 的控制效果进行了评价，结果如表 7-1 所示。S1 下，A、B 机组的变负荷速率分别为 4.12% Pe/min、3.95% Pe/min；S2 下，两机组的变负荷速率分别为 4.05% Pe/min、3.73% Pe/min，响应速度相比 S3 提高了约 100%。S1 和 S2 的响应迟延时间均为 10s，与 S3 相比降低了约 80%。由于 S1 和 S2 下高调阀无需快速调节以响应负荷变化，机组负荷和主蒸汽压力的标准差相比 S3 较小。

表 7-1　F-MPC 控制效果对比

项目		S1	S2	S3
k_{Pout}	A 机组	4.12%	4.05%	2.13%
/(Pe/min)	B 机组	3.95%	3.73%	2.12%
de	A 机组	10	10	60
/s	B 机组	10	10	60
σ_{Pout}	A 机组	0.801	0.845	1.899
/MW	B 机组	0.932	1.066	2.123
σ_{pms}	A 机组	0.0361	0.0356	0.0640
/MPa	B 机组	0.0425	0.0451	0.0720

经对比可知，相较于 S3，S1、S2 的变负荷速率提高了约 100%，响应迟延时间降低了约 80%，主蒸汽压力波动降低了约 50%。

热电联产机组的热网控制结果如图 7-25 所示。

选择循环水量标准差、用户温度标准差、控制器动作次数等三个指标对 S-MPC 的控制效果进行了评价，结果如表 7-2 所示。S1 中 S-MPC 动作频率更低，供热网络的水力学特性更加稳定。S1 的循环水流量标准差为 40.28kg/s，相较 S2 降低了约 6kg/s。与 S3 相比，S1 对热力系统的控制作用更强，其热网流量的标准差较 S3 增加 6kg/s。

表 7-2　S-MPC 的控制效果对比

项目	S1	S2	S3
δ_{Fdh}/(kg/s)	40.28	46.40	34.61

项目	S1	S2	S3
δ_{Tid}/℃	0.57	0.36	0.21
动作次数	14	96	96

三种控制策略均可将用户温度控制在舒适区间，即 18.5～21.5℃ 的范围内。由于 S1 采用区间控制，其水力波动更小；与 S2 和 S3 相比，S1 的用户温度标准差更大，但标准差仅为 0.6℃，不会对用户体验产生影响。

扫码看彩图

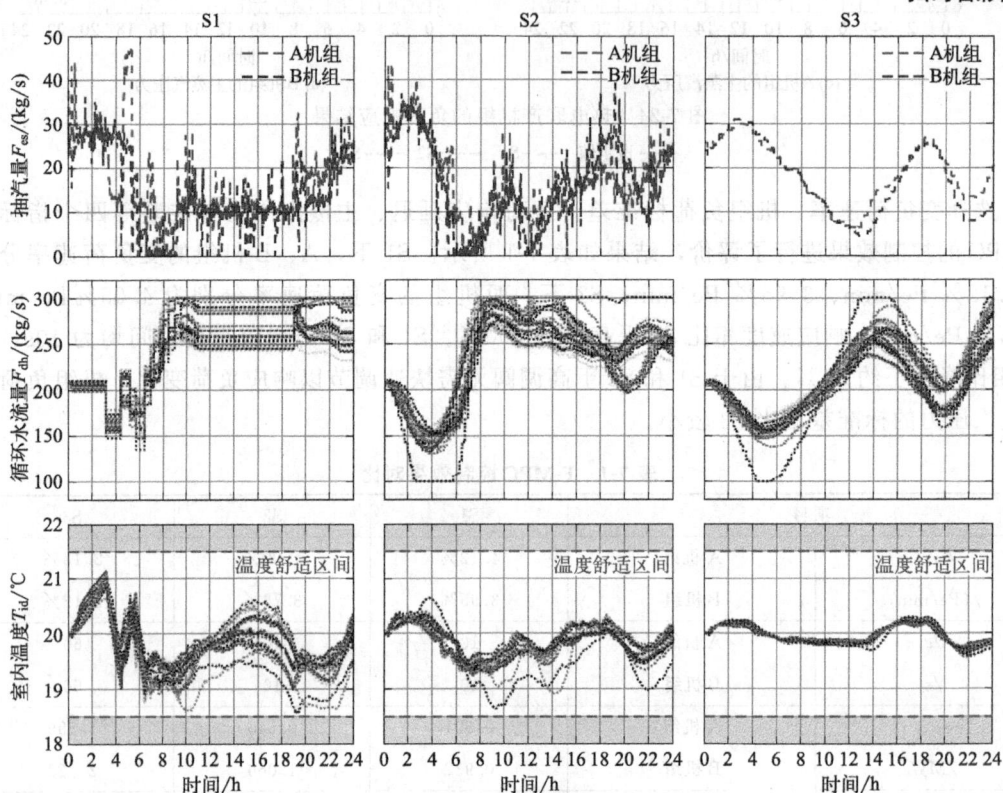

图 7-25　热电联产机组的热网控制结果

采用双时标预测控制算法，实现了负荷指令的快速跟踪控制，摆脱了时标差异导致热电分离控制的缺陷，实现了热电协同，消除了以热定电模式对电网的扰动，提高了系统灵活性。

7.3.2.3　基于区域热网管道模型的综合能源调度优化

综合能源系统通常包含电网部分和热网部分，如图 7-26 所示。其中区域能源供应管理模块用于运行热电联产机组，以满足区域内的热电平衡。

该综合能源系统的优化目标可以表示为

$$\min C_{total} = \sum_{t \in T_c} \Delta t \left[(F_{gt,t} + F_{gb,t} + F_{tgu,t})\lambda^{gas} + (P_{wt,t}^{pre} - P_{wt,t})\lambda^{wt} \right] \quad (7\text{-}23)$$

式中，T_c 代表调度时间范围；Δt 代表调度时间步长；$F_{gt,t}$ 代表汽轮机的进汽量；$F_{gb,t}$ 代表锅炉的进汽量；$F_{tgu,t}$ 代表火力发电机组的进汽量；$P_{wt,t}^{pre}$ 代表可再生能源产电的

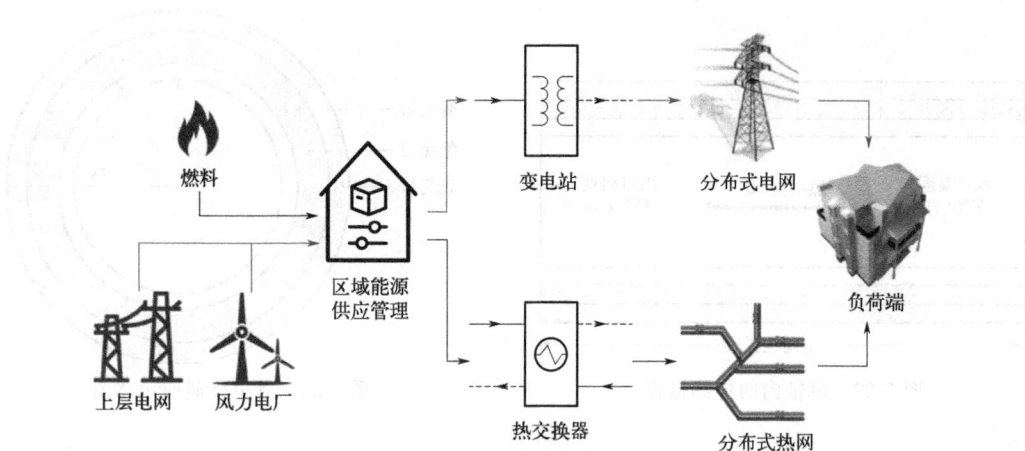

图 7-26 综合能源系统的结构

预测值；$P_{\text{wt},t}$ 代表可再生能源产电的实际使用值；λ^{gas} 代表天然气价格；λ^{wt} 代表弃用可再生能源产电的惩罚系数。

（1）区域热网模型与约束

热电联产机组产生的热能通过区域热网进行传输。区域热网分为供应管网和回流管网。当供应管网内的水完成热能交换后流向回流管网，形成流动循环，如图 7-27 所示。

描述管网内温度分布的热传导方程可以表示为

$$\rho C_{\text{p}} A_i \frac{\partial T_i^{\text{pipe}}(x,t)}{\partial t} + m_i^{\text{pipe}}(x,t) C_{\text{p}} \frac{\partial T_i^{\text{pipe}}(x,t)}{\partial x}$$
$$= k A_i \frac{\partial^2 T_i^{\text{pipe}}(x,t)}{\partial x^2} + \frac{T_i^{\text{a}} - T_i^{\text{pipe}}(x,t)}{R_i} \tag{7-24}$$

式中，$T_i^{\text{pipe}}(x,t)$ 和 $m_i^{\text{pipe}}(x,t)$ 为 t 时刻管道空间位置 x 处的温度和质量流量；k 为水的热导率；ρ 为水的密度；C_{p} 为水的比热容；A_i 为管道 i 的截面积；R_i 为管道 i 的热导率。

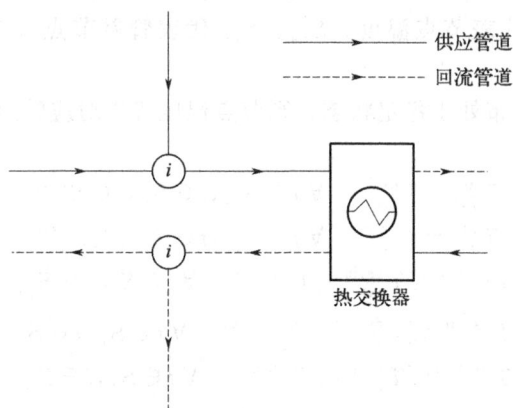

图 7-27 区域热网的流动循环

偏微分方程式(7-24)描述了管道的温度分布，其沿轴向的传热过程如图 7-28 所示。

传热过程中的热损失会受到管径的影响。r_{a}、r_{b}、r_{c} 和 r_{d} 分别代表管道内半径、管道外半径、管道外部绝缘层半径和管道外部表壳层半径，如图 7-29 所示。

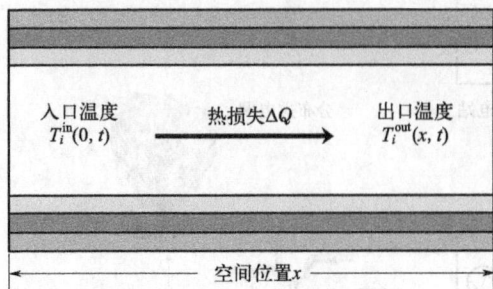

图 7-28　沿轴向的传热过程

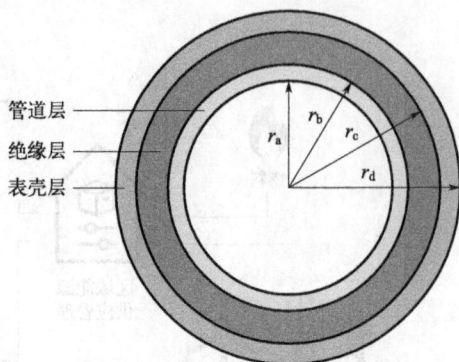

图 7-29　管道横截面示意图

为了准确地描述管道内的温度动态，区域热网模型应同时考虑管径和空间距离对热损失的影响。图 7-27 中管道内的热能可以表示为

$$\begin{cases} Q_{i,t}^{\mathrm{ps,in}} = q_{i,t}^{\mathrm{ps}} C T_{i,t}^{\mathrm{ps,in}} / \lambda & \forall t \in S_t, i \in S_{\mathrm{ps}} \\ Q_{i,t}^{\mathrm{ps,out}} = q_{i,t}^{\mathrm{ps}} C T_{i,t}^{\mathrm{ps,out}} / \lambda & \forall t \in S_t, i \in S_{\mathrm{ps}} \\ Q_{i,t}^{\mathrm{pr,in}} = q_{i,t}^{\mathrm{pr}} C T_{i,t}^{\mathrm{pr,in}} / \lambda & \forall t \in S_t, i \in S_{\mathrm{pr}} \\ Q_{i,t}^{\mathrm{pr,out}} = q_{i,t}^{\mathrm{pr}} C T_{i,t}^{\mathrm{pr,out}} / \lambda & \forall t \in S_t, i \in S_{\mathrm{pr}} \end{cases} \tag{7-25}$$

式中，$Q_{i,t}^{\mathrm{ps,in}}$、$Q_{i,t}^{\mathrm{pr,in}}$ 和 $Q_{i,t}^{\mathrm{ps,out}}$、$Q_{i,t}^{\mathrm{pr,out}}$ 代表 t 时刻供应、回流管道 i 在进出口处的热能；$q_{i,t}^{\mathrm{ps}}$ 和 $q_{i,t}^{\mathrm{pr}}$ 代表供应、回流管道 i 在 t 时刻的水量；$T_{i,t}^{\mathrm{ps,in}}$、$T_{i,t}^{\mathrm{pr,in}}$ 和 $T_{i,t}^{\mathrm{ps,out}}$、$T_{i,t}^{\mathrm{pr,out}}$ 代表入口、出口处的温度；λ 代表单位换算系数；C 代表液体比热容；S_t 代表调度时间范围；S_{ps}、S_{pr} 代表管网中的供应和回流管道集合。

管网节点处的温度可以表示为

$$\begin{cases} \sum_{i \in S_j^{\mathrm{ps,e}}} T_{i,t}^{\mathrm{ps,out}} q_{i,t}^{\mathrm{ps}} = T_{j,t}^{\mathrm{ns}} \sum_{i \in S_j^{\mathrm{ps,e}}} q_{i,t}^{\mathrm{ps}} & \forall j \in S_{\mathrm{ns}}, t \in S_t \\ \sum_{i \in S_j^{\mathrm{pr,e}}} T_{i,t}^{\mathrm{pr,out}} q_{i,t}^{\mathrm{pr}} = T_{j,t}^{\mathrm{nr}} \sum_{i \in S_j^{\mathrm{pr,e}}} q_{i,t}^{\mathrm{pr}} & \forall j \in S_{\mathrm{nr}}, t \in S_t \end{cases} \tag{7-26}$$

式中，$T_{j,t}^{\mathrm{ns}}$ 和 $T_{j,t}^{\mathrm{nr}}$ 代表节点温度；S_{ns}、S_{nr} 代表管网节点 n 连接的供应和回流管道集合。

假设管道内的温度分布处于稳定状态，则节点温度等于对应管道初始位置处的温度，具体如下：

$$T_{j,t}^{\mathrm{ns}} = T_{i,t}^{\mathrm{ps,in}} \quad \forall j \in S_{\mathrm{ns}}, t \in S_t, i \in S_j^{\mathrm{ps,s}} \tag{7-27}$$

$$T_{j,t}^{\mathrm{nr}} = T_{i,t}^{\mathrm{pr,in}} \quad \forall j \in S_{\mathrm{nr}}, t \in S_t, i \in S_j^{\mathrm{pr,s}} \tag{7-28}$$

$$\begin{cases} T^{\mathrm{ps,min}} \leqslant T_{i,t}^{\mathrm{ps,in}} \leqslant T^{\mathrm{ps,max}} & \forall t \in S_t, i \in S_{\mathrm{ps}} \\ T^{\mathrm{ps,min}} \leqslant T_{i,t}^{\mathrm{ps,out}} \leqslant T^{\mathrm{ps,max}} & \forall t \in S_t, i \in S_{\mathrm{ps}} \end{cases} \tag{7-29}$$

$$\begin{cases} T^{\mathrm{pr,min}} \leqslant T_{i,t}^{\mathrm{pr,in}} \leqslant T^{\mathrm{pr,max}} & \forall t \in S_t, i \in S_{\mathrm{pr}} \\ T^{\mathrm{pr,min}} \leqslant T_{i,t}^{\mathrm{pr,out}} \leqslant T^{\mathrm{pr,max}} & \forall t \in S_t, i \in S_{\mathrm{pr}} \end{cases} \tag{7-30}$$

主热交换器用于连接热电联产机组和主网络，其相关能量传递可表示为

$$\begin{cases} Q_{i_1,t}^{\mathrm{ps,in}} - Q_{i_2,t}^{\mathrm{pr,out}} = (Q_{\mathrm{gt},t} + Q_{\mathrm{gb},t}) \eta_1^{\mathrm{ex}} & \forall t \in S_t, i_1 \in S_{\mathrm{hs}}^{\mathrm{ps}}, i_2 \in S_{\mathrm{hs}}^{\mathrm{pr}} \\ q_{i_1,t}^{\mathrm{ps}} = q_{i_2,t}^{\mathrm{pr}} & \forall t \in S_t, i_1 \in S_{\mathrm{hs}}^{\mathrm{ps}}, i_2 \in S_{\mathrm{hs}}^{\mathrm{pr}} \end{cases} \tag{7-31}$$

式中，$Q_{gt,t}$ 和 $Q_{gb,t}$ 代表燃气轮机和锅炉在 t 时刻产生的热能；η_1^{ex} 代表主交换器的效率；S_{hs}^{ps}、S_{hs}^{pr} 代表与主热交换器连接的供应和回流管道集合。

次级热交换器用于连接主网络与次级网络，其相关能量传递可以表示为

$$
\begin{cases}
Q_{i_1,t}^{ps,out} - Q_{i_2,t}^{pr,in} = \sum_{j \in S_k^{co}} Q_{j,t}^{co} / \eta_2^{ex} & \forall t \in S_t, i_1 \in S_k^{ps}, i_2 \in S_k^{pr} \\
q_{i_1,t}^{ps} = q_{i_2,t}^{pr} & \forall t \in S_t, i_1 \in S_k^{ps}, i_2 \in S_k^{pr}
\end{cases}
\tag{7-32}
$$

式中，$Q_{j,t}^{co}$ 代表 t 时刻 j 用户的热能需求；η_2^{ex} 代表次级热交换器的效率；S_k^{ps}、S_k^{pr} 代表与次级热交换器连接的供应和回流管道集合。

（2）热用户模型与热量平衡

室内温度通常维持在一个舒适的范围内，即

$$
T^{in,min} \leqslant T_{j,t}^{in} \leqslant T^{in,max}
\tag{7-33}
$$

住宅的热负荷通常可以根据体积指标或面积指标计算，具体如下：

$$
\begin{cases}
Q_{j,t}^{res} = K_j^v V_j (T_{j,t}^{in} - T_{j,t}^{out}) \\
Q_{j,t}^{res} = K_j^a A_j
\end{cases}
\tag{7-34}
$$

式中，$Q_{j,t}^{res}$ 为住宅的热负荷；K_j^v 为体积指标系数；K_j^a 为面积指标系数；V_j 为住宅体积；A_j 为住宅面积；$T_{j,t}^{out}$ 为住宅室外温度。

系统热能供需需要达到平衡，即

$$
\sum_t Q_{j,t}^{co} = \sum_t Q_{j,t}^{res}
\tag{7-35}
$$

（3）燃气锅炉和燃气轮机模型

燃气锅炉的相关约束如下：

$$
F_{gb,t} \eta_{gb} = Q_{gb,t}
$$
$$
Q^{gb,min} \leqslant Q_{gb,t} \leqslant Q^{gb,max}
$$
$$
-Q_{dw}^{gb,max} \leqslant Q_{gb,t} - Q_{gb,t-1} \leqslant Q_{up}^{gb,max}
\tag{7-36}
$$

式中，$Q_{gb,t}$ 为锅炉的产热功率；η_{gb} 为锅炉的热效率；$F_{gb,t}$ 为锅炉的进汽量。

燃气轮机的相关约束如下：

$$
F_{gt,t} \eta_{gt} = P_{gt,t} + Q_{gt,t}
\tag{7-37}
$$
$$
P_{gt,t} = \xi_{gt} Q_{gt,t}
\tag{7-38}
$$
$$
P^{gt,min} \leqslant P_{gt,t} \leqslant P^{gt,max}
\tag{7-39}
$$
$$
-P_{dw}^{gt,max} \leqslant P_{gt,t} - P_{gt,t-1} \leqslant P_{up}^{gt,max}
\tag{7-40}
$$

式中，$P_{gt,t}$ 为电功率；$Q_{gt,t}$ 为热功率；η_{gt} 为能效；ξ_{gt} 为电热比；$F_{gt,t}$ 为进汽量。

系统电力供需需要达到平衡，即

$$
F_{tgu,t} \eta_{tgu} = P_{gd,t}
$$
$$
P_{gd,t} + P_{gt,t} + P_{wt,t} = \sum_{k \in S_{she}} \sum_{j \in S_k^{co}} P_{j,t}
\tag{7-41}
$$

式中，$F_{tgu,t}$ 为发电机组的进汽量；η_{tgu} 为发电机组的效率；$P_{gd,t}$ 为电网的电功率；$P_{gt,t}$ 为燃气轮机的电功率；$P_{wt,t}$ 为可再生能源的电功率；$P_{j,t}$ 为 j 用户在 t 时刻的用电需求。

式（7-24）~式（7-41）描述了综合能源系统优化运行过程中包含的约束条件。热网管道内的传热模型由偏微分方程描述，如式（7-24）所示。偏微分方程的空间无限维特性使其不

能直接用于优化调度求解，因此，需要一种新的代理模型来描述管道传热过程。另外，该模型要能保证建模精度和求解效率。

（1）基于非参数化模型内插的管道模型

热网管道内的传热模型采用偏微分方程 PDE 来描述。偏微分方程 PDE 的无限维特性是导致其求解复杂，无法直接用于系统优化和控制的主要原因。典型的解决方法是采用有限维模型去近似原系统模型，常用方法有有限差分法、有限元法和谱方法等，但为保证模型精度仍需要较大的算力来支撑。基于数据驱动方法，如深度学习神经网络来快速求解 PDE 方程是研究热点之一，但深度学习神经网络受限于它的不可解释性。受此启发，采用等价模型转换的策略，由一个非参数化的插值非线性模型来替代原来的偏微分方程。该模型建立后可以直接前向求解，不再需要迭代求解，显著地降低了求解复杂度，减少了算力需求，而且可适用于 PDE 方程未知的场合。

非参数化的插值非线性模型结构[10]如图 7-30 所示。它包括两个部分，即加权函数和局部时域模型。其中，加权函数的常用类型包括多项式函数、三次样条函数和高斯函数等。与其他加权函数相比，高斯加权函数在每个采样点都是光滑可微的，故选择高斯函数作为加权函数。非参数化 Volterra 模型具有非线性描述能力强，且无需先验确定模型结构和阶次的优点。

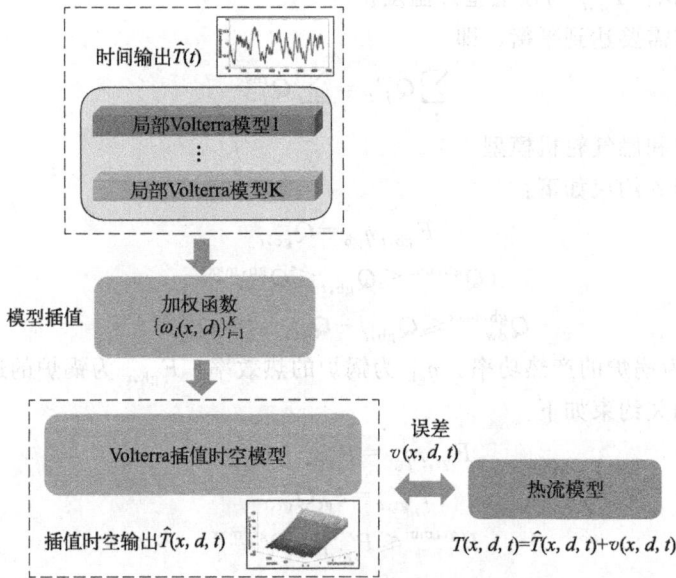

图 7-30 非参数化 Volterra 插值模型结构

采用空间位置 x 和管道直径 d 为自变量，构建两维高斯函数插值非参数 Volterra 模型，用来描述管道温度分布的热传导过程。该模型如下：

$$
\begin{aligned}
T_d^{\text{out}}(x,t) = &\sum_{i=1}^{K} \omega_i(d,x) g_i^{(0)} \\
&+ \sum_{r=1}^{R} \sum_{i=1}^{K} \sum_{\tau_1=0}^{n} \cdots \sum_{\tau_r=0}^{n} \omega_i(d,x) g_i^{(r)}(\tau_1,\cdots,\tau_r) \\
&\hat{T}^{\text{in}}(0,t-\tau_1) \cdots \hat{T}^{\text{in}}(0,t-\tau_r) + v_d(x,t)
\end{aligned}
\tag{7-42}
$$

其中
$$\omega_i(d,x)=\frac{\alpha_i(d,x)}{\displaystyle\sum_{i=1}^{K}\alpha_i(d,x)}$$

$$\alpha_i(d,x)=\exp\left\{-\frac{1}{2}\left[\left(\frac{d-d_i}{\delta_i^1}\right)^2+\left(\frac{x-x_i}{\delta_i^2}\right)^2\right]\right\}$$

式中，$T_d^{\text{out}}(x,t)$ 代表 t 时刻管径为 d 的管道在空间位置 x 处的温度；$g_i^{(r)}(\tau_1,\cdots,\tau_r)$ 代表管径为 d_i 的管道在已知空间位置 x_i 处的第 r 阶 Volterra 函数；$\omega_i(d,x)$ 代表关于管径和空间位置的二维加权函数；K 代表局部模型个数；$\{\hat{T}^{\text{in}}(0,t)\}$ 代表入口温度；n 代表模型记忆长度；$v_d(x,t)$ 代表截断误差和外界扰动。

模型参数 $\{\boldsymbol{\delta},\boldsymbol{g}\}=\{\{\delta_1^1,\delta_1^2,g_1(\cdot)\},\cdots,\{\delta_K^1,\delta_K^2,g_K(\cdot)\}\}$ 可通过系统辨识的方法进行估计。

参数估计算法的具体流程如下：

算法 基于高斯过程回归的非参数化辨识

---

1. 获取系统的过程数据 $\{\hat{T}_d(x,t),\hat{u}(t)\}$，并将其以回归向量形式进行重构
2. 设置适当数量的基础管径参数、局部模型个数等
3. 设计适用于研究对象的核函数形式，并初始化超参数
4. 依据经验贝叶斯法计算模型中的超参数
5. 计算模型参数的后验分布
6. 获取待辨识模型参数

（2）区域热网的能源优化

含区域热网的综合能源系统结构如图 7-31 所示，共包括 4 个热能用户、2 个电能用户、1 个热电联产单元、1 个风电场和 2 个发电机组。

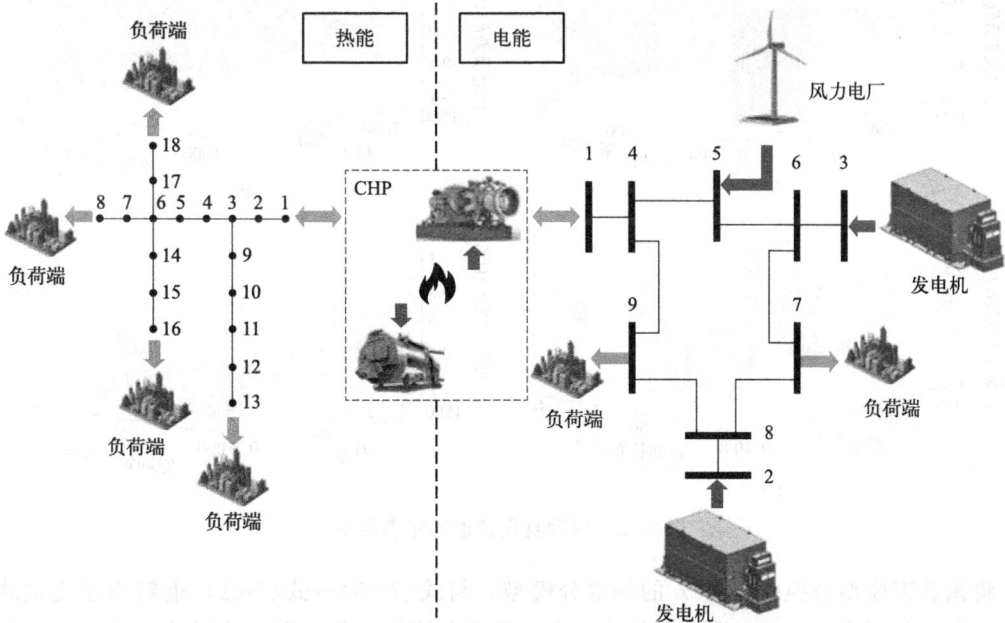

图 7-31 热（4 节点）电（2 节点）耦合综合能源系统

区域热网中每条管道的长度均为 1km，管道直径如表 7-3 所示，其他参数如表 7-4 所示。

表 7-3 管道直径

管道(节点号)	直径/mm
1～8	200
3～13	175
6～16	125
6～18	75

表 7-4 管道参数

参数	值	参数	值
λ^{gas}	2.3 元	C	4.168kJ/(kg·℃)
λ^{wt}	0.2 元	T_c	24h
λ	3600	Δt	0.25h
η_1^{ex}/η_2^{ex}	0.9	V_j	120m³
η_{gb}	0.9	K_j^v	40W/m³
η_{gt}	0.75	ξ_{gt}	0.67
η_{tgu}	0.35		

采用历史数据对式(7-42)的非参数时空插值 Volterra 模型进行管道模型建模，结果如图 7-32 所示。从图中可见，管道的温度动态随着时间、空间位置和管道直径的不同而有显著变化。四种直径管道的温度预测输出与实际温度的相对误差均小于 1.5%。

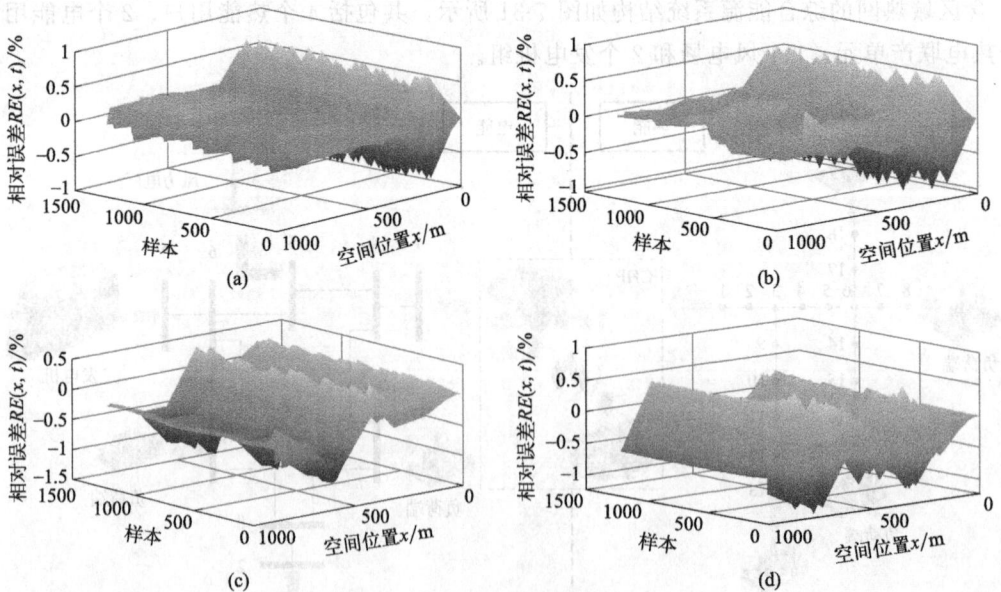

图 7-32 四种直径管道的建模误差

将该管道模型替换式(7-24)的偏微分模型，与式(7-25)～式(7-41)重新构建优化调度命题，调度间隔为 15min，调度周期为 24h。调度命题的参数，即电力需求、环境温度和可用风电的预测曲线分别如图 7-33 和图 7-34 所示。

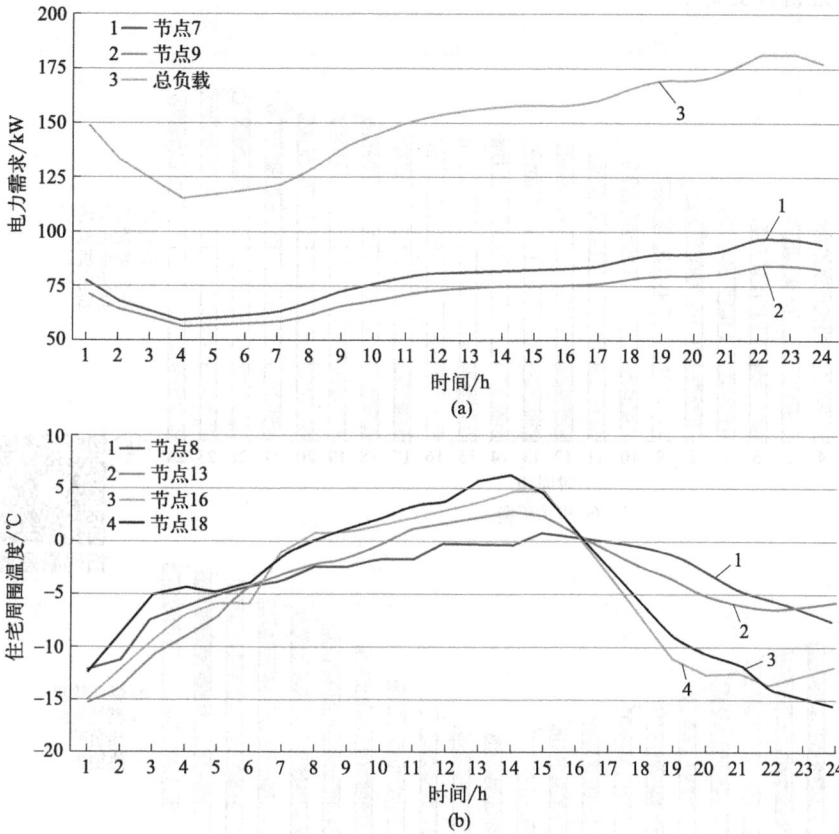

(a)

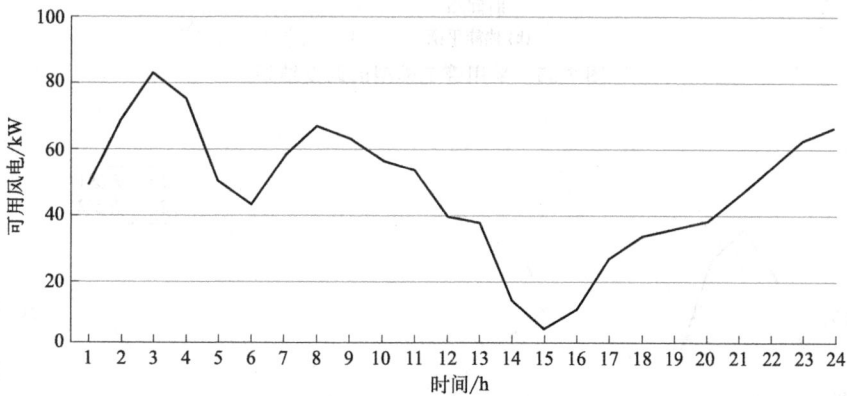

(b)

图 7-33　电力需求预测和节点环境温度

图 7-34　可用风电预测

　　采用非参数时空插值 Volterra 管道模型的调度结果如图 7-35 所示。与未考虑管道模型的调度方案进行对比，两种案例的风电消耗对比如图 7-36 所示，运行成本对比如表 7-5 所示。

　　由于管道模型能够描述热网传热过程的传输延迟和动态，因此在第 2～5h，采用管道模型的调度方案（方案 1）降低了热电联产机组 CHP 的功率，增加了风电消耗功率，提高了新能源消纳率。由表 7-5 可见，采用管道模型的调度方案 1 的总运行成本低于未采用管道模型的调度方案 2，经济性更好。

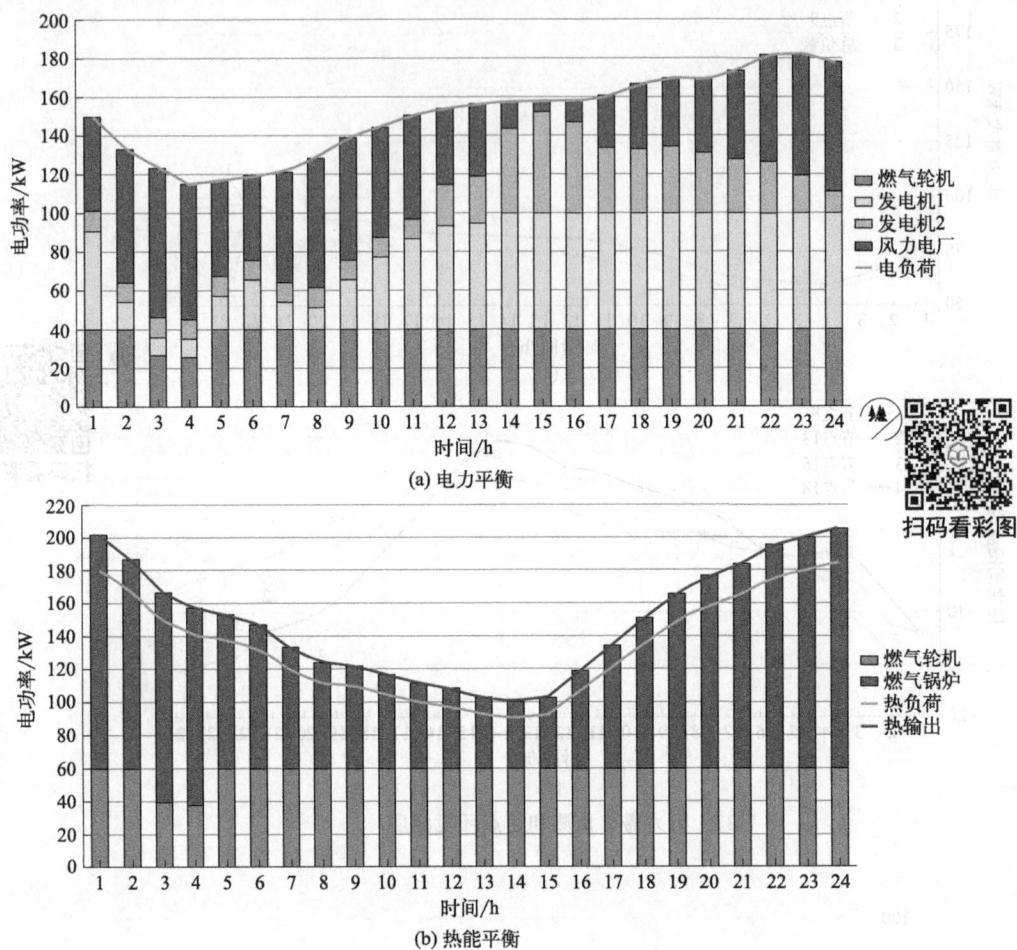

(a) 电力平衡

(b) 热能平衡

图 7-35　采用管道模型的调度结果

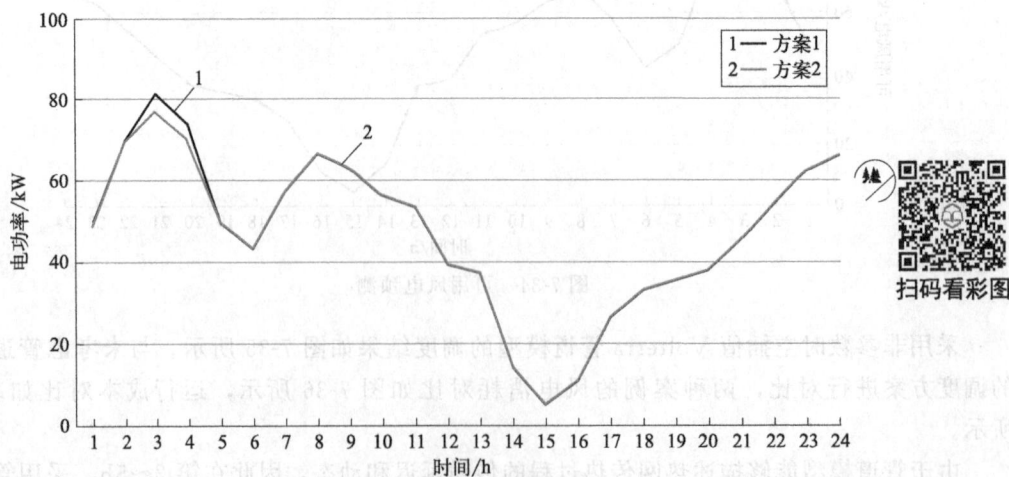

图 7-36　风电消耗功率对比

表 7-5　运行成本对比　　　　　　　　　　　　　　　　　　　单位：万元

调度方案	管道模型	汽轮机成本	锅炉成本	CHP 机组成本	风力成本	总运行成本
1	采用	2.78	0.59	4.10	0.02	7.49
2	未采用	2.89	1.88	4.03	0.11	8.91

　　在多能互补的理念下，充分利用区域热网的储热能力，可提高综合能源系统的灵活性，但需要解决管道模型 PDE 方程的求解复杂度问题。时空插值 Volterra 模型是一种 PDE 方程的代理模型，其插值函数选择二维高斯核函数，基准非参数化 Volterra 模型和高斯核函数的参数可以通过各工作点的输入输出数据采用系统辨识算法直接获取。利用该时空插值 Volterra 模型可辨识得到描述热网管道温度分布的等价模型，进而求解考虑热网储热能力的综合能源系统优化调度问题，充分利用热网的网络特性，有效地提高综合能源系统的灵活性。

7.4　案例分析

7.4.1　超超临界机组 MPC 协调控制

　　某电厂装有两台 660MW 超超临界燃煤发电机组。锅炉由北京巴布科克·威尔科克斯有限公司生产，为超超临界参数、螺旋炉膛、一次中间再热、平衡通风、固态排渣、全钢构架、紧身封闭的 Ⅱ 型锅炉，型号为 B&WB-2082/28.0-M。锅炉带基本负荷并参与调峰，与上海汽轮机厂生产的 660MW 超超临界汽轮机匹配，采用定-滑-定方式运行。机组额定满负荷发电功率为 660MW，参与调峰的负荷变化范围在 330～660MW。机组的控制系统主要采用 PID 控制算法。

　　（1）MPC 协调控制方案

　　CCS（协调控制）的作用是让机组的时发电量自动跟踪电网调度指令。该 CV（过程输出）有 3 个，即发电负荷、主蒸汽压力和过热度。当电网下达负荷变化指令后，CCS 将沿着斜坡轨迹跟踪到新的负荷设定值，而蒸汽压力与中间点温度也将跟踪其对应的设计曲线。CCS 控制变量（过程输入）也是 3 个，即锅炉主控指令、DEH 功率指令、过热度给水流量。

　　MPC 软件具有 3 种 CV 控制模式，即区间控制、设定值控制和设定值轨迹。对于协调控制，负荷跟踪和主蒸汽压力采用设定值轨迹控制，过热度采用区间控制[11]。其中，负荷跟踪的设定值为经过限速率的 AGC 指令，主蒸汽压力设定为经过滑压曲线优化后的压力设定值。MPC 控制过热度的区间控制范围为 9～23℃；PID 控制过热度的设定值为 16℃。

　　（2）MPC 模型辨识

　　首先采集多天的正常运行数据，然后从数据中选出高低负荷段分别进行模型辨识。图 7-37 为机组低负荷运行 2 天的数据，图 7-38 为低负荷模型辨识结果。图 7-38 中显示的数字为模型增益，横轴为时间，量程为 0～6000s；纵轴为阶跃响应幅值，虚线为零值，量程的最大范围是该模型阶跃响应最大值的 110%。

　　图 7-39 为低负荷下的模型频率响应幅值以及误差上界。图中显示的数字为模型增益，

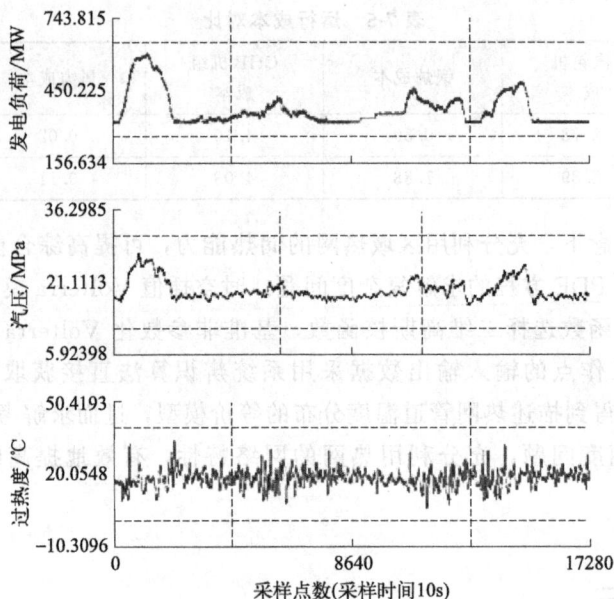

图 7-37 机组低负荷运行 2 天的数据

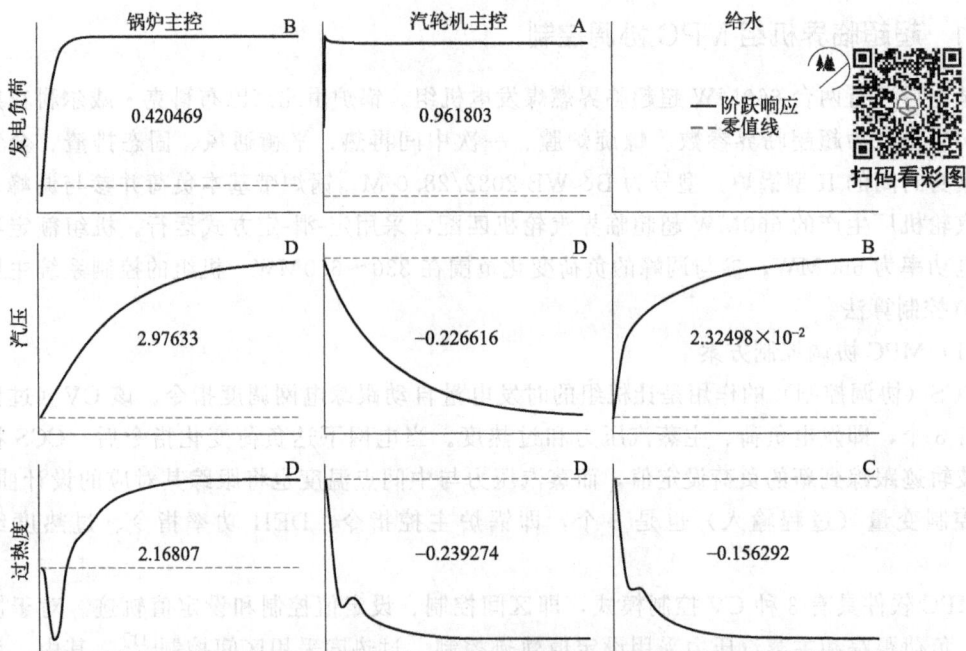

图 7-38 低负荷下的模型阶跃响应

横轴为频率，量程为 ln0.001～lnπ rad/s；纵轴为频率响应幅值，量程基点为零值，顶点是该模型频率响应最大值（一般是增益）的 110%。

图 7-39 中实线为低负荷下的模型频率响应幅值，虚线为误差上界。误差上界越小模型越精确，模型根据误差上界分为等级 A（很好）、B（好）、C（一般）、D（差或者无模型）。图 7-39 的模型矩阵中，A 等级模型为 (1,1)、(1,2)、(2,1)、(2,2)，B 级模型为 (2,3)、(3,1)、(3,2)、(3,3)。图 7-40 显示了模型的精度，包括实测输出以及模型输出。其中黄色标出的时段是剔除部分。

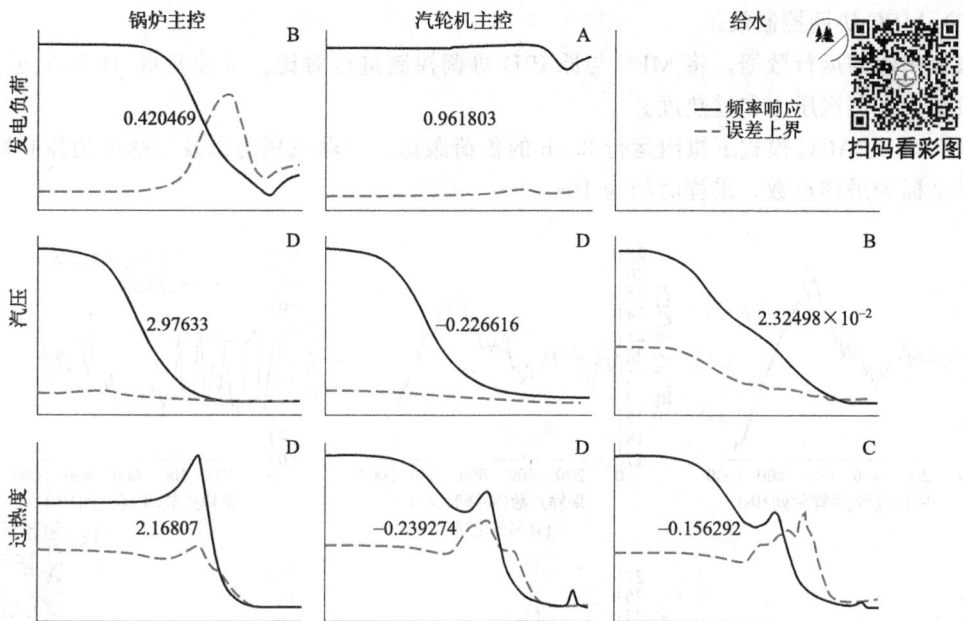

图 7-39　低负荷下的模型频率响应幅值以及误差上界

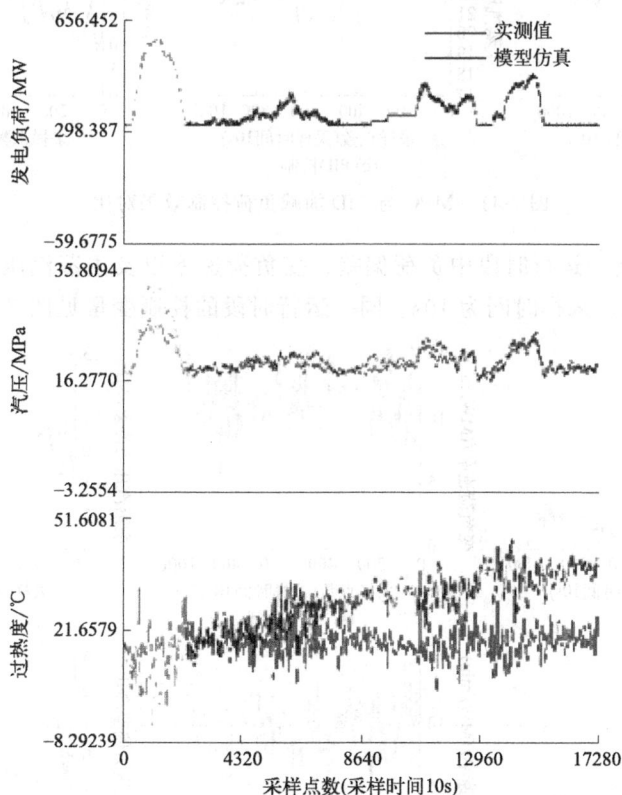

图 7-40　低负荷下的实测输出以及模型输出

对比高负荷与低负荷模型的阶跃响应，可发现两者的动态时间相似，但增益差别很大，大多数低负荷模型的增益大于高负荷模型。该结果符合预期判断，即在低负荷条件下机组更加灵敏。因此，可以采用变增益线性模型简化描述负荷变化过程的非线性。

（3）MPC 协调控制效果

采集相似的运行数据，将 MPC 与原 PID 协调控制进行对比。被控变量（CVs）分别为机组负荷、主蒸汽压力和过热度。

图 7-41 为 AGC 模式下机组运行 2.5h 的负荷跟踪、主蒸汽压力以及过热度的控制情况。图中横坐标为采样点数，采样时间为 10s。

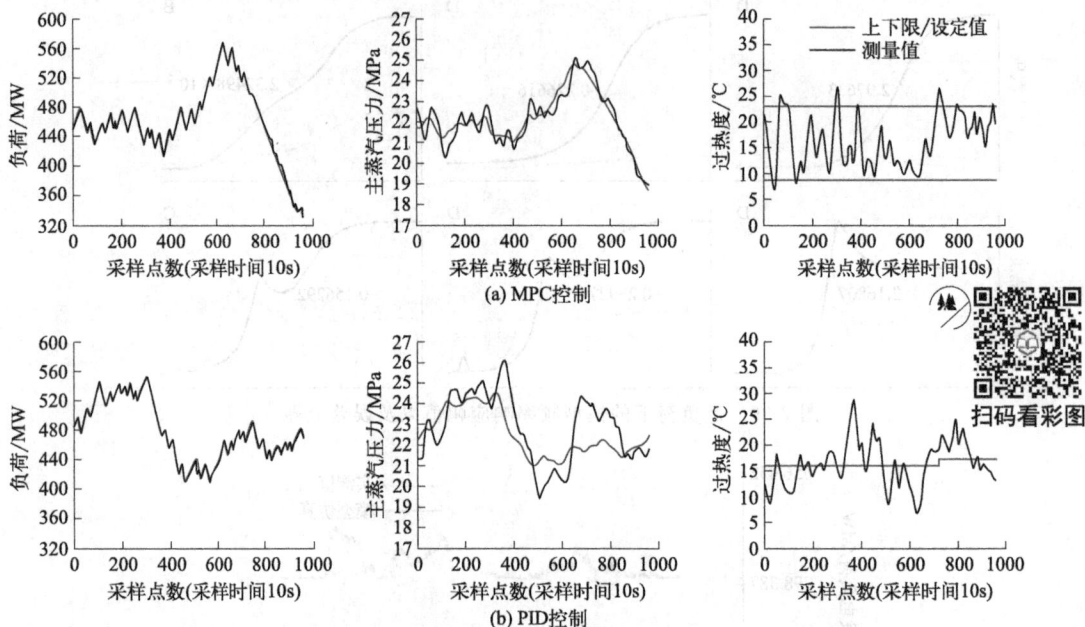

图 7-41　MPC 与 PID 加减负荷控制效果对比

图 7-42 展示了同一运行时段中负荷偏差、变负荷速率以及主蒸汽压力偏差的对比。图中横坐标为采样点数，采样时间为 10s。同一运行时段的控制变量见图 7-43，分别为锅炉主

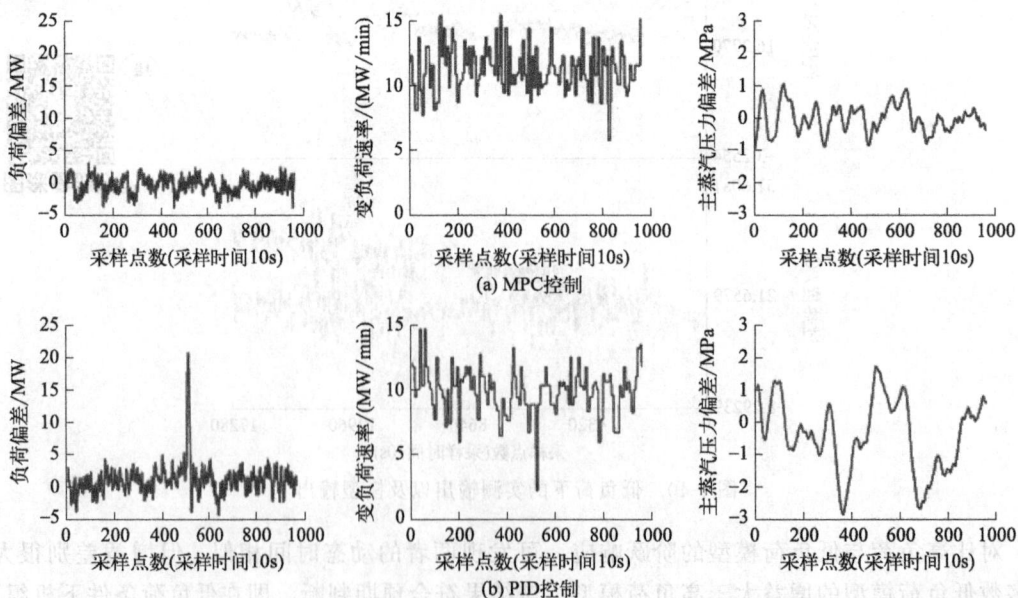

图 7-42　MPC 与 PID 协调控制性能对比

控指令、DEH 负荷主控指令以及中间点给水流量偏置。图中横坐标为采样点数，采样时间为 10s。

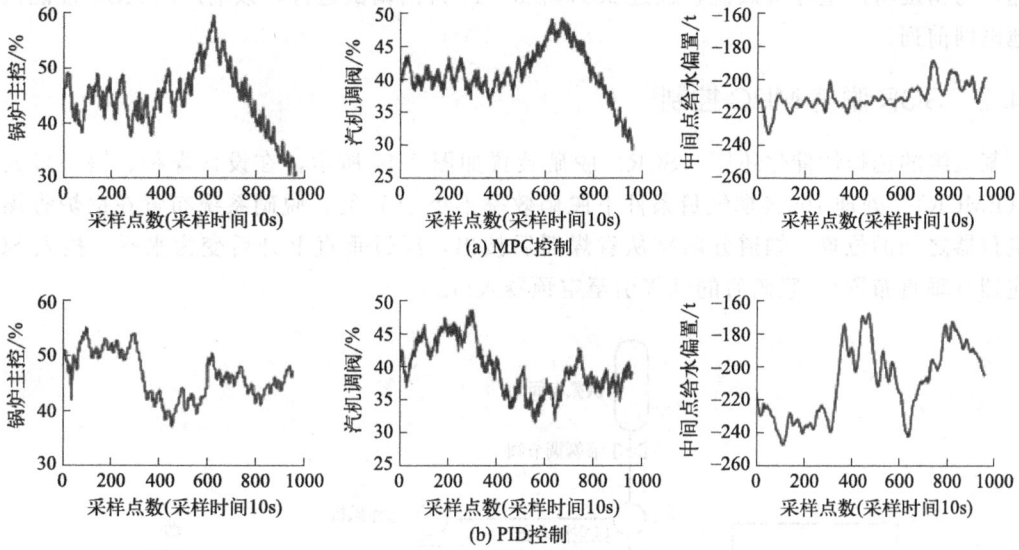

(a) MPC 控制

(b) PID 控制

图 7-43　加减负荷过程中 MPC 与 PID 的操作变量动作情况

　　MPC 与 PID 的控制数据对比见表 7-6。可以看到，MPC 的协调控制效果好于 PID。采用 MPC 预测控制取代原有的 PID 控制，解决大滞后对象控制问题，能够提前预测被调量（如主蒸汽压力、汽温等参数）的未来变化趋势，并根据被调量的未来变化量进行控制，有效提前调节过程，从而大幅提高了机组 AGC 控制系统的闭环稳定性和抗扰动能力，具体表现在下列 3 个方面。

表 7-6　协调控制性能统计

项目	MPC 投运情况	PID 投运情况
运行时间	2017 年 5 月 9 日 04:00—06:50	2017 年 5 月 8 日 08:10—10:50
变负荷区间/MW	331～568	410～553
变负荷速率/(MW/min)	11.37	9.81
最大负荷偏差/MW	3.7	21.1
平均负荷偏差/MW	0.98	1.82
最大主蒸汽压力偏差/MPa	1.11	2.82
平均主蒸汽压力偏差/MPa	0.35	0.94
过热度最高/最低/℃	26.8/6.8	28.8/6.5

　　① 负荷控制精度提高：在两段 AGC 模式下的变负荷数据对比中，PID 控制时的平均负荷偏差为 1.82MW，而 MPC 控制时的平均负荷偏差为 0.98MW，下降了 46.2%。在加减负荷的过程中，最大负荷偏差由 PID 控制时的 21.1MW 下降到了 3.7MW，下降 85.2%。

　　② 主蒸汽压力偏差减小：在加减负荷的工况下，MPC 控制时的主蒸汽压力较好地跟踪了滑压设定值，平均压力偏差从 0.94MPa 下降到了 0.35MPa，降幅为 62.8%，最大压力偏差由 2.82MPa 下降到了 1.11MPa，下降 60.6%。

　　③ 变负荷速率提升：MPC 控制不仅提升了负荷与主蒸汽压力的控制精度，还提高了变

负荷速率。在变负荷速率的统计中，MPC控制时的变负荷速率达到了11.37MW/min，约为机组满负荷的1.72%，相比原PID控制提升了15.9%。按照相应的地方政策，提高变负荷速率与精度将产生经济效益，经过2017年3～11月的调试运行，该电厂的AGC性能位居当地电网前列。

7.4.2 SCR脱硝MPC控制

某机组的选择性催化还原（SCR）脱硝装置如图7-44所示，在设计煤种、锅炉最大工况（BMCR）、处理100%烟气量条件下脱硝效率不小于70%。脱硝系统布置在锅炉省煤器和空预器之间的位置。烟道分两路从省煤器后接出，经过垂直上升后变为水平，接入SCR反应器（垂直布置）、脱硝后的烟气引至空预器入口。

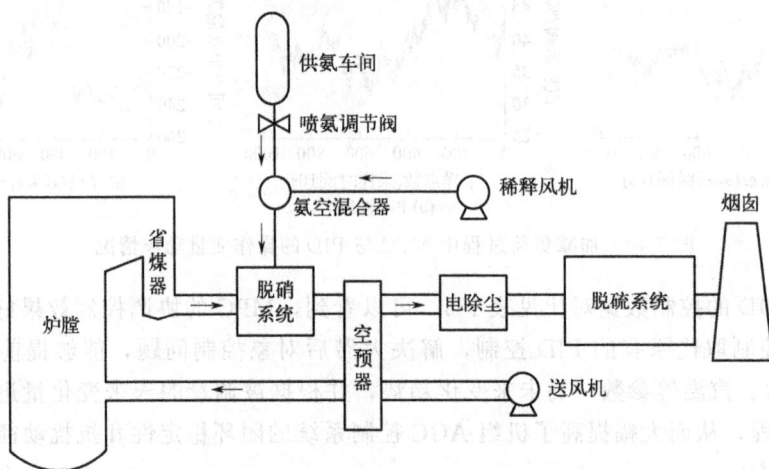

图7-44 SCR脱硝装置设计方案

SCR脱硝工艺包括反应器/催化剂系统、烟气/氨的混合系统（AIG）、氨的储备与供应系统、烟道系统和SCR控制系统等主要单元。SCR控制系统的主要思路是：根据烟气流量、入口烟气的NO_x浓度及脱硝效率确定氨需求量，并根据出口烟气的NO_x浓度偏差加以修正，最终通过调节氨量来控制出口烟气的NO_x浓度。其中，氨量的调节方式与氨制备方式有关。

SCR反应是高温条件下，在催化剂作用下的复杂多步反应过程。其反应过程受反应温度、风速、流场分布等多种因素的影响，并且这些因素的作用是随着负荷变化而变化的。理论上，1mol的NO需要1mol的NH_3去脱除，但是实际上，氨氮摩尔比是随机组负荷的变化而变化的。从控制角度而言，操纵变量（喷氨量）与被控变量（出口NO_x）间存在与负荷相关的非线性关系[12]。

（1）SCR脱硝模型辨识

在低负荷下，通过测试软件将测试信号施加在总喷氨量上，监视出口NO_x的变化，及时手工调整总喷氨量，以保障出口NO_x不超标。测试数据长度为5h，测试数据如图7-45所示。

低负荷测试数据采用多变量辨识软件进行辨识，利用出口NO_x、脱硝效率的模型辨识结果进行拟合，与采集的输出数据进行比较，验证模型的有效性。其结果曲线如图7-46所示。图中模型拟合结果（细线）与实际数据（锯齿线）的偏差较小，表明模型已符合要求。

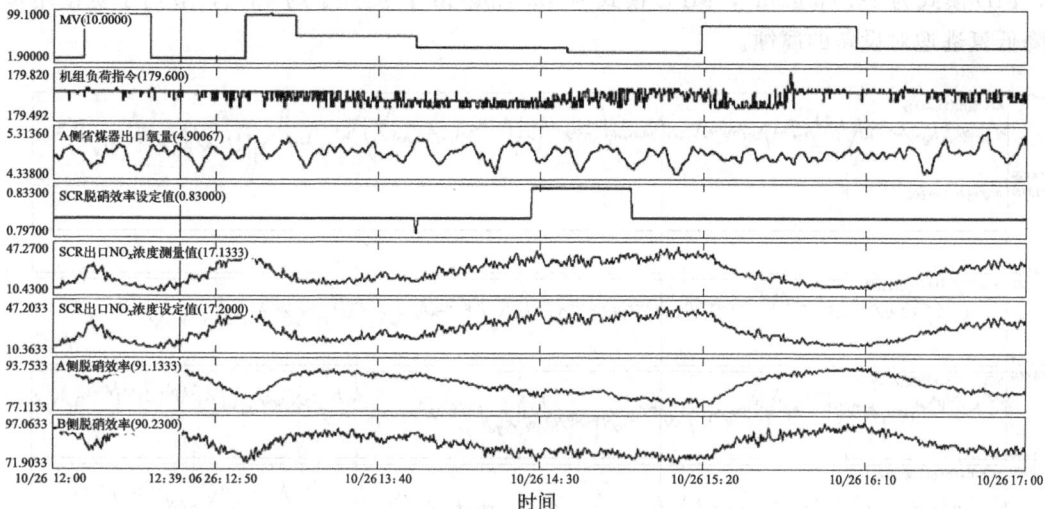

图 7-45　低负荷测试数据集

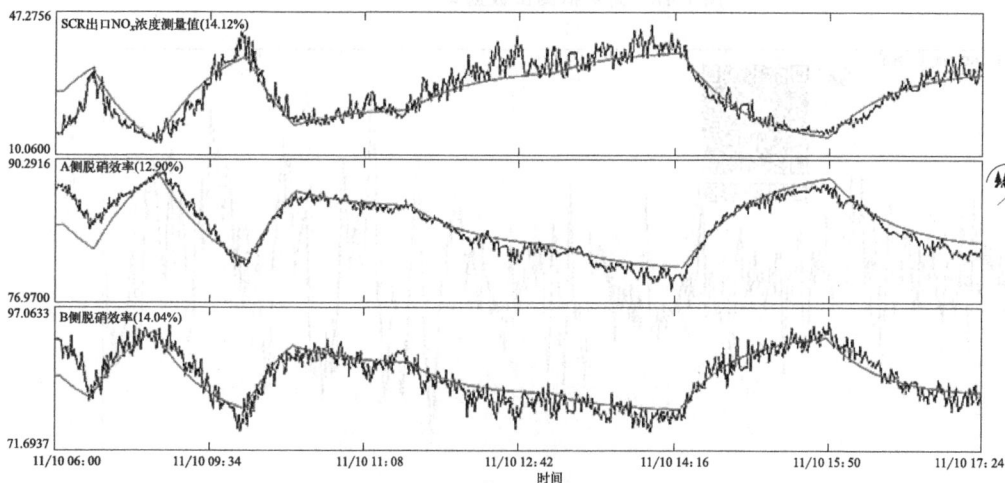

扫码看彩图

图 7-46　低负荷下模型输出仿真与实际输出对比曲线

在高负荷下，SCR 系统模型的测试方法是进行闭环测试，即将测试信号叠加在控制系统的输出上。由于控制系统已在运行，因此出口 NO_x 处于被控状态，对 SCR 系统的运行没有干扰。测试数据如图 7-47 所示。

高负荷测试数据采用多变量辨识软件进行辨识，利用出口 NO_x、脱硝效率的模型辨识结果进行拟合，与采集的输出数据进行比较，验证模型的有效性。其结果曲线如图 7-48 所示。

高负荷辨识结果与低负荷辨识结果比较见图 7-49，证实了随着负荷的不同，SCR 对象存在着非线性。图中 MV 指操纵变量，APC 输出指被控变量。

（2）SCR 脱硝控制效果

采集数据，对比 PID 和 MPC 模式下的 SCR 脱硝控制效果，见图 7-50。PID 模式下，NO_x 超标 7.4min，氨逃逸 19min；MPC 模式下，无 NO_x 超标和氨逃逸的情况。

PID 和 MPC 模式下 15 天长期运行结果的对比如图 7-51 所示。对于出口 NO_x 浓度均值，PID 模式为 $29.7\mathrm{mg/m^3}$，MPC 模式为 $42.4\mathrm{mg/m^3}$，提升了约 43%，节约了氨使用量，可降低氨逃逸对设备的腐蚀。

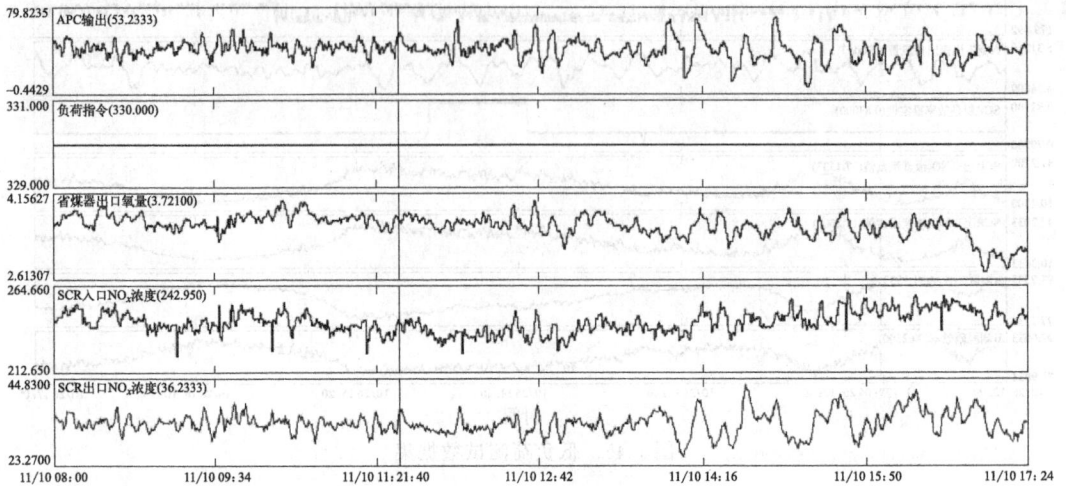

图 7-47　高负荷测试数据集

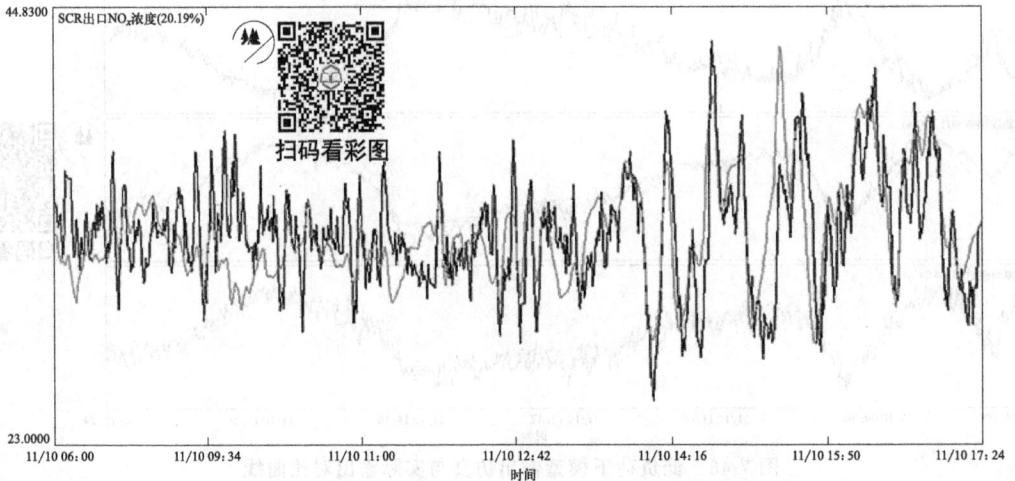

图 7-48　高负荷下模型输出仿真与实际输出对比曲线

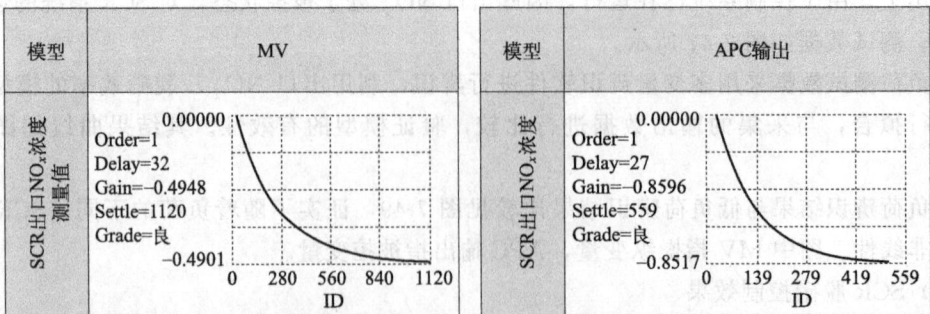

(a) 低负荷出口NO$_x$浓度模型　　(b) 高负荷出口NO$_x$浓度模型

图 7-49　高低负荷模型对比

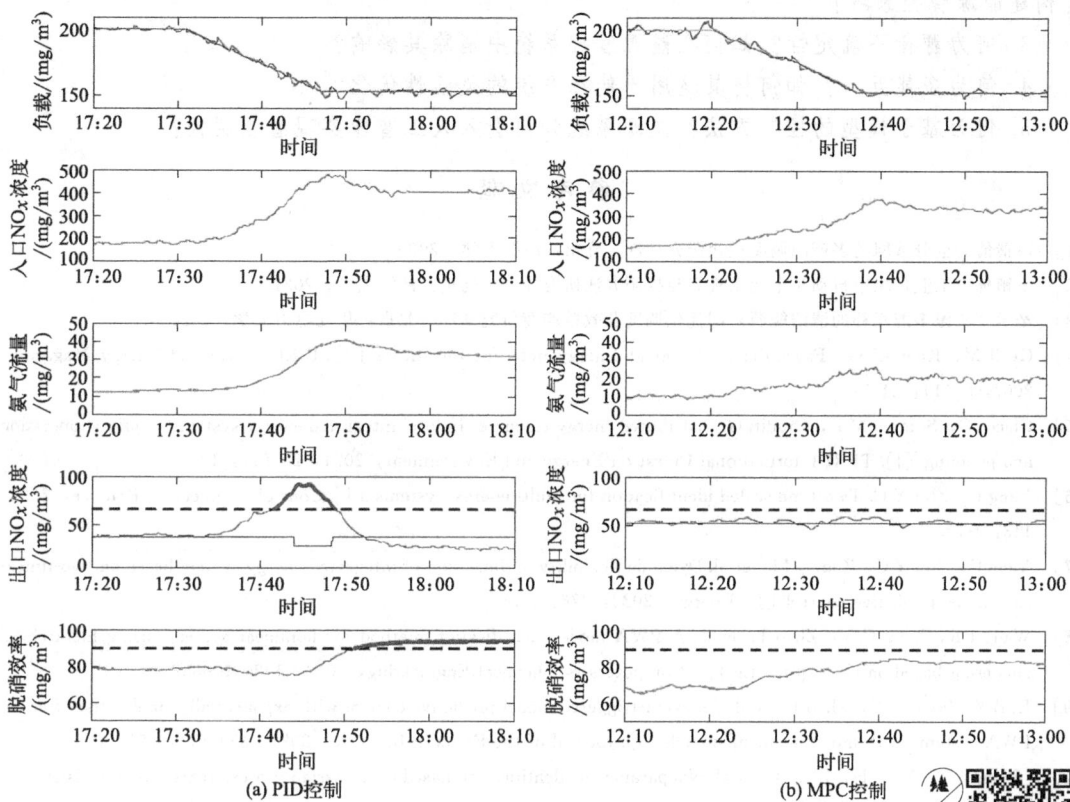

图 7-50 SCR系统控制性能比较

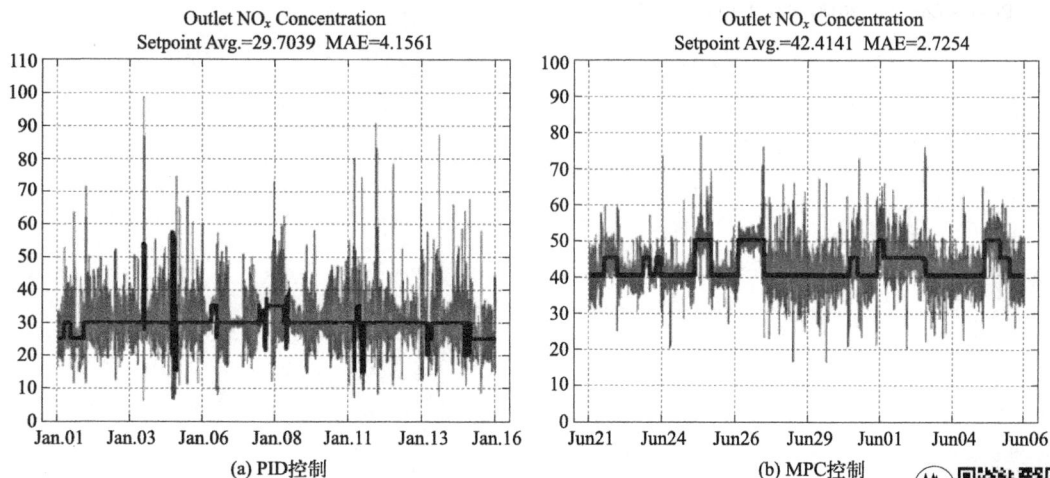

图 7-51 出口 NO_x 浓度变化

思考题

1. 结合反馈控制理论的起源和人工智能的发展过程，分析智能控制的主要特征是什么？

2. 多能流系统的多时间尺度动态如何影响其调控？如何为园区级内冷、热、电能源系统构建能源管控系统？

    3. 何为源荷不确定性？如何在能源管控系统中消除其影响？

    4. 何为多能互补？如何将其运用于能源系统的灵活性优化？

    5. 何为基于模型的控制方法？能源系统如何引入人工智能实现智能调控？

参 考 文 献

[1] 赵倩倩. 空分管网的多产品调度优化研究 [D]. 杭州：浙江大学，2020.

[2] 王镇林. 工业环境中自动叉车运动规划与控制方法研究 [D]. 杭州：浙江大学，2021.

[3] 辛禾. 考虑多能互补的清洁能源协同优化调度及效益均衡研究 [D]. 北京：华北电力大学，2024.

[4] Geidl M, Koeppel G, Favre-Perrod P, et al. Energy hubs for the future [J]. IEEE Power and Energy Magazine, 2007, 5 (1): 24-30.

[5] Chicco G, Somma M D, Graditi G. Distributed energy resources in local integrated energy systems: optimal operation and planning [J]. TERI Informational Digest on Energy and Environment, 2021, 20 (1): 131.

[6] Yang C, Zhu Y C. Two-time scaled identification for multi-energy systems [J]. Control Engineering Practice, 2021, 113: 1-12.

[7] Yang C, Zhu Y C, Zhou J M, et al. Dynamic flexibility optimization of integrated energy system based on two-times-cale model predictive control [J]. Energy, 2023, 276: 1-16.

[8] Wang J R, Song C Y, Zhao J, et al. A PWA model identification method for nonlinear systems using hierarchical clustering based on the gap metric [J]. Computers & Chemical Engineering, 2020, 138: 106838.

[9] Li B Y, Song C Y, Zhao J, et al. An event-triggered model predictive control with exponentially stable offset free for PWA systems with model-plant mismatch [J]. Journal of the Franklin Institute, 2021, 358 (7): 3585-3608.

[10] Wang L J, Xu Z H, Zhao J, et al. Nonparametric identification based on Gaussian process regression for distributed parameter systems [J]. International Journal of System Science, 2023, 54 (6), 1229-1242.

[11] 蔡利军，朱豫才，吕霞，等. 模型预测控制在超超临界机组 AGC 协调控制和主汽温控制中的应用 [J]. 中国电力，2018，51 (7)：68-77.

[12] Zhang K K, Zhao J, Zhu Y C. MPC case study on a selective catalytic reduction in a power plant [J]. Journal of Process Control, 2018, 62: 1-10.

第**8**章
面向智慧能源的能源互联网

能源互联网是以互联网技术为核心，以配电网为基础，以大规模可再生能源和分布式电源接入为主，实现信息技术与能源基础设施融合，通过能源管理系统对大规模可再生能源和分布式能源基础设施实施广域优化协调控制，实现冷、热、气、水、电等多种能源优化互补，提高用能效率的智能能源管控系统。

8.1 能源互联网概述

能源互联网的概念最早由英国最具影响力的政治商业期刊之一《经济学人》于 2004 年提出[1]，文中提出要借鉴互联网的特点，通过分布式微电网等方式，将传统电网转变为智能化的、具有快速响应和自愈能力的数字网络。美国国家科学基金资助的 FREEDM 项目（即未来可再生电力能源传输与管理系统）[2]建立了未来可再生能源发电和管理研究中心，研究可实现分布式设备即插即用的新一代电力系统，并以此作为能源互联网的原型。德国联邦经济技术部与环境部在智能电网的基础上推出了 E-Energy[3]，提出打造新型能源网络，在整个能源供应体系中实现综合数字化互联以及计算机控制和监测的目标，充分利用信息和通信技术开发新的解决方案，以满足未来以分布式能源供应结构为特点的电力系统的需求。苏黎世联邦理工学院电力系统和高压实验室的蒂洛·克劳斯等于 2011 年提出了能源枢纽（energy hub）的概念[4]，称其为由能源转化设备和储能设备构成、能实现多种能源相互转化和存储的虚拟实体，可用于对包括发电厂、变电站、工厂、大型建筑、微电网等在内的各种物理实体的建模，可作为未来集成电力、天然气及其他能源形式的多能源网络系统的建模工具。美国经济学家杰里米·里夫金于 2011 年在其著作《第三次工业革命》中指出，能源互联网应具有下列四大特征[5]：①以可再生能源为主要一次能源；②支持超大规模分布式发电系统与分布式储能系统接入；③基于互联网技术实现广域能源共享；④支持交通系统由燃油汽车向电动汽车转变。

我国学者在西方国家研究的基础上，对能源互联网的概念提出了自己的见解。国防科技大学的查亚兵等[6]于 2014 年提出，能源互联网是综合运用先进的电力电子技术、信息技术和智能管理技术，将大量由分布式能量采集装置、分布式能量储存装置和各种类型负载构成的新型电力网络节点互联起来，以实现能量双向流动的能量对等交换与共享网络。清华大学的曹军威等[7]指出，能源互联网以开放对等的信息-能源一体化架构真正实现了能源的双向按需传输和动态平衡使用，因此可以最大限度地适应新能源的接入。南方电网科学研究院的董朝阳等[8]于2014年提出了能源互联网的概念，认为能源互联网是以电力系统为核心、以互联网及其他前沿信息技术为基础、以分布式可再生能源为主要一次能源，与天然气网络、交通网络等其他系统紧密耦合而形成的复杂多网流系统。国家电网公司提出了"全球能源互联网"[9]，其理念是利用特高压技术将全球的能源联系在一起。

综上所述，结合中国能源发展特别是电力系统发展实际，本书认为能源互联网是以智能电网为基础，运用互联网思维，利用大数据与云计算技术，将电力系统硬资产与软资产相融合，支持传统发电机组、分布式能源的友好接入、智能管理，建立信息平台和虚拟电厂，创新能源、金融服务营销体系，实现绿色低碳、经济高效、开放对等的多种能源互补的能源网络。

8.1.1　能源互联网的定义

能源互联网是一种基于互联网理念构建的新型信息与能源融合网络，它以大电网为"主干网"、微网为"局域网"，通过开放对等的信息能源一体化架构，实现能源的双向按需传输和动态平衡使用，从而最大限度适应新能源的接入。微网是能源互联网中的基本组成元素，通过新能源发电、微能源的采集、汇聚与分享以及微网内的储能或用电消纳形成"局域网"。大电网在传输效率等方面仍然具有无法比拟的优势，将来仍然是能源互联网中的"主干网"。虽然电能源仅仅是能源的一种，但电能在能源传输效率等方面具有无法比拟的优势，未来能源基础设施在传输方面的主体必然还是电网，因此未来能源互联网基本上是互联网式的电网。能源互联网是把一个集中式的、单向的电网转变成和更多消费者互动的电网。

能源互联网作为一个跨领域的前沿概念，其内涵在不断发展，难以给出所有人都认可的标准定义。事实上也没有必要给出确切的定义，就像智能电网概念一样，至今没有标准定义，但其核心内涵已经得到了学术界、产业界和社会的初步共识和认可。

8.1.2　能源互联网的内涵

2016年2月，国家能源局发布了《关于推进"互联网＋"智慧能源发展的指导意见》（下面简称《指导意见》）。在《指导意见》中，能源互联网被定义为："一种互联网与能源生产、传输、存储、消费以及能源市场深度融合的能源产业发展新形态，具有设备智能、多能协同、信息对称、供需分散、系统扁平、交易开放等主要特征。"该概念提到了三项重要内容，即能源生产-传输-存储-消费的物理环节、互联网以及能源市场。可以看出，能源互联网涉及物理、信息及市场三个维度，这三个维度的共同创新和相互匹配是能源互联网发展建设的必要条件。相应地，能源互联网受到能量流、信息流和价值流三种动态变化量的驱动。能源互联网的发展过程将在物理、信息、市场三个维度上呈现出不同的形态。因此，能源互联网的内涵和特征也可从这三个维度进行分析。

首先，在物理维度，能源互联网是一个以电力系统为核心，以可再生能源为主要一次能源，与天然气网络、交通网络等其他系统紧密耦合而形成的复杂多网流系统[8]。其特征包括以电力为核心、高比例的分布式能源、多种能源深度融合。在信息维度，能源互联网体现为一个赛博物理系统（cyber-physical system，CPS），即通过信息技术与物理能源系统的深度融合，实现信息与能源的双向流动和实时互动。其特征包括开放、对等、共享，具体表现为信息的实时采集、传输和处理能力以及对能源供需动态调整和优化的支持。最后，在市场维度，能源互联网提供绿色能源灵活交易的平台，构建开放、自由、充分竞争的市场环境，能激发市场中各商业主体的积极性。其特征包括市场交易扁平分散化、各商业主体广泛参与、供需模式多变。

2022年3月，国家发展改革委、国家能源局发布《"十四五"现代能源体系规划》，为"十四五"时期加快构建现代能源体系、推动能源高质量发展制定了总体蓝图和行动纲领。根据规划，"十四五"时期现代能源体系建设的主要目标包括能源系统效率大幅提高，能源产业数字化初具成效，智慧能源系统建设取得重要进展。

8.1.3 能源互联网行业发展特征

（1）信息化与智能化

能源互联网通过信息通信技术的应用，实现能源生产、传输、消费等环节的智能化管理和控制。利用大数据、人工智能等技术，实时监测和分析能源系统的运行状态，优化能源资源配置和调度，提高能源利用效率和供应可靠性。

（2）基于多能源的互联互通

能源互联网将不同能源形式（如电力、燃气、热能等）进行互联互通，实现能源的跨界调度和互补利用。通过建立多能源互联互通的架构和技术平台，可以优化能源系统的整体运行效率，提高能源利用效益，并促进可再生能源的大规模集成和消纳。

（3）分布式能源系统的发展

能源互联网推动分布式能源系统的发展，即在用户侧或接近用户的地方，将能源的生产、储存、使用等环节进行集成和管理。分布式能源系统通过本地能源的生产和消费，实现能源的高效利用和减少能源传输损耗，同时提升能源系统的韧性和可持续性。

（4）绿色低碳的能源转型

能源互联网致力于推动能源的绿色低碳转型，通过增加可再生能源的比例，减少化石能源的使用，降低能源系统的碳排放和环境影响。能源互联网为可再生能源大规模接入提供了技术支撑和市场机制，推动了能源结构的优化和可持续发展。

（5）协同创新和合作共赢

能源互联网需要多方利益相关者的协同创新和合作共赢。能源企业、科研机构、政府部门和社会组织等各方需要共同参与能源互联网的建设和运营，共同制定标准和政策，共享数据和资源，以实现能源系统的协同运行和优化。

8.1.4 能源互联网与其他能源基础设施的对比

传统能源基础设施主要包括发电厂（包括燃煤电厂、燃气电厂、核电厂和水电站等）、输电和配电网络、石油和天然气管道、煤矿和石油田等。这些传统能源基础设施构成了传统能源系统的重要组成部分，为能源的生产、传输和利用提供了支持。然而，随着能源互联网和可再生能源的发展，新的能源基础设施和技术逐渐兴起，推动着能源行业的转型和创新，能源互联网与传统能源基础设施之间同样存在一些显著的差异。

传统能源基础设施采用中心化模式，集中能源生产并通过传输和分配网络向用户供应。

相比之下，能源互联网倾向于去中心化模式[10]，通过分布式能源生产和智能电网技术，将能源生产和供应转移到更接近用户的地方，实现能源交互和共享。传统能源基础设施主要依赖化石燃料，如煤炭、石油和天然气。能源互联网则更加注重可再生能源的利用[11]，如太阳能、风能、水能和生物质能等。能源互联网的发展促进了可再生能源的普及和整合。传统能源基础设施是单向供应模式，能源通过输电网从中心化发电站传输到用户。能源互联网则实现了双向交互，允许能源的双向流动。除了从中心化发电站向用户供应能源，能源互联网还允许用户成为能源生产者，将多余的能源注入电网，并通过能源互联网平台实现能源的交互和共享。传统能源基础设施的控制通常基于传统的机械和电气设备，缺乏智能化和自动化的能力。能源互联网则采用了先进的数字化技术和智能控制系统，通过实时数据监测、分析和优化，实现了能源系统的智能化管理和控制。传统能源基础设施主要依赖化石燃料，导致高碳排放和环境污染。而能源互联网的发展推动了可持续能源的利用，可减少对化石燃料的依赖，降低碳排放，促进能源的低碳化和清洁化[12]。

综上所述，能源互联网与传统能源基础设施在供应模式、能源类型、能源流动、控制方式和碳排放等方面存在明显差异。能源互联网的发展旨在实现能源的去中心化、可再生化、双向交互和智能化，以推动能源系统的转型和可持续发展。

8.1.5　能源互联网的发展价值

自 20 世纪以来，国家发布多项政策鼓励能源互联网发展，如图 8-1 所示。目前，中国能源互联网政策体系已涵盖国际条约、宏观战略、法律法规、标准导则、部门规章及规范性文件多层级，相关政策内容进一步完善。

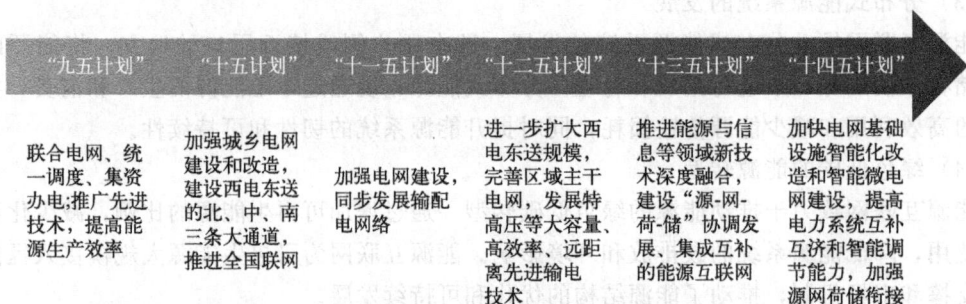

"九五计划"	"十五计划"	"十一五计划"	"十二五计划"	"十三五计划"	"十四五计划"
联合电网、统一调度、集资办电；推广先进技术，提高能源生产效率	加强城乡电网建设和改造，建设西电东送的北、中、南三条大通道，推进全国联网	加强电网建设，同步发展输配电网络	进一步扩大西电东送规模，完善区域主干电网，发展特高压等大容量、高效率、远距离先进输电技术	推进能源与信息等领域新技术深度融合，建设"源-网-荷-储"协调发展、集成互补的能源互联网	加快电网基础设施智能化改造和智能微电网建设，提高电力系统互补互济和智能调节能力，加强源网荷储衔接

图 8-1　中国能源互联网政策支持

发展能源互联网具有以下四个方面的价值：首先，能够改变能源利用方式。能源互联网将重塑现有的能源交易体系，大幅提高能源生产和利用的效率，实现能源消费量交易的整合。特别是通过将可再生能源转化为电力，结合分布式采集和使用的相互作用形式，并结合互联网平台技术，实现了公众对能源的实时互联和共享。其次，能够推动新能源发展。能源互联网将激发分布式能源的大规模发展，推动电力储能市场迅猛增长。通过互联网技术推动能源流、信息流和业务流的融合已成为必然趋势。再次，能够更深入广泛地应用大数据。能源互联网的互联性使得能源数据的综合处理成为最大的利用方式。对于能源企业来说，大数据是一种无形的财富，大数据分析能够帮助企业找出问题的根源，使企业更有效地运营。最后，能够推动能效管理的转变。在能源互联网下，越来越多的设备将变得智能化，能够显著提高社区、家庭、公共场所等的能效管理水平。

8.2　智慧能源与电子信息

2022 年 4 月，国家能源局、科技部印发《"十四五"能源领域科技创新规划》，就将能源系统数字化、智能化技术作为一项重点任务，提出聚焦新一代信息技术和能源融合发展，开展能源领域用数字化、智能化共性关键技术研究，推动煤炭、油气、电厂、电网等传统行业与数字化、智能化技术深度融合，开展各种能源厂站和区域智慧能源系统集成试点示范，引领能源产业转型升级。

8.2.1　能源系统的高效传输与转换

在智慧能源与电子信息技术的推动下，实现能源系统的高效传输与转换是促进可持续能源发展和提升能源效率的核心目标。借助电子信息技术的应用，能源传输能够以更高效、可靠和安全的方式进行，例如利用能源管理系统中的实时监测、智能调度和优化策略，全面提升能源系统的运行效率与稳定性。同时，能源转换过程也可以通过电子信息技术进行优化，例如通过实时监测能源需求和供应情况来调整能源转换的方式和时机。此外，智慧能源与电子信息技术的结合还有助于提升能源系统的整体效率。通过实时数据采集和分析，能源系统可以更准确地了解能源需求和供应情况，实现能源的合理分配和利用，从而最大限度地提高能源效率。最后，智慧能源与电子信息技术的发展也推动了新能源技术的应用和创新，例如可再生能源和储能技术，从而为能源系统提供更高效的转换和传输方式。

8.2.2　智慧能源系统的运行优化方法

智慧能源系统的运行优化方法是基于电子信息技术的应用，通过实时数据采集、分析和智能化控制，以提高能源系统的效率、可靠性和可持续性为目标。首先，通过传感器和物联网技术，能源系统可以实时监测和采集能源生产、传输和消费的相关数据，包括能源需求、供应情况、设备运行状态等。这些数据作为优化的基础，为能源系统提供了准确的信息基础。其次，利用大数据分析和人工智能技术，对这些数据进行处理和挖掘，以获取能源系统运行的趋势、模式和规律。通过建立预测模型、优化算法和决策支持系统，能源系统可以实现对能源生产、传输和消费的智能化管理和优化。例如，基于数据分析和预测模型，能源系统可以实现精确的能源需求预测，以便进行合理的能源调度和供应链管理。此外，通过智能控制和调节，能源系统可以实现能源设备的高效运行和能源传输的最优化配置。

8.2.3　信息通信技术的应用与挑战

通信技术在智慧能源与新能源开发中具有多种应用。通过建立传感器网络和物联网技术，能够实现对能源生产设备的实时监测与远程控制。例如，在风力发电场中，利用无线通信技术连接风力发电机组，实现机组状态和发电效率的实时监测，及时发现故障并进行维护；在太阳能光伏电站中，通过光伏阵列的安装，实时监测每个光伏组件的发电量和温度，优化光伏发电系统的效率。此外，通信技术还促进了智能家居与能源系统的联动，通过远程控制调整家庭用电设备的使用模式，提高了能源利用效率。通过这些应用，通信技术为智慧能源与新能源开发提供了关键的技术支持。

在智慧能源与新能源开发中，通信技术也面临着多重挑战。首先是网络安全问题。随着能源系统数字化和智能化程度的提高，通信技术的广泛应用也带来了网络安全威胁的增加。恶意攻击者可能利用漏洞入侵智慧能源系统，破坏能源的稳定性和安全性。因此，确保能源系统的通信网络安全至关重要。加密和身份验证等安全手段是保护通信数据安全的关键。其次，能源系统的规模和复杂度也是一个挑战。随着智慧能源与新能源开发的推进，能源系统的规模越来越大，组件和设备的复杂度不断增加。通信技术需要应对大规模数据的传输和处理，同时确保数据的准确性和实时性。此外，通信技术需要与其他领域如能源管理和数据分析进行协同，以实现能源系统的整体优化和智能化。最后是通信技术的能耗问题。传统通信技术在能耗方面存在不足，而对于智慧能源与新能源系统而言，能源的节约和效率至关重要。因此，研发低功耗、高效能的通信技术是当前亟待解决的问题之一。采用新型通信协议和技术，如物联网技术和窄带物联网技术，可以降低能耗，提高能源系统的整体效率。

8.3 能源互联网关键技术

能源互联网是实现新一代电力系统智能互动、开放共享的重要支撑技术之一。如图 8-2 所示，能源互联网的建设将实现横向电、气、热、可再生能源等"多源互补"，纵向"源-网-荷-储"各环节高度协调。目前，我国应用比较广泛的多能源管理技术为涵盖电、热、气、冷多种能源需求，以及天然气冷热电三联供、风电、光伏、储能等多种能量单元的微电网智能调控技术，而适应更大区域范围的多能调控技术仍处于前期发展阶段。在能源信息采集与传输技术方面，智能电表、SCADA 系统、电力光纤及无线通信已在电力系统中得到了广泛的应用。在能源信息挖掘与分析技术方面，大数据技术已被用于电网状态监测、设备检修维护及用户用电行为分析等多个领域，人工智能技术已在输电线路巡检、客服智能问答等领域实现推广应用。

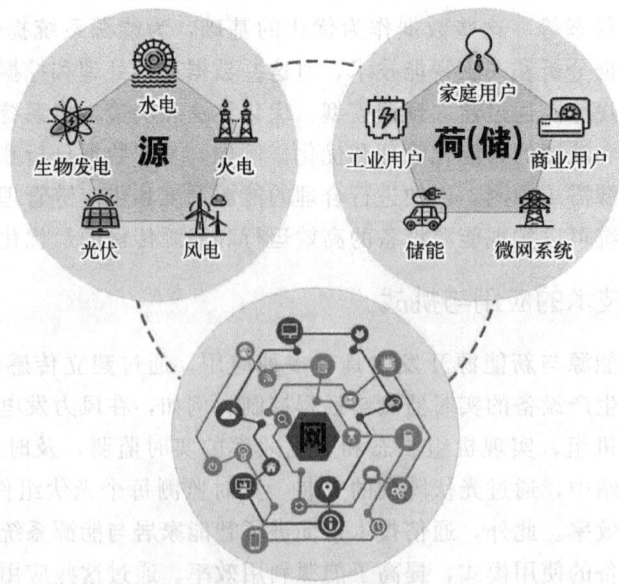

图 8-2 能源互联网

8.3.1　能源互联网技术概述

首先，能源互联网采用分布式能源生产模式，通过在离散的地点利用可再生能源资源进行能源生产。分布式能源生产包括太阳能光伏发电、风力发电、水力发电和生物质能等，这些能源资源广泛分布在不同地区。同时，分布式能源生产也为能源互联网提供了丰富的能源输入，可减少对传统化石燃料的依赖，实现能源的低碳化和清洁化。

其次，能源互联网借助智能电网技术实现能源的双向交互和智能调度。一方面，智能电网可通过数字化监测、通信和控制技术实现对能源系统的实时监测、数据采集和分析，以及对能源流动和消费的精确控制。另一方面，智能电网可利用先进的能源管理系统和优化算法对能源供需进行预测和优化调度，从而实现能源的高效利用和供应的可靠性。与此同时，智能电网还支持能源互联网中的能源交互和共享。

最后，能源互联网实现综合能源管理，将不同类型的能源资源进行整合和优化利用。综合能源管理通过对多能源系统的协调调度和能量互补，实现了不同能源形式的协同供应和互补利用。例如，通过将太阳能和风能等可再生能源与传统能源进行整合，能源互联网可以更好地应对可再生能源的间歇性和波动性，确保能源供应的稳定性和可靠性。

8.3.2　能源互联网创新技术

（1）分布式能源生产技术

分布式能源生产技术是能源互联网的核心组成部分之一。它基于分散的能源资源，如太阳能、风能和水力等，通过在离散的地点进行能源生产，实现能源供应的离散化和分散化。这种分布式能源生产具有降低能源输送损失，增强能源供应的可靠性和灵活性的优势。

（2）智能电网技术

智能电网技术是实现能源互联网双向交互和智能调度的关键技术。它基于信息通信技术和智能控制算法，实现对能源系统的实时监测、数据采集、分析和控制。智能电网具备自动化、智能化和自适应能力，能够实现能源的精确调度、优化控制和智能管理。

（3）大数据和人工智能技术

大数据和人工智能技术在能源互联网中发挥着重要作用。大数据分析能够对能源系统的海量数据进行处理和分析，提取有价值的信息，并为能源预测、优化调度和决策支持提供支持。人工智能技术可以通过学习和优化算法，对能源系统进行智能化的决策和控制，提高能源利用效率和系统的可靠性。

（4）能源存储技术

能源互联网需要解决可再生能源的间歇性和波动性问题，而能源存储技术就是解决这一问题的关键技术之一。电池储能、氢能储存等能源存储技术可以将多余的能源储存起来，以便在需要时释放，平衡能源供需，提高能源系统的可靠性和稳定性。

（5）区块链技术

区块链技术是一种去中心化的分布式账本技术，能够确保能源交易的透明性、安全性和可追溯性。在能源互联网中，区块链技术可以用于建立去中心化的能源交易平台，实现能源的去中心化交易和共享，促进能源的高效配置和分配。

8.3.3　能源互联网发展趋势

能源互联网作为一种新兴能源系统，展现出多个明显的发展趋势。第一，可再生能源的占比逐渐增加，以满足全球对清洁能源的需求。太阳能、风能、水力等可再生能源将取代传统的化石燃料能源，成为能源互联网的重要组成部分。第二，分布式能源生产模式的普及将提升能源互联网的供能灵活性和可靠性。通过在用户附近部署分散的太阳能光伏发电和风力发电等设施，能源互联网可以更高效地满足能源需求。第三，智能化能源管理系统的发展将优化能源生产、传输和使用的协调性。借助信息技术和人工智能，能源互联网能够实时监测、分析和优化能源流动，并通过智能控制实现能源的高效利用和供需平衡。第四，能源存储技术的创新将解决可再生能源的波动性和间歇性问题。电池储能、氢能存储等技术的进步将提高能源的储存效率和可持续性，确保能源供应的稳定性。此外，能源互联网与电动车的融合将推动清洁能源和交通领域的发展。电动车可以作为能源互联网的移动储能装置，实现能源的灵活调度和共享。第五，国际合作将促进能源互联网的全球化发展。各国之间加强合作，共享经验和技术，推动能源资源的跨境流动和能源系统的互联互通。

8.4　案例分析——基于电碳因子的低碳用电策略

2020 年，在联合国一般性辩论大会上，习近平总书记作出"2030 年前碳达峰""2060 年前碳中和"的中国承诺。推动碳达峰进程有两个关键所在，一是能源系统的低碳转型，以"电能替代"的方式降低终端能源消费中直接使用煤炭、石油、天然气的比例，减少终端用能直接碳排放；二是碳排放精准核算体系的建立，多层级、多主体、多维度地开展全国、各级地区、各行业企业的碳排放核算，为碳达峰形势、碳中和进程分析和减碳政策、工作成效评估提供支撑。2022 年 8 月，国家发展改革委联合国家统计局、生态环境部印发《关于加快建立统一规范的碳排放统计核算体系实施方案》，并提出建立常态化、规范化更新的国家温室气体清单排放因子数据库，提高不同维度碳排放统计核算数据的权威性、可比性。

在传统的能源管理中，往往缺乏对电力使用及其碳排放的详细分析和准确评估。然而，通过利用能源互联网与大数据服务，可以实时监测、分析和管理用电侧的碳排放情况，从而为能源消费者提供科学依据，帮助他们制定更加有效的节能减排策略。因此，准确计量用电碳排放和引导用电行为低碳化成为降低用电侧电力碳排放的两个关键抓手。用电侧碳排放因子是"电-碳"（电力消费与碳排放量）联动的关键桥梁，根据 IPCC 提出的碳计量排放因子法，用电碳排放可由下式计算。

$$CE = fE$$

式中，f 表示用电侧碳排放因子，$kg/(kW \cdot h)$；E 表示用电量，$kW \cdot h$；CE 表示用电碳排放量，kg。

本工程案例以县级小区域为视角，研究区域个性化的动态电碳因子计算方法，并基于区域动态电碳因子，引导企业用电行为向低碳化转变，加速区域碳达峰进程。总体研究方向可描述为：根据碳排放从发电侧流向用电侧的过程计算区域分时刻的动态电碳因子，挖掘动态电碳因子的时序特征以预测其未来趋势，并以此为参考制定区域内企业用电策略，引导企业用电行为低碳化转型，打通"电-碳"联动路径。

8.4.1 区域性动态电碳因子计算

本工程案例所述的区域性动态电碳因子计算方法选取长兴县作为计算区域。如图 8-3 所示，首先搭建长兴县电网潮流拓扑结构模型并收集潮流数据，收集、计算并形成长兴县碳源基础碳排系数表（表 8-1）。

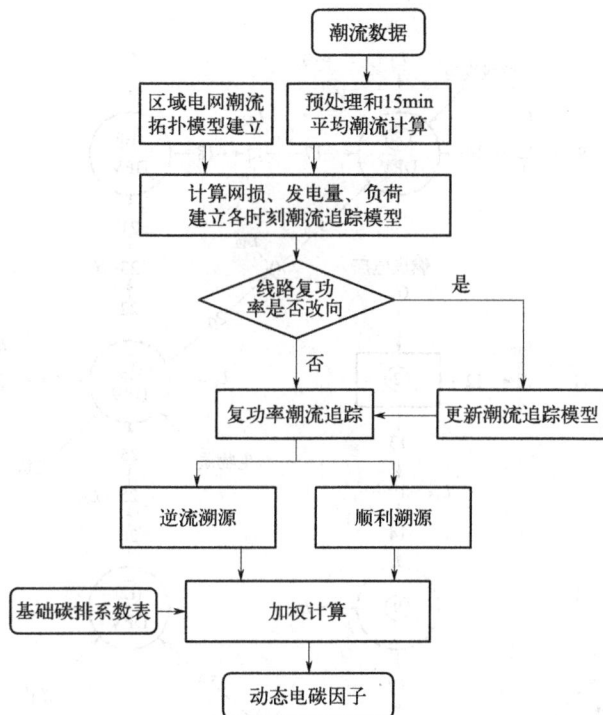

图 8-3 区域性动态电碳因子计算流程

表 8-1 长兴县碳源基础碳排系数表

"碳源"类型	碳排系数/[kg/(kW·h)]
燃煤	0.888
燃气	0.499
光伏	0.085
风电	0.026
生物质	0.045
水电	0.026
垃圾发电	0.127
浙江省电网平均碳排因子	0.809

然后，给"线路"$Line_k$ 添加"网损节点"$Loss_k$ 并计算网损负荷、"碳源"G_i 的发电量、"碳荷"L_j 的负荷，以 15min 为粒度，建立并不断更新长兴县各时刻的潮流追踪模型 $Model_T$、$Model_{T+15}$、$Model_{T+30}$、…。

图 8-4 为区域电网潮流拓扑结构模型。其中矩形框代表 3 个发电单元，即①（县域外水电站送电、高电压等级电网送电）、②（县域内燃煤电厂送电）、③（县域内燃气电厂送电），

发电量分别为 G_1、G_2、G_3。圆形框代表 9 个用电单元，除④是 500kV 供区外，其余均为 220kV 供区，某县下辖的有 GQ（⑥）、XF（⑦）、KL（⑧）、JD（⑩）、TF（⑪）、YZ（⑫）六个供区，"DPV"表示该供区内有分布式光伏发电机组。各供区本地的新能源电厂用文字标注，如"光伏""风电"等。9 个用电单元的用电负荷分别为 $L_1 \sim L_9$。"-13-"～"-26-"表示各输电线路网损的虚拟节点，网损分别是 $L_{10} \sim L_{23}$。"1"～"28"是各输电线路的标号。

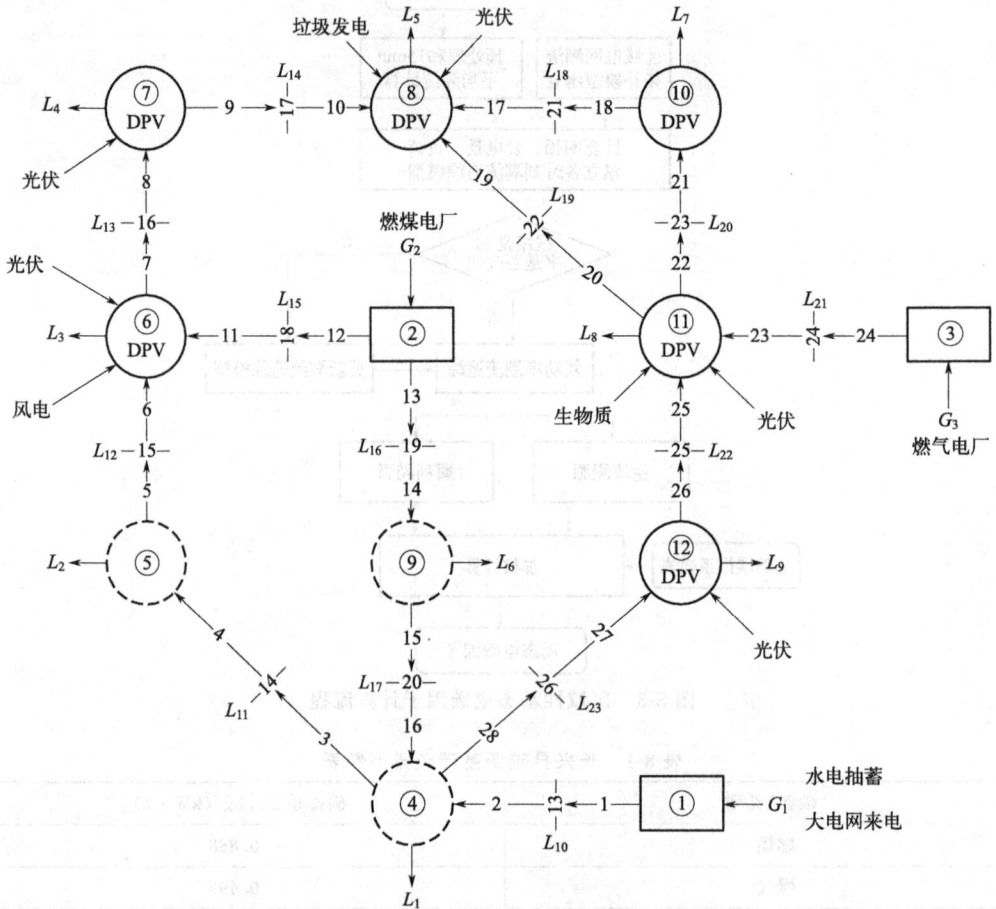

图 8-4　区域电网潮流拓扑结构模型

再然后，通过复功率潮流追踪算法对各"碳荷" T 时刻的直接用电成分和网损分摊比例进行解析。其中，逆流溯源计算"碳荷"的直接电碳因子：

假设在 T 时刻，"碳荷" L_j（$1 < j < n$，n 为"碳荷"总数）、"网损节点" Loss_k（$1 < k < s$，s 为"网损节点"总数）的负荷由"碳源" G_i（$1 < i < m$，m 为"碳源"总数）提供的比例分别为 $\mathrm{L\_Prop}_{ji}$（$\sum\limits_{i=1}^{m} \mathrm{L\_Prop}_{ji} = 1$）、$\mathrm{Loss\_Prop}_{ki}$（$\sum\limits_{i=1}^{m} \mathrm{Loss\_Prop}_{ki} = 1$），且各"碳源" G_i 的基础碳排系数为 c_i，则"碳荷" L_j 在 T 时刻的直接电碳因子为

$$f_{\mathrm{L},j} = \sum_{i=1}^{m} c_i \mathrm{L\_Prop}_{ji}$$

"网损节点"的直接电碳因子为

$$f_{\text{Loss},k} = \sum_{i=1}^{m} c_i \text{Loss\_Prop}_{ki}$$

顺流溯源计算"碳荷"的间接电碳因子：

假设在 T 时刻，"碳荷" L_j （$1<j<n$，n 为"碳荷"总数）、"碳源" G_i （$1<i<m$，m 为"碳源"总数）的负荷由"网损节点" Loss_k （$1<k<s$，s 为"网损节点"总数）提供的比例分别为 NL_Prop_{jk} （$\sum_{k=1}^{s} \text{NL\_Prop}_{jk}=1$）、$\text{NG\_Prop}_{ik}$ （$\sum_{k=1}^{s} \text{NG\_Prop}_{ik}=1$），且各"网损节点" Loss_k 的直接电碳因子为 $f_{\text{Loss},k}$，则"碳荷" L_j 在 T 时刻的间接电碳因子为

$$f_{\text{NL},j} = \sum_{k=1}^{s} f_{\text{Loss},k} \text{NL\_Prop}_{jk}$$

将"碳荷"的直接电碳因子和间接电碳因子按照"碳荷"直接用电负荷和间接用电负荷（网损）的负荷比例加权得到"碳荷"综合电碳因子。

最后，根据各"碳荷"电力碳排放量占所有"碳荷"电力碳排放量之和的比例，加权计算 T 时刻整个县的电碳因子，即

某县的电碳因子＝Σ供区因子×（供区碳排量/某县碳排量）

某县单日动态电碳因子计算结果如图 8-5 所示。可以看出，长兴县电网碳源结构丰富。其下辖供区内的各级电厂包括燃煤、燃气、光伏、风电、水电、生物质、垃圾发电等形式，且境内拥有大量分布式光伏，由于各发电机组碳排系数的差异以及不同时刻出力的差异，因此长兴县的电碳因子单日变化趋势较大。

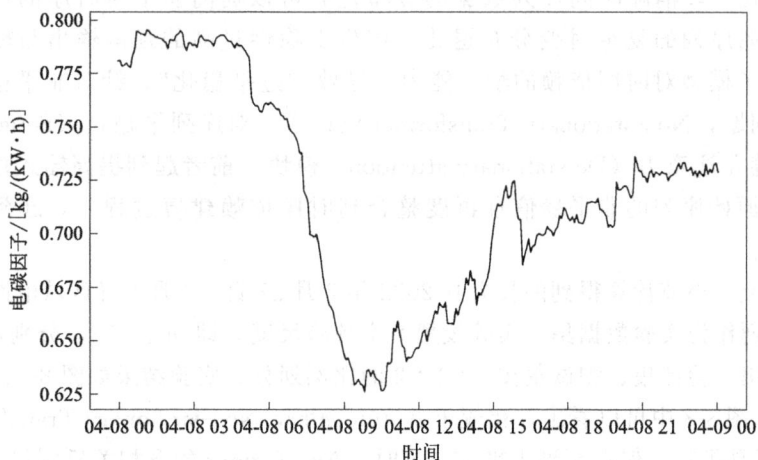

图 8-5　某县单日动态电碳因子计算结果

8.4.2　动态电碳因子预测

在 8.4.1 节中对区域动态电碳因子进行了计算和特征分析。准确的电碳因子序列预测结果对区域内用电行为低碳化有重要意义，考虑到基于电碳因子趋势变化来调整生产用电计划需要足够的时间裕量，本小节将对电碳因子序列进行长时预测。

近年来，以注意力机制为结构核心的 Transformer 在深度时序预测领域取得了突破性进展，其点到点的注意力机制非常适合建模时间序列中的时序依赖（temporal dependency），

可堆叠的编解码器也利于捕捉和聚合不同时间尺度下的时序特征。Autoformer 和 Non-stationary Transformer（非平稳 Transformer）是当下在长时预测领域处于 SOTA（state-of-the-art）的架构，本节将 Autoformer 和 Non-stationary Transformer 引入了电碳因子序列长时预测领域，并基于电碳因子时间序列进行了长时预测，实验结果可验证这两个模型在电碳因子序列长时预测上的有效性。

Autoformer 突破序列分解作为预处理步骤的传统思想，提出了内嵌式的深度分解架构（decomposition architecture）和自相关机制（auto-correlation mechanism），实现了序列渐进式分解和连接，打破了时间序列数据的信息利用瓶颈。其整体架构如图 8-6 所示。

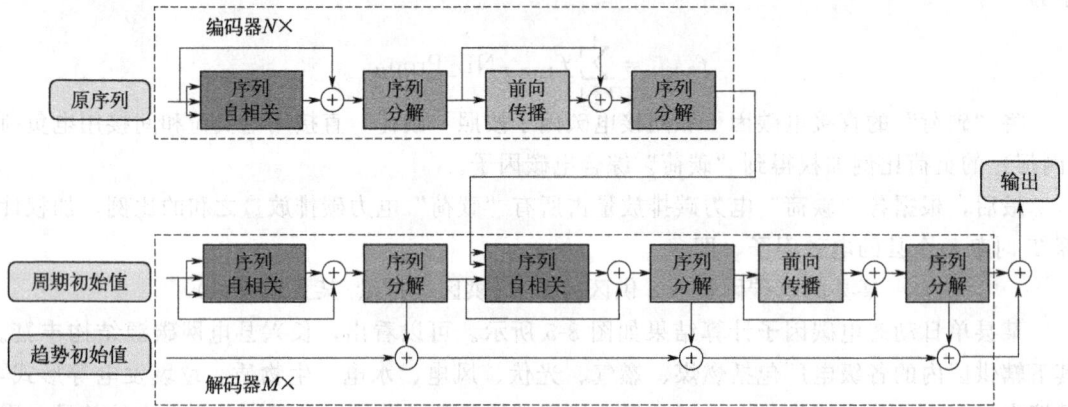

图 8-6　Autoformer 架构

利用平稳化手段消除时间序列数据的分布差异可以提高非平稳时序的可预测性，但是也会造成原始序列的复杂时变分布退化，产生平稳性过高的预测输出与较大预测误差的问题，限制了模型对时序依赖的学习能力，导致"过平稳化"。针对非平稳时序预测及"过平稳化"问题，Non-stationary Transformer 设计了一对序列平稳化（Series stationariza-tion）和去平稳化注意力（De-stationary attention）模块。前者起到提高输入序列平稳性的作用，后者将原始序列的非平稳信息再度整合到时序依赖建模过程中，起到消弭"过平稳化"的作用。

本小节以上一小节计算得到的长兴县 2022 年 2 月 27 日～6 月 4 日区域电网 110kV 层动态电碳因子序列作为实验数据集。实验设置 2 个预测尺度，即 96、672，分别对应一天和一周。实验训练集、验证集、测试集按 7 : 1 : 2 的比例划分，实验结果如图 8-7、图 8-8 所示。

从图 8-7、图 8-8 中可以看出，相较于 Autoformer，Non-stationary Transformer 在预测未来 96 步时更具优势。但在预测未来 672 步时，Autoformer 的自相关机制得以发挥，其对长时依赖的建模更有效。这也说明了在实际场景中，应当根据预测步长需求合理选择 Non-stationary Transformer 或 Autoformer 来作为预测模块的核心。

8.4.3　基于电碳因子和用电行为的企业低碳用电策略

本小节以企业低碳用电策略为切入点开展了研究。首先以"天"为单位对企业用电负荷数据进行子序列切分，并设计一种框架对企业典型日用电行为进行建模，刻画企业典型用电行为数据库，然后结合区域电碳因子计算和预测结果，以最小化用电碳排放量为目标设计快速可靠的企业低碳用电策略，最终实现引导企业用电行为低碳化和降低区域用电碳排放的目的。

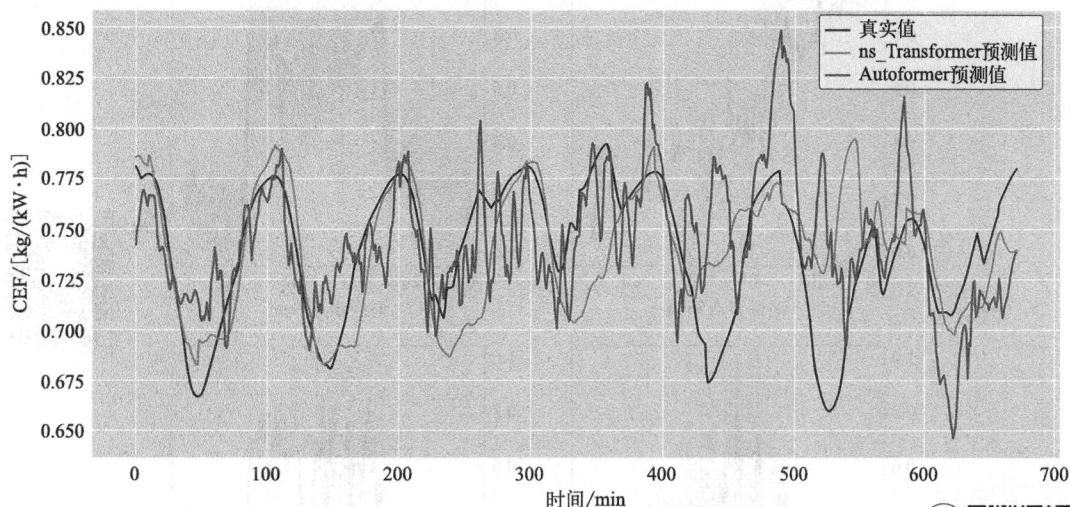

图 8-7　预测结果 INPUT-96-OUTPUT-96

扫码看彩图

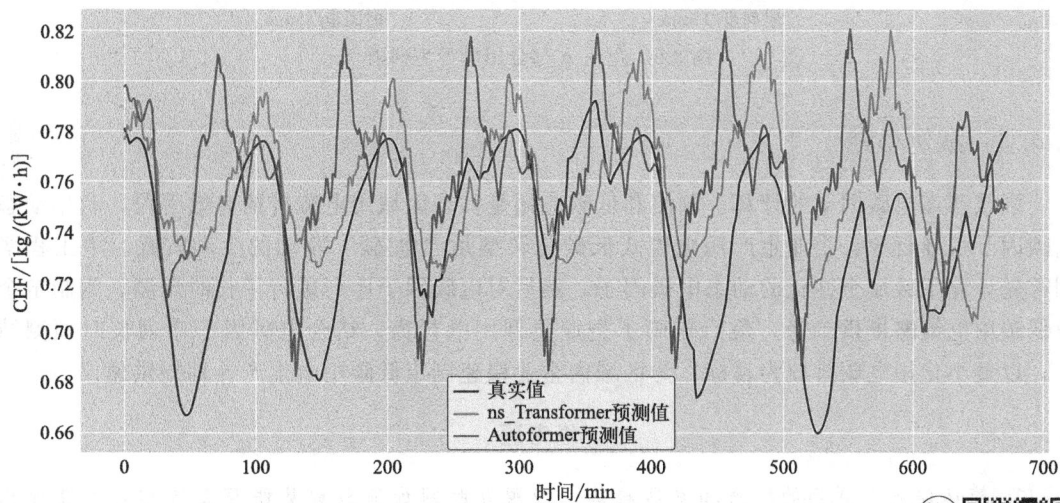

图 8-8　预测结果 INPUT-96-OUTPUT-672

扫码看彩图

　　基于上述路线，首先以天为单位对企业 A 的用电负荷数据进行子序列切割（每条原始序列均被切割成 92 条子序列），然后利用 K-means 进行聚类，并将其聚簇个数设定为 10。

　　某县区域电网 10kV 层动态电碳因子"天"级预测结果如上一节所示，动态电碳因子未来一周的趋势可描述为：基准值总体保持不变，在 0.752kg/(kW·h) 左右；且电碳因子在每日午间最低，在每日凌晨及夜间值较高。基于用电碳排放最小化目标，某县企业 A 未来一周内可以选择图 8-9 所示的第三类典型用电行为作为最优低碳用电策略。

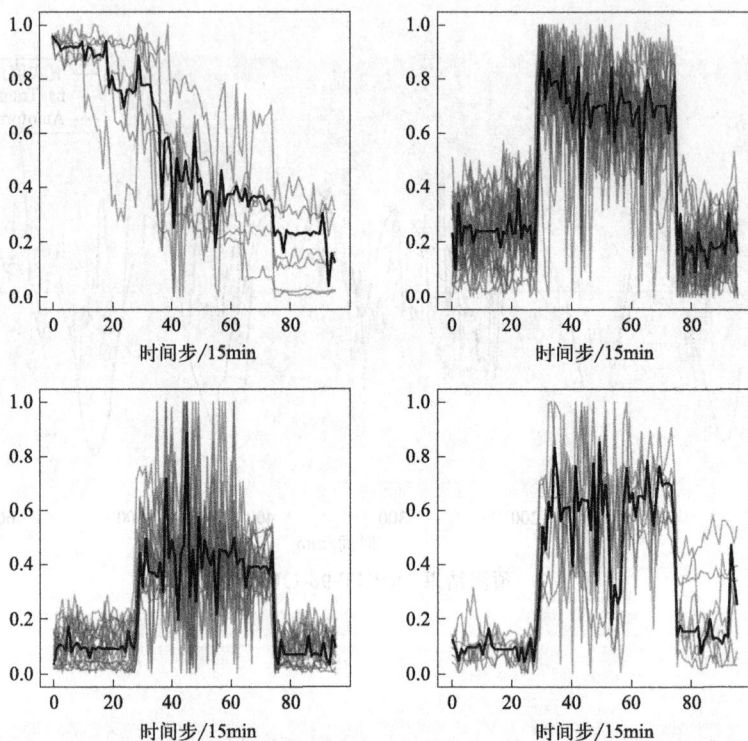

图 8-9　企业 A 部分用电行为刻画

8.4.4　案例小结

区域动态电碳因子的计算、预测和低碳应用是实现区域用电减排的有效手段，利用动态电碳因子引导行业、企业生产用电模式低碳化转型是"电-碳"联动的生动实践。本工程案例首先计算了区域个性化的动态电碳因子，然后对电碳因子序列进行了长时预测，为制定企业低碳用电策略提供参考，最后刻画了企业典型用电行为，结合电碳因子序列长时预测结果，以最小化用电碳排放为目标，为区域内企业快速制定低碳用电生产计划提供建议。

思考题

1. 简述能源互联网的概念和发展趋势，能源互联网如何与智慧能源系统相互关联和相互促进？

2. 智慧能源系统中的数据分析和优化算法在能源互联网中有何重要作用？如何利用专业技术来设计和实现智慧能源系统与能源互联网的数据分析和优化算法？

参 考 文 献

[1] Building the energy internet [EB/OL]. (2016-01-20) [2024-08-29]. http：//www. economist. com/node/2476988.

[2] Huang A Q, Crow M L, Heydt G T, et al. The future renewable electric energy delivery and management (FREEDM) system：the energy internet [J]. Proceedings of the IEEE, 2011, 99 (1)：133-148.

[3] Federal ministry of economics and energy of Germany [EB/OL]. (2013-06-26) [2024-08-29]. http：//www. e-energy. de/en/index. php.

[4] Krause T, Andersson G, Frohlich K, et al. Multipleenergy carriers：modeling of production, delivery, and con-

sumption [J]. Proceedings of the IEEE, 2011, 99 (1): 15-27.

[5] 杰里米·里夫金. 第三次工业革命 [M]. 张体伟, 译. 北京: 中信出版社, 2011.

[6] 查亚兵, 张涛, 黄卓, 等. 能源互联网关键技术分析 [J]. 中国科学: 信息科学, 2014, 44 (6): 702-713.

[7] 曹军威, 孟坤, 王继业, 等. 能源互联网与能源路由器 [J]. 中国科学: 信息科学, 2014, 44 (6): 714-727.

[8] 董朝阳, 赵俊华, 文福拴, 等. 从智能电网到能源互联网: 基本概念与研究框架 [J]. 电力系统自动化, 2014, 38 (15): 1-11.

[9] 刘振亚. 全球能源互联网 [M]. 北京: 中国电力出版社, 2015.

[10] Karumba S, Kanhere S S, Jurdak R, et al. HARB: a hypergraph-based adaptive consortium blockchain for decentralized energy trading [J]. IEEE Internet of Things Journal, 2020, 9 (16): 14216-14227.

[11] Ismail H, Jahwar I, Hammoud B. Internet of things-based smart-home time-priority-cost (TPC)-aware energy management system for energy cost reduction [J]. IEEE Sensors Letters, 2023, 7 (9): 1-4.

[12] Luo J, Zhuo W, Liu S, et al. The optimization of carbon emission prediction in low carbon energy economy under big data [J]. IEEE Access, 2024.

第9章
智慧能源发展展望

智慧能源作为21世纪的新兴领域，正在以惊人的速度改变着能源行业的格局和发展方向。随着信息技术、人工智能、大数据等技术的不断发展，智慧能源成为实现能源可持续发展和智慧城市建设的重要支撑。本章将围绕智慧能源的发展现状和未来展望展开论述，探讨其机遇与挑战、重点领域、未来趋势。

9.1 发展智慧能源的机遇与挑战

9.1.1 智慧能源发展机遇

（1）信息技术的飞速发展

信息技术的迅速发展为智慧能源的实现提供了强大支撑。智能感知、云计算、物联网等技术的应用，可使能源系统的监测、调控更加精准高效。智能感知技术是智慧能源发展中的重要组成部分，它通过各类传感器和监测设备实时感知和采集能源系统运行中的各种数据，如能源消耗情况、能源设备的运行状态、环境参数等。例如，智能电表可以实时监测用户的用电情况，智能传感器可以感知电力设备的运行状态，智能电网可以实时监测电网的负荷和电压情况。通过智能感知技术，能源系统可以获取丰富的实时数据，为智慧能源的智能化管理和优化调节提供了基础支持[1]。

云计算技术是指通过互联网将计算资源和数据存储服务进行集中管理和交付的一种计算模式。在智慧能源领域，云计算技术的应用可以实现对大规模能源数据的存储、分析和处理，为智慧能源的决策提供了数据支持。通过云计算平台，能源管理者不仅可以将能源系统产生的海量数据上传至云端进行集中存储和管理，还可以对这些数据进行深度分析和挖掘，从而发现潜在的能源优化和节约机会，制定相应的调控策略和措施[2]。

物联网技术是指利用各种传感器和通信设备实现物体之间的互联互通，使得物体能够进行信息交换和智能控制的一种技术。在智慧能源领域，物联网技术的应用可以实现能源系统的智能化监测和控制、自动化运行和智能调节[1,2]。

（2）能源需求的快速增长和环境问题的日益突出

全球范围内，能源需求呈现持续增长的趋势，这主要是工业化进程加快所致。当前许多发展中国家和地区正处于工业化和城镇化发展阶段，对能源有大量需求，其应用涵盖工业生产、交通运输、建筑和家庭用能等多方面。同时，经济的快速发展也带动了对能源的需求增加，发达国家以及新兴经济体的经济增长需要更多的能源支撑。此外，随着技术的发展，许多新兴产业如数字经济、互联网、人工智能等，其能源需求正呈现出迅猛增长的态势。同时这些新兴产业往往具备能源密集型特征，加之传统产业能源需求的持续上升，这些因素共同推动着能源需求的快速增长。

与能源需求的增长相对应的是环境问题日益突出，主要体现在气候变化、空气污染、水资源压力以及生物多样性丧失等方面。大量使用化石能源导致的温室气体排放加剧了全球气候变化，引发了极端天气事件、冰川融化和海平面上升等问题。同时，燃烧化石能源释放的污染物如二氧化硫和氮氧化物导致空气质量恶化，会引发呼吸系统疾病和其他健康问题。传统能源的开采和利用对水资源造成了巨大压力，包括水污染和水资源枯竭等问题，影响了水生态系统的平衡和人类的生存环境。此外，能源开发过程中对土地的占用和破坏导致了生物多样性的丧失和生态系统的破坏，加速了物种灭绝的进程。这些环境问题的日益突出凸显了对能源清洁、高效利用的迫切需求。

在能源需求急剧攀升以及环境问题愈发严峻的双重挑战下，智慧能源技术能够显著提升能源利用效率，从源头上减少能源浪费，进而降低因能源消耗过度带来的环境污染，同时有力推动着能源结构向更清洁、可持续的方向转型，有效削减碳排放。因此，智慧能源技术为全球的能源与环境问题提供了切实可行的解决途径，成为应对挑战不可或缺的关键力量，在实现能源与环境协调发展的进程中发挥着不可替代的重要作用。

（3）能源市场竞争日益激烈

随着全球经济的快速发展，能源市场的竞争日益激烈（这主要由新能源和智慧能源技术的迅速崛起驱动）。传统能源企业在这一新格局下面临着前所未有的挑战和压力，而智慧能源的应用正逐渐成为企业提升竞争力的重要手段。

随着全球对可持续发展的重视不断提升，传统能源所引发的环境问题愈发显著，如何降低能源经济发展对环境的负面影响成为一大难题。新能源和智慧能源为解决这一难题提供了关键的突破口和切实可行的重要途径。太阳能、风能等新能源的发展，不仅能够提供清洁能源，还可以降低能源消耗成本，而智慧能源技术的应用则可以提高能源利用效率、降低生产成本，使企业在竞争中占据更有利的地位。

同时随着科技的进步和信息化水平的提高，智慧能源技术不断创新，将为能源市场竞争注入新的活力。智能感知、大数据分析、人工智能等技术的应用，使得能源系统的监测、调控更加精准高效。企业通过智慧能源技术的应用，可以实现对能源消耗情况的实时监测和管理，从而更加灵活地调整生产计划、提高生产效率。

另外，智慧能源技术的发展也催生了新的商业模式和服务模式，进一步加剧了能源市场的竞争。智慧能源技术不仅可以用于能源生产、转输、储存等方面，还可以延伸到能源供应链的各个环节，如智能电网、智能家居等领域。企业可以通过提供智慧能源解决方案、能源管理服务等方式满足不同客户的需求，从而获取更多的市场份额。

在这样一个竞争激烈的市场环境下，企业需要加强技术创新和产品差异化，提高自身的核心竞争力。同时，应与政府、行业协会等合作，共同推动智慧能源技术的发展和应用，积极响应市场的变化，抢占先机[3]。

9.1.2 智慧能源面临挑战

（1）技术创新和成本降低的难题

智慧能源的发展面临着诸多挑战，技术创新和成本降低是其中的关键问题。尽管信息技术的飞速发展提高了智慧能源的实施效率，但相关技术的成本仍然相对较高，需要进一步降低成本以促进其广泛应用。

智慧能源技术的成本问题是制约其大规模应用的主要障碍之一。尽管新技术的开发和应用不断推动着能源行业的进步，但高昂的研发成本、设备投资以及运营维护费用等因素，使得智慧能源技术在实际应用中成本较高。特别是对于发展中国家和地区而言，智慧能源技术的高成本成为其推广应用的一大阻碍，因此需要采取措施进一步降低成本，使其更具可承受性。而智慧能源技术的持续创新对行业发展至关重要。随着能源需求和环境要求的不断变化，智慧能源技术需要不断更新和改进，以满足市场需求。然而，技术创新并非易事，需要耗费大量时间、人力和资金投入，尤其是在涉及核心技术研发、系统集成和安全保障等方面，需要跨学科的协作和深入的研究。

（2）安全问题备受关注

随着智慧能源技术的迅速发展，安全问题备受关注。智慧能源系统的安全性问题涉及网络安全、数据隐私保护等多个方面，如果不得到有效解决，可能会引发严重的安全风险，影响系统的正常运行和用户的利益[4]。

首先，智慧能源系统涉及大量的数据传输和信息交换，因此网络安全是其中的首要问题。智慧能源系统通常由多个智能设备、传感器和控制器组成，它们通过互联网或内部网络进行数据交互和远程控制。然而，网络安全威胁如黑客攻击、恶意软件和数据篡改等可能会对系统造成严重影响，甚至导致系统瘫痪或数据泄露。因此，确保智慧能源系统的网络安全，包括加密传输、访问控制、防火墙等安全措施的应用至关重要。

另外，智慧能源系统涉及大量用户数据和隐私信息的收集和处理，因此数据隐私保护成为另一个重要问题。用户的能源使用数据、个人身份信息等敏感数据需要受到严格保护，以防止未经授权的访问和滥用。此外，智慧能源系统的数据传输和存储过程中可能存在的数据泄露、信息泄露等问题也需要引起重视，必须采取有效措施保障用户数据的安全和隐私。

（3）应对能源供需不平衡

能源供需不平衡是智慧能源发展面临的主要挑战之一。首先，能源供需不平衡的情况多变且复杂，需要及时准确地获取大量能源数据并进行分析预测，但智慧能源系统的数据采集、处理和分析能力尚未达到足够的水平。其次，能源供需的动态调节需要智慧能源系统具备高度的智能化和自适应能力，但目前智慧能源技术在智能算法和自动化控制方面仍有待进一步提升。此外，能源供需不平衡的挑战也涉及不同能源形式、不同地区之间的协调和整合，需要智慧能源技术在跨能源、跨区域调度方面进行深入研究和实践探索。因此，实现能源供需的平衡和优化需要加强智慧能源技术的研发和创新，提升系统的数据处理能力和智能调度水平，同时加强跨部门、跨领域合作与协调，共同推动智慧能源技术发展与应用。

9.2 智慧能源发展的重点领域

9.2.1 智慧能源重点领域概述

智慧能源发展涉及多个领域，包括能源生产、转输、储存、利用等各个环节。

（1）智能发电

智能发电是智慧能源的核心领域之一，涉及利用新能源、提高发电效率等方面的技术创新。例如，光伏发电和风力发电等可再生能源的智能化利用，通过智能感知和预测分析，优化发电设备的运行状态，提高发电效率和稳定性。

（2）智能输配电

智能输配电作为能源领域的关键环节，深度融合了智能电网与电力系统优化调度等前沿技术，旨在构建一个高效、稳定且可靠的电力传输与分配体系。其中物联网技术和数据分析至关重要，通过收集、处理分析数据，可以实现对电网的实时监测和调度，提高电网运行效率和可靠性。例如，智能电表和智能配电设备的应用实现了对电力供应的精细化管理和控制。

（3）智能储能

智能储能是智慧能源的重要组成部分，利用电池、超级电容等前沿技术实现能量的存储，构建有效的调度管理体系。其工作原理在于通过智能控制和优化算法对储能设备进行精准地调节和操控，实现储能设备的高效运行和能量的灵活调度。例如，利用储能系统平衡电力系统负荷波动，提高电力系统的稳定性和可靠性。

（4）智能能效管理

智能能效管理通过监测、分析能源消耗数据，实现能源利用的优化和节约。基于监测获取的海量数据，应用大数据分析和人工智能技术，精准发现能源消耗过程中的潜在问题。针对这些问题提出相应的改进措施，实现能源利用的最大化和成本的最小化。例如，利用智能传感器监测建筑能耗数据，通过智能控制系统实现建筑能源的智能管理和节约。

9.2.2 重点领域发展策略

（1）政府政策扶持

政府在智慧能源领域的政策扶持至关重要。为推动智慧能源技术的发展和应用，政府可以加大对科研机构和企业的资金支持，设立专项资金用于智慧能源领域的研发和创新。同时，出台相关产业政策，包括税收优惠政策、补贴政策等，鼓励企业加大在智慧能源领域的投入和创新。建立智慧能源标准体系也是必不可少的，标准的统一和规范有助于推动智慧能源技术的规范化和产业化发展。例如，政府可以制定智慧能源产业发展规划，明确发展目标和政策措施，为行业发展提供政策保障和指导。

（2）企业技术创新

企业是智慧能源技术的主要推动者和应用者，应加强技术创新和研发投入，提高智慧能源技术水平和竞争力。企业可以通过加强产业链合作和产学研用结合，促进智慧能源的产业化和市场化进程；通过建立智慧能源技术创新联盟，整合产业资源，推动关键技术的突破和应用。同时，企业还应积极探索国际市场，加强国际合作与交流，引进先进技术和经验，提升自身在智慧能源领域的竞争力。

（3）人才培养和团队建设

人才是智慧能源发展的核心竞争力，加强人才培养和团队建设对于行业的发展至关重要。政府、高校和企业可以共同合作，建立智慧能源专业的人才培养体系，开展跨学科的人才培养和交流活动，培养具有创新意识和团队合作精神的人才。同时，企业可以通过提供培训和职业发展机会，激励员工持续学习和成长。建立一支高效协作、具有创新能力的智慧能源领域专业团队，有助于推动智慧能源技术的创新和应用，实现产业的可持续发展。

9.2.3　未来趋势与预测

随着全球能源需求的不断增长和能源结构的转型，智慧能源作为能源行业的未来发展方向之一，将在综合能源系统、智慧电网和能源物联网等技术领域呈现出多重发展趋势。

未来，综合能源系统将成为能源行业的主要发展方向之一。这一系统将整合传统能源和新能源资源，包括太阳能、风能、水能等可再生能源以及传统能源，结合能源存储和转换技术，形成高效、灵活、可持续的能源网络。通过智能化技术的应用，综合能源系统将实现能源的优化配置和调度，提高能源利用效率和供应可靠性。

智慧电网将成为未来电力系统的主要发展方向。随着可再生能源的快速发展和分布式能源的普及，传统的中央化电网已经无法满足需求。智慧电网通过先进的通信、控制和信息技术，为电力系统的高效运转带来了革新性的解决方案，能够对电力的生产、传输、分配等各个环节进行智能监测、优化调度以及精细化管理，全方位提升电网运行的稳定性、安全性以及对不同能源接入场景的适应性。一方面，随着分布式能源如太阳能光伏、风能等的大规模接入，智慧电网将实现对分布式能源的智能管理和调度，从而实现能源供应的灵活性和可持续性。另一方面，智慧电网将推动能源市场的智能化和市场化，实现能源供需之间的动态平衡和交易，从而促进能源资源的高效利用和共享。

能源物联网将成为未来智慧能源的重要组成部分。通过传感器、通信技术和数据分析技术的应用，能源物联网将实现对能源系统的实时监测、控制和优化。首先，能源物联网将进一步发展，实现对能源设备和能源系统的智能化连接和管理，推动能源系统的高效运行和智能化服务。其次，能源物联网将推动能源设备的智能化和互联互通，实现对能源生产和消费设备的远程监测和控制，从而提高能源系统的整体效率和可靠性。再次，能源物联网将实现对能源数据的实时采集和分析，为能源管理决策提供数据支持，从而优化能源系统的运行和管理。最后，能源物联网将推动能源服务的智能化和个性化，实现对用户能源需求的智能识别和响应，为用户提供定制化的能源服务和解决方案。

参 考 文 献

[1] 张文亮，刘壮志，王明俊，等．智能电网的研究进展及发展趋势 [J]．电网技术，2009，33（13）：1-11.
[2] 田世明，栾文鹏，张东霞，等．能源互联网技术形态与关键技术 [J]．中国电机工程学报，2015，35（14）：3482-3494.
[3] 李杨．政府政策和市场竞争对欧盟国家可再生能源技术创新的影响 [J]．资源科学，2019，41（7）：1306-1316.
[4] 刘涛，李伟华，汤熠．综合智慧能源系统典型构架网络安全防护研究 [J]．综合智慧能源，2024，46（5）：81-90.